U0339714

SOMETHING DEEPLY HIDDEN

Quantum Worlds and the Emergence of Spacetime

隐藏的宇宙

量子世界与时空涌现

Sean Carrol

[美] 肖恩·卡罗尔 著

舍其 译

CTS K 湖南科学技术出版社

前言
不要害怕

不是说非得是个理论物理博士才会对量子力学谈虎色变。但量子力学并不伤人。

也许看起来有点奇怪。量子力学是我们理解微观世界的最佳理论，描述了原子和粒子如何通过自然作用力相互作用，预测实验结果的精确程度也让人叹为观止。当然，也有人说量子力学很费解、很神秘，简直就是魔法。但是专业的物理学家偏生就应该对这样的理论甘之如饴。他们一直都在进行涉及量子现象的复杂计算，还建造了庞大无匹的机器，专门用来检验量子理论预测的结果。我们肯定不是想说，物理学家一直都在弄虚作假吧？

他们没有弄虚作假，但他们也没有对自己做到百分之百地诚实。一方面，量子力学是现代物理学的核心和灵魂。天体物理学家、粒子物理学家、原子物理学家、激光物理学家——所有人、任何时候都在用量子力学，他们也全都很擅长量子力学。量子力学并非只是个让人
1 难窥堂奥的研究领域。在现代科技中，量子力学无处不在。半导体、晶体管、微型芯片、激光和计算机内存全都要靠量子力学才能发挥作用。从这个角度来说，必须要有量子力学，才能让我们周围这个世界

最基本的特征变得有意义。从根本上讲，所有的化学过程都需要用到量子力学。要理解太阳为何闪耀、桌子为何坚实，你都需要量子力学。

假设你闭上了眼睛。希望你看到的是一片黑暗。你可能会觉得当然会这样，因为没有光进入眼睛。但这个判断并非完全正确：任何有温度的物体都无时无刻不在发射波长比可见光略长的红外线，这样的物体也包括了你的身体。如果我们的眼睛对红外线跟对可见光一样敏感，那么就算闭上眼睛，我们也会被我们眼球本身发出的所有光线亮瞎。但我们眼睛里充当感光器的视杆细胞和视锥细胞非常聪明，只对可见光敏感，对红外线视而不见。这些细胞是如何做到的？最后的答案也要归结到量子力学。

量子力学不是魔法，而是我们对现实世界最深刻、最全面的看法。就我们目前所知，量子力学并非只是对真实情形的模拟，量子力学本身就是真实。如果出现意料之外的实验结果，这个论断也会变，但到目前为止，我们还没有看到任何意外情形的迹象。20世纪初量子力学的发展涉及普朗克、爱因斯坦、玻尔、海森伯、薛定谔和狄拉克等如雷贯耳的名字，他们在1927年留给我们的完善认识，毫无疑问是人类历史上最伟大的智慧结晶。我们完全有理由感到自豪。

但另一方面，理查德·费曼（Richard Feynman）也有一段让人难忘的评价："我想我敢打包票，没有人懂量子力学。"我们用量子力学规划新科技，预测实验结果。但有一说一的物理学家也承认，我们并没有真正理解量子力学。我们有一种诠释方式，可以放心大胆地应用到某些规定情形中，结果得到了精确程度让人叹为观止的预测，数据 2

结果则已经成功证明这些预测都正确无误。但如果你想刨根究底，问问究竟发生了什么，我们其实也不知道。物理学家喜欢把量子力学当成是他们用来执行特定任务的不识不知的机器人，而不是他们会以个人身份去关心的挚友。

专家中间的这种风气也影响了更广大的世界理解量子力学的方式。我们想做到的是呈现大自然的完整图景，但是很难做到，因为物理学家对量子力学究竟在说什么仍然莫衷一是。实际上，最流行的解读往往强调说，量子力学非常神秘、让人困惑，不可能有谁能理解。这样的信息与科学所主张的基本原则背道而驰，其中一条基本原则就是这样一种思想：世界从根本上讲可以理解。涉及量子力学时，我们遇到了一些心理障碍，而要克服这个障碍，我们需要施行一点量子疗法。

我们教学生学量子力学的时候，教给他们的是一系列法则。有些法则是我们很熟悉的形式：对量子系统有一个数学描述，外加阐述一下这些系统如何随着时间演化。但是，接下来还有一堆额外的法则，其他任何物理学理论中都没有与之类似的内容。这些额外法则说的是，我们观测量子系统时会发生什么，而且这些表现跟这个系统未被观测时的表现完全不同。到底是怎么回事？

基本上有两种说法。其一是我们一直以来讲给学生听的量子力学很不完整，而要让量子力学有资格成为合理合法的理论，我们需要了解何谓“测量”或者说“观测”，以及系统在未被观测时为何会表现得
3 截然不同；其二是量子力学剧烈突破了以前我们对物理学的一贯看法，

让我们的观点从“世界客观存在、与我们感知世界的方式无关”，转变为“观测行为在某种意义上是现实世界的根本特征”。

无论是哪种情形，教科书都完全有理由花点时间探索这些说法，承认虽然量子力学已经极为成功，我们也不能宣称已经大功告成，完成了探索。但教科书并没有这么做。大多数时候教材对这些问题都避而不谈，宁愿待在物理学家的舒适区，只是把方程写出来，然后要求学生去解方程。

好叫人难堪。而且还每况愈下。

你可能会想，在这种情况下，寻求理解量子力学应该是整个物理学唯一最重要的目标。应该会有数百万、数千万拨款流向量子领域的研究人员，这些问题应该会吸引全世界最聪明的头脑，最重大的见解应该也会得到奖励、赢得声望。各大学应该会争着抢着聘用这个领域的杰出学者，拿出超级巨星的工资水平来吸引他们离开相互竞争的机构。

遗憾的是，这些都没有发生。不只是说对量子力学的探索在现代物理学中没有成为炙手可热的领域，而且在很多地方就算没有被刻意贬低，也没有什么人认为值得重视。大部分学校的物理院系都没有人研究这个领域，选择研究这个领域的人也会遭受满腹狐疑的目光。（最近我在写一个经费申请的时候，还有人建议我重点描述万有引力和宇宙学方面的工作，而我在量子力学基础方面的工作提都不要提，因为前者看起来非常正当，而后者会让我的申请看起来不大正经。）

过去90年也取得了一些重要进步，但通常都是由一意孤行的个人做出的，要么就是认为这些问题确实很重要于是“虽千万人吾往矣”的倔人，要么就是初出茅庐不知道研究什么好的愣头青，但稍后也会完全离开这个领域。

4 有一则伊索寓言说的是，有只狐狸看到美味多汁的葡萄就跳着去够，但跳得又不够高，沮丧之下这只狐狸宣布，葡萄很可能是酸的，自己反正从来也没有真的想吃这些葡萄。狐狸代表“物理学家”，而葡萄就是“理解量子力学”。很多研究人员已经认定，了解大自然真正的运作机制从来都没那么重要，重要的是做出特定预测的能力。

科学家受到的训练是，将清晰可见的结果，无论是让人激动万分的实验发现还是定量的理论模型，都视若珍宝。费尽心思去理解一种现有理论（而这样的努力可能并不会带来任何新的科技进步或是新的预测），这种思路恐怕很难卖个好价钱。美剧《火线》就体现了这种潜在的紧张关系，剧中一组探员殚精竭虑好几个月，悉心搜集证据，想把一个强大的贩毒团伙绳之以法。然而他们的老板对这种稳扎稳打的无聊过程没有耐心，他们只想下次开新闻发布会的时候桌上摆满毒品，催着警察们一击爆头，兴师动众地大行搜捕。资金管理机构和招聘委员会就像这些老板。在这个所有举措都在激励我们得出具体、量化结果的世界里，在我们向下一个迫在眉睫的目标一路狂奔的路上，没那么紧迫的大局观问题完全可以弃置道旁。

本书有三条主要信息。第一条是，量子力学理应可以理解——虽说我们现在还没能理解——而得到这样的理解应该是现代科学的首要目标。量子力学在我们亲眼所见和真实情形之间划出了清晰的界限，在物理学理论中可以说是独一份。科学家（以及所有人）都习惯了认为我们亲眼所见毫无疑问就是真实情形，并致力于做出相应解释，而量子力学对这些人的思想提出了非比寻常的挑战。但我们并非无法应战，如果我们把思想从某些旧式、直观的思考方式中解放出来，就 5
会发现量子力学也并没有神秘到让人绝望或是无法解释。只不过是物理学而已。

第二条信息是，在对量子力学的理解中我们已经取得了真正的进展。我会重点介绍我认为明显最有前景的理解方式，即量子力学的埃弗里特诠释或多世界诠释。多世界诠释受到了众多物理学家的热烈拥护，但也有很多人认为这种诠释方式粗枝大叶，对于其他现实世界中还有千千万万个自己极为反感。如果你也是其中一员，我希望至少能让你相信，多世界诠释是理解量子力学的最纯粹的方式——如果在认真对待量子现象时沿着阻力最小的路径前行，最后一定会归结到多世界诠释。尤其是，多重世界是已经存在的体系做出的预测，而不是手动生加进去的内容。但是，多世界诠释并不是唯一值得重视的方法，我们也会介绍一些主要的相互竞争的思想。（我也许未必能一碗水端平，但会尽力做到公平。）最重要的是，各种各样的诠释方式全都是精心构建的科学理论，可能会带来各不相同的实验结果，而并不是在我们完成了真正的工作之后，就着干邑白兰地和雪茄进行的让人如坠五里雾中的“诠释”论争。

第三条信息是所有这些都很重要，而且不只是对科学的完善来说有重要意义。我们不能因为目前现有的“够用但条理还不够清楚”的

量子力学框架取得的成功，就对这个事实视而不见：某些情况下这个
方法根本不能胜任愉快。特别是我们想要理解时空本身的性质，以及
整个宇宙的起源和最终命运时，量子力学的基础绝对至关重要。我会
介绍一些全新的、让人血脉偾张但当然也只是试探性的假说，在量子
纠缠和时空卷折弯曲的方式（你我都知道这种现象叫作“万有引力”）
之间建立起颇具争议的关联。很多年以来，找到完备的、令人信服的
6 量子引力理论一直是极为重要的科学目标（声望、奖项、大学之间互
挖墙脚等各种勾当都因此而起）。秘诀也许并不在于从引力入手再将
其“量子化”，而是深入挖掘量子力学本身，最后发现引力一直潜藏
其中。

我们无法确知。前沿研究就是会这样让人兴奋莫名又焦虑万分。
但是，现在是时候认真对待现实世界的本质特征了，也就是说，要跟
7 量子力学正面硬刚。

目录

第 1 部分 001 瘆人

第 1 章 003 是咋回事？
第 2 章 019 胆大包天的构想
第 3 章 036 为什么会有人这么想？
第 4 章 062 纯属子虚乌有，本就无法得知
第 5 章 084 纠缠到天际

第 2 部分 101 撕裂

第 6 章 103 撕裂宇宙
第 7 章 122 有序与随机
第 8 章 146 本体论承诺会让我看起来很胖吗？
第 9 章 177 其他思路
第 10 章 206 人这一面

第 3 部分 229 时空

第 11 章 231 为什么会有空间？
第 12 章 248 充满震颤的世界
第 13 章 267 在空白空间里呼吸
第 14 章 292 超越空间和时间

后记 309 万物皆量子

附录 312 虚粒子的故事

致谢 321

延伸阅读 324

参考资料 326

索引 333

1

瘆人

第 1 章
是咋回事？

看看量子世界

阿尔伯特 · 爱因斯坦对文字和方程同样在行，他给量子力学贴上了一个从那以后就一直没有人能揭下来的标签：spukhaft，这个德语单词翻译过来就是"瘆人"。大部分关于量子力学的公开讨论，给我们的印象如果不是别的，就可以用这个词来描述。我们被告知，量子力学是物理学的一部分，这部分物理学必然是神神道道、稀奇古怪、不可理解、诡异离奇、让人大惑不解。瘆人[1]。

神秘莫测也许很诱人。量子力学就像一个神秘、性感的陌生人，诱使我们把各种品质和能力都投射到它身上，而无论量子力学本身是不是真的具备这些。随便搜一下书名当中有"量子"一词的书，就会发现下面的清单，号称量子都能在其中大显神威：

量子成功学

---

1. 本书三部分标题原文依次为 Spooky、Splitting 和 Spacetime，其中 Spooky 就是爱因斯坦所说 spukhaft 一词的英译。为照顾这三个标题押头韵的特点，中文分别译为"瘆人""撕裂"和"时空"。—— 译注

量子领导力

量子意识

量子接触 11

量子瑜伽

量子饮食

量子心理学

量子思维

量子荣耀

量子宽恕

量子神学

量子幸福

量子诗歌

量子教学

量子信仰

量子爱情

对通常都被认为只跟涉及亚原子粒子的微观过程有关的物理学分支来说，这份摘要给人的印象相当深刻。

说句公道话，量子力学——或者叫“量子物理”“量子理论”，这些标签全都可以互换——并非只跟微观过程有关。量子力学描述的是整个世界，包括你也包括我，包括恒星也包括星系，包括黑洞中心，也包括宇宙起源。但只有我们在非常切近的距离上观察这个世界的时候，量子现象显得很怪异的那些特征才会必然显现。

本书的主旨之一是，不能因为量子力学神秘得有点莫可名状，超出了人类思维的理解范围，就冠之以“瘆人”的名声。量子力学让人赞叹：独出心裁、博大精深、开拓思路，而且对现实世界的看法与我们已经习以为常的方式截然不同。科学有时候也是这样。但是如果某个主题看起来挺难理解、让人困惑，那么科学的应对方式是努力解决这个难题，而不是假装这个难题不存在。完全有理由认为，我们也能
12 解决量子力学的问题，就像任何别的物理理论一样。

对量子力学的很多陈述都遵循一个典型模式。这些陈述首先都会摆出一些违反直觉的量子现象，然后云里雾里地说上一番世界很可能就是这个样子的，也对自圆其说不抱希望。最后（如果你很幸运的话），这些陈述还会尝试解释一番。

我们的主题是以明晰为上而非强调神秘，因此我不想采用这种方式来陈述。在介绍量子力学时，我会希望从一开始就最容易理解的叙述方式出发。就算这样叙述，量子力学也还是会看起来很奇怪，因为这就是这个讨厌鬼的本性。但至少我希望，量子力学不会看起来无法解释、无法理解。

我们不会努力按照历史顺序来讲。在本章中，我们要看的是迫使我们接受量子力学的一些基本的实验事实，下一章我们会简单描述一下让这些观测结果能说得通的多世界诠释。在这之后的一章，我们才会部分以历史顺序叙述最开始让人们思考这种颠覆性的新物理学的发现。然后我们会着重阐明，量子力学的有些隐含意义究竟有多天翻地覆。

一切就绪之后，在本书剩下的章节我们会开启一项有趣的任务，看看所有这些会带来什么，揭开量子现实最引人注目的神秘之处的面纱。

物理学属于最基础的科学，实际上也是最基础的人类事业。环顾这个世界，我们看到到处都是东西。这些东西都是什么，又是怎样运转的？

这些问题自从人类开始问问题以来就一直在问。在古希腊，物理学被认为是关于生物和非生物的变化和运动的普遍研究。亚里士多德创造了关于趋势、目的和原因的一整套专业词汇。实体的运动和变化
方式可以用其内在性质和外部作用力来解释。例如，典型的物体内在 13
性质可能是保持静止，要令其运动就必须有什么原因来导致其运动。

还好后来有个很聪明的家伙叫作艾萨克·牛顿，这一切才变了。1687年，牛顿出版了《自然哲学的数学原理》一书，这是物理学史上最重要的一部著作。正是通过这部著作，他奠定了我们现在叫作“经典力学”或者“牛顿力学”的基础。牛顿将关于内在性质和目的的那套老掉牙的说辞扫进垃圾堆，揭开了底下隐藏的内容：一种清晰、严格的数学形式，老师们到今天都还在拿这套形式折磨学生。

无论你对高中或大学布置的关于钟摆和斜面的作业有怎样的记忆，经典力学的基本概念都可以说非常简单。考虑一个物体，比如说一块石头。忽略地质学家可能会感兴趣的所有特征，比如说颜色和成分。也不用考虑这块石头的基本结构可能会变化，比如说你拿把锤子

把它敲碎了。把你脑子里这块石头的图像简化到最抽象的形式：这块石头是个物体，在空间中有一个位置，而且这个位置会在时间中改变。

经典力学会准确地告诉我们，这块石头的位置如何随时间而变化。现在我们对这种描述非常习以为常，但是还是值得思考一下，这种描述多么不同凡响。牛顿告诉我们的并不是关于这块石头也许这样也许那样运动的一般趋势的含糊其辞的说法。他给我们的是千真万确、牢不可破的法则，规定了宇宙间万事万物如何因应其他万事万物而运动——这些法则可以用来接住棒球，也可以用来让“漫游者”在火星上着陆。

经典力学是这样起作用的。在任意时刻，这块石头都有一个位置和一个速度，并以这个速度运动。根据牛顿的说法，如果石头上没有施加任何作用力，那么这块石头会继续沿直线以恒定速度一直运动下去。（这已经跟亚里士多德大相径庭了，亚里士多德会告诉你，如果想让石头一直运动下去，就必须一直推这块石头才行。）如果受到外
14 力作用，石头就会加速——就是说石头的速度会有些变化，可能是运动得更快或者更慢，或者只是方向有变化——跟施加的作用力大小完全成正比。

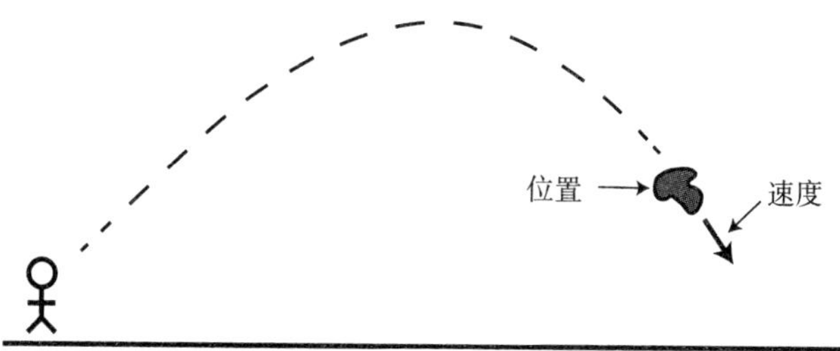

基本上就是这样。要算出这块石头的整个轨迹，需要告诉我这块石头的位置、速度和施加其上的作用力。然后牛顿的方程就会告诉你结果。作用力可能包括重力、你的手施加的力（如果你把这块石头捡起来扔出去）以及石头落地时来自地面的作用力。这个思路对台球、宇宙飞船和行星都同样有效。在这个经典范式中，物理学的研究课题实际上包括弄清楚宇宙中的万事万物（石头以及其他）由什么组成，以及作用在这些事物上的作用力都有哪些。

经典物理学为这个世界提供了一幅直观的图像，但在得到这个图像的过程中，有好几个关键步骤。请注意，我们必须明确说明，要弄清楚这块石头会怎么样需要哪些具体信息：位置、速度和受到的作用力，我们可以把作用力看成是外部世界的一部分，而跟石头本身有关的重要信息只包括其位置和速度。而石头在任意时刻的加速度我们并不需要明确知道，牛顿定律让我们通过石头的位置和速度就能计算出来。

在经典力学中，位置和速度一起构成了任何物体的状态。如果一 15
个系统有好几个部分都在运动，那么这整个系统的经典状态就是各个部分的状态的列表。一个正常大小的房间里的空气可能有10^{27}个各种各样的分子，而这团空气的状态就是所有这些分子的位置和速度的列表。（严格来讲，物理学家喜欢用各个粒子的动量而非速度，但如果只考虑牛顿力学的话，动量就等于粒子的质量乘以速度。）一个系统可能处于的所有状态的集合，就叫作这个系统的相空间。

法国数学家皮埃尔-西蒙·拉普拉斯（Pierre-Simon Laplace）指

出，经典力学的思维方式有一个非常重要的隐含意义。原则上，一个庞大无匹的智慧生命可以知道宇宙中真的是所有对象的状态，由此出发还可以计算出未来会发生的所有情况，以及过去发生过的所有事情。拉普拉斯妖是个思想实验，而不是哪个雄心勃勃的计算机科学家现实中的研究课题，但是这个思想实验的含义极为重大。牛顿力学描述的，是一个决定论的、如钟表般精确的宇宙。

经典物理学的机制如此美丽、如此令人信服，仿佛一旦理解了这个机制，几乎就再也不可能还去寻求别的解释了。牛顿之后很多伟大的思想家都确信，物理学基本的上层结构已经搭好，未来的进展只不过在于弄清楚究竟是经典物理学的哪种体现（哪些粒子、哪些作用力）才能正确描述整个宇宙。就连相对论，虽然仅凭一己之力就改变了这个世界，也只是经典力学的一个版本，而不是取代了经典力学。

然后就有了量子力学，然后，一切都变了。

除了牛顿的经典力学形式，量子力学的创建也代表了物理学史上
16 的另外一场重大革命。跟以前出现过的所有理论都不一样，量子理论并没有在基本的经典框架内提出特定的物理模型，而是整个抛弃了这个框架，代之以极为不同的内容。

量子力学最根本的新元素，也就是使量子力学跟之前的经典力学截然不同的地方，就集中在对量子系统来说测量某个东西是什么意思这个问题上。测量究竟是什么，我们测量某物时究竟发生了什么，以及所有这些关于表象背后究竟发生了什么的问题告诉了我们什么：这

些问题一起构成了所谓的量子力学的测量问题。虽然有很多看起来大有前景的想法，但物理学领域和哲学领域对于如何解决测量问题还是远远没有达成共识。

在尝试解决测量问题的过程中，出现了一个叫作量子力学诠释的领域，虽说这个词并不怎么准确。“诠释”这个词我们一般会应用在文学作品或艺术作品上，因为对同一个基本对象，不同的人可能会有不同的看法。“量子力学是咋回事”就是另一回事了：这是完全不同的科学理论之间，对物理世界的互不相容的理解方式之间的竞争。出于这个原因，现在这个领域的研究人员更喜欢称之为“量子力学基础”。量子力学基础的课题是科学的一部分，不属于文学批评。

从来没有人觉得有必要讨论“经典力学诠释”—— 经典力学一眼就能看穿。有个数学形式描述了位置、速度和轨迹，然后呢，你看：有块石头在现实世界中的实际运动符合这个数学形式的预测。尤其是，经典力学中没有测量问题这么回事儿。系统状态由系统的位置和速度给出，如果我们想测量这些量，直接去测量就是了。当然，我们可以马马虎虎、粗枝大叶地测，由此得到的结果并不精确，甚至会因此改 17
变系统本身。但我们并非只能如此，只要多加小心，我们就能精确测定关于这个系统我们需要知道的所有物理量，同时也不会让系统发生任何明显改变。经典力学在我们亲眼所见和理论所描述的情形之间建立了清晰可见、毫不含糊的关联。

量子力学尽管取得了那么大的成功，却完全做不到这一点。量子现实的核心谜团可以概括成这么一句简单的箴言：我们看向这个世界的时候，我们亲眼所见似乎跟这个世界的真实情形完全不同。

考虑一下电子，就是绕着原子核旋转的那个基本粒子。电子间的相互作用决定了所有的化学过程，因此也决定了现在你周围的几乎所有我们感兴趣的事情。跟那块石头的情形一样，我们可以忽略电子的一些具体特征，比如电子的自旋，以及电子周围有个电场这样的事实。（实际上，我们可以完全照搬石头的例子——石头和电子一样是量子系统——但切换到亚原子粒子可以帮助我们记住，使量子力学截然不同的那些特征只有在我们考虑确实非常非常小的对象时才会变得很明显。）

经典力学中的系统由其位置和速度描述，但量子系统有所不同，其性质没有那么实在。考虑一个在其自然生境中在环绕原子核的轨道上运动的电子。根据"轨道"这个词，以及多年来你见到的时候从来就没过过脑子的无数关于原子的漫画图像，你可能会觉得电子的轨道应该多多少少就像太阳系中行星的轨道一样。所以你大概也会认为，电子有位置和速度，在时间流逝中，电子绕着中间的原子核以圆形或者椭圆形轨道旋转。

18 量子力学说的就不是这么回事。我们可以测量位置和速度这样的物理量（虽然不能二者同时测量），而如果我们的实验人员很有天赋也足够小心，我们会得出一些结果。但通过这样的测量，我们看到的并不是电子真实、完整、未加矫饰的状态。实际上，我们不可能非常有把握地预测具体会得到什么样的测量结果，这就跟经典力学的思想背道而驰了。我们最多只能预测在某个具体位置看到电子，或是看到电子具备某个具体速度的概率。

经典力学中的
电子轨道

量子力学中的
电子波函数

这样一来，粒子状态的经典概念——位置和速度——在量子力学中被跟我们的日常经验格格不入的另一个概念——概率云——取而代之。对原子中的电子来说，这团概率云越往中心处越浓密，越往边缘则越稀薄。这团云最浓厚的地方看到电子的概率也最高，而云稀薄到几乎看不见的地方，看到电子的概率也几乎为零。

这团云因为可以像波一样振荡，我们通常叫它作波函数，而最有可能的测量结果也会随着时间变化。我们通常将波函数标记为 ψ，这是个希腊字母，读作“普西”。对每种可能的测量结果，比如说粒子位置，波函数都分配了一个特定的数字，即与该结果对应的振幅。粒子在位置 x_0 处的振幅记为 $\psi(x_0)$。 19

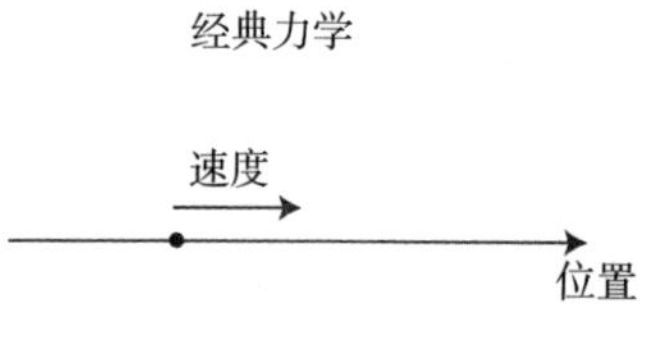

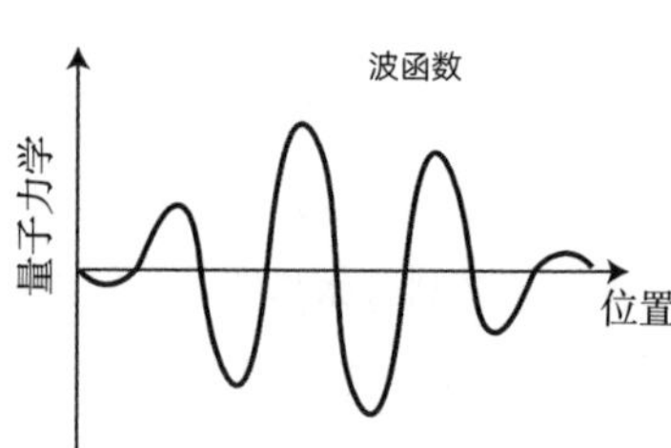

在我们测量时，得到该结果的概率由振幅的平方给出：

特定结果的概率 = |该结果的振幅|^2

这个简单的关系叫作玻恩定则，以物理学家马克斯·玻恩（Max Born）的名字命名[1]。我们的任务之一就是，搞清楚这么个定则究竟是从哪儿来的。

当然我们并不是说，有这么个处于某个位置、具有某个速度的电子，我们只是不知道具体的位置和速度，而波函数概括了我们对这些物理量一无所知的状态。本章中我们完全不会谈及“真实情形”，而只会说我们观测到了什么。在后面的章节中我会敲黑板，旗帜鲜明地
20 提出波函数就是现实世界的全部，而电子的位置和速度等概念只不过是我们可以测量的物理量。但并非所有人都这么看，现在呢，先让我们戴上一个公正不阿的面具吧。

来，我们把经典力学和量子力学的法则并排放在一起好好比较一下。经典系统的状态由其运动中的各部分的位置和速度给出。要追踪经典系统的演化，我们设想有如下程序：

---

1. 这里还稍微有点技术细节，我们在此稍微提及，之后可以完全抛在脑后：任意给定结果的振幅实际上是个复数而非实数。实数是能够出现在数轴上的数字，也就是负无穷大和正无穷大之间的任意数字。随便什么时候取实数的平方，都会得到大于等于零的另一个实数，因此只考虑实数的话，就不存在负数的平方根这回事。很久以前数学家就认识到，负数的平方根会非常有帮助，于是定义了一个“虚数单位”i 作为 -1 的平方根。虚数实际上就是实数（叫作“虚部”）乘以 i，而复数就是实数和虚数的结合。上面玻恩定则的公式 |振幅|^2 中的短竖线的意思是，实际上我们要把实部和虚部分别平方之后加起来。上面这些都是写给追求完美的人看的，下面我们就只打算开开心心地说“概率是振幅的平方”而不及其他了。—— 原注（以下若非特别说明，均为原注）

经典力学法则

1.为各部分指定特定位置和速度，设定系统。

2.让系统根据牛顿运动定律演化。

到此结束。当然，细微之处最容易出问题。有的经典系统可以有很多个运动中的组成部分。

相比之下，标准教科书式量子力学包括两部分。在第一部分中，我们的体系跟经典情形几乎一模一样。量子系统由波函数而非位置和速度描述。经典力学中，牛顿运动定律决定了系统状态如何演化，量子力学也一样，有个方程决定了波函数如何演化，这就是薛定谔方程。薛定谔方程可以用文字表述如下：“波函数的变化率与量子系统的能量成正比。”说得更加具体点就是，波函数可以代表很多互不相同的可能的能量取值，薛定谔方程则宣称，波函数中能量较高的部分演化得很快，而能量较低的部分演化很慢。仔细想想，好像也挺说得过去的。

对我们的目标来说，重要的是有这么个方程，可以预测波函数如 21
何在时间中平稳演化。波函数的演化可以预测而且必然发生，就跟经典力学中物体按照牛顿定律运动时同样可以预测一样。目前为止一切正常。

量子配方的开头是这么个画风：

量子力学法则（第一部分）

1.指定特定波函数 Ψ，设定系统。

2.让系统根据薛定谔方程演化。

到现在一切顺利——量子力学的这部分跟之前的经典力学完全一样。但是，经典力学的法则到此为止，而量子力学的法则还要继续前进。

接下来的所有法则都在讨论测量。在你测量比如说粒子的位置或自旋时，量子力学宣称，你只会得到某些可能的结果。你无法预测究竟会得到这些结果中的哪一个，但对每一个可能得出的结果，你都可以算出其概率。而测量完成之后，波函数会坍缩为另一个完全不同的函数，新的概率会完全集中在你刚刚得到的那个结果上。因此，如果测量一个量子系统，一般来讲你最多能够预测不同结果的概率，但是如果你马上再次测量同一个物理量，那么你总是会得到同一个结果——波函数已经坍缩到这个结果上了。

来，我们把这些语不惊人死不休的细节写下来：

量子力学法则（第二部分）

3.我们可以选择测量某些可观测物理量比如位置，而在测
22 量时会得到明确结果。

4.用波函数可以计算出得到任何特定结果的概率。波函数为每个可能的测量结果都分配了一个振幅，会得到该结果的概率就是这个振幅的平方。

5.波函数会在测量时坍缩。在测量之前无论波函数如何展

开，在测量之后都会集中到我们测量时得到的结果上。

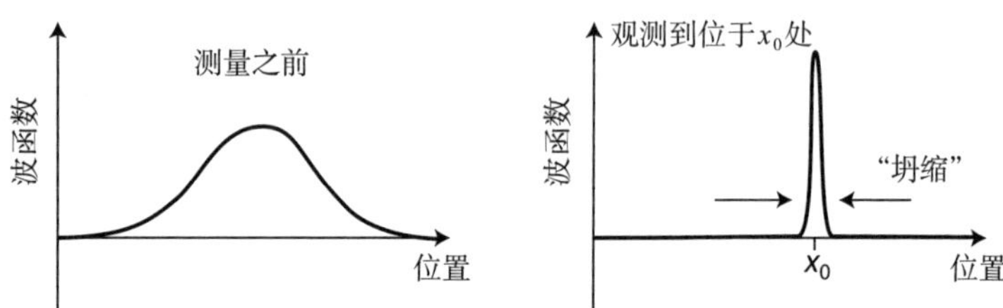

在现代大学课程中，学物理的学生初次接触量子力学时，就会学到上述五条法则的某种表述。跟这些表述相关的思想体系——认为测量是最根本的，波函数在观测时会坍缩，不要问表象背后是咋回事——有时候叫作量子力学的哥本哈根诠释。但是有很多人，包括来自哥本哈根的、据说首创了这套诠释方式的物理学家，都对这个标签到底应该拿来描述什么内容有不同意见。我们可以简单称之为“标准教科书式量子力学”。

不用说，如果认为这些法则代表了现实世界真正的运行方式，肯定是骇人听闻。

你所说的“测量”究竟是什么意思？测量进行得有多快？可以算成是测量设备的究竟有哪些？必须是人呢，还是有一定程度的意识就行，甚至只需要有点儿读取并记录信息的能力就行？还是说，可能只是必须是个宏观物体，果真如此的话，必须要多大才算宏观？测量究 23
竟是什么时候发生的，发生得有多快？波函数究竟是怎么这么剧烈地坍缩的？如果波函数散得很开，坍缩会比光速还快吗？波函数似乎允许的所有其他我们没有观测到的可能结果会怎样？那些概率是从来都没有真正存在过？还是就这么一下子消失得无影无踪？

最尖锐的提法是：为什么只要我们不观察，量子系统就会根据薛定谔方程平稳、确定地演化，但只要我们一观察就马上剧烈坍缩？这些系统怎么知道，又为什么会在意我们是不是在观察呢？（别担心，我们会回答所有这些问题。）

很多人都认为，科学想要理解自然界。我们观察发生的事情，科学则希望能解释是咋回事。

量子力学目前的教科书式表述并未实现这个雄心勃勃的理想。我们并不知道究竟是咋回事，至少也可以说，专业的物理学家圈子对量子力学究竟是什么还无法达成一致。我们拥有的只是一份我们奉为圭臬的配方，供奉在教科书里教给学生。你在地球的重力场中将一块石头扔到空中，从这块石头的位置和速度出发，牛顿可以告诉你这块石头随后会遵循怎样的轨迹。与此类似，从按照某些特定方式预备的量子系统出发，量子力学法则可以告诉你波函数如何随时间变化，以及如果你观测这个波函数，各种可能测量结果的概率都是多少。

量子力学诠释提供给我们的是概率而不是确定结果，这可能很让
24 人恼火，但我们也可以学着接受这个事实。真正让我们烦恼的，或者说应该让我们烦恼的，是我们并不了解究竟发生了什么。

假设有那么几个狡猾的天才弄明白了所有的物理学定律，但并没

有向整个世界宣布他们的发现，而是造了一台计算机来回答特定的物理学问题，还给计算机程序做了个交互界面放在网上。任何感兴趣的人只要去浏览这个网站，输入陈述得当的物理问题，就能得到正确答案。

这样的程序对科学家和工程师显然大有用处。但是，能够访问这个网站，并不等于理解了物理学定律。我们有了一个神使，可以专门为特定问题提供答案，但我们自己对这个游戏背后的基本规则完全没有任何直接想法。世界上其他科学家得到这样的神谕之后，也不会激动万分地宣布重大胜利，而是会继续埋头钻研，想弄清楚自然界遵循的究竟是什么定律。

以目前在物理学教科书中呈现出来的形式来说，量子力学代表的就是一个神谕，而不是真正的理解。我们可以提出特定问题并得到答案，但并不能真的解释清楚表象背后发生了什么。我们所拥有的只是关于“可能如何如何”的一些很好的想法，物理学界早就应该开始认真对待这些想法了。 25

第 2 章
胆大包天的构想

朴素量子力学

现代量子力学教科书灌输给年轻学生的态度，被物理学家纳撒尼尔·戴维·默明（Nathaniel David Mermin）精妙地总结为：“闭嘴去算！”默明自己并不主张这样的立场，但其他人这么认为。所有像模像样的物理学家，无论对量子基础是什么态度，都会花大量时间计算来计算去。所以，这句告诫真的还可以更加言简意赅，缩短为两个字：“闭嘴！”[1]

并非总是如此。量子力学花了几十年时间才拼凑起来，但在1927年前后厚积薄发，变成了现代形式。那一年在比利时的第五届国际索
27 尔维会议上，世界上最杰出的物理学家汇聚一堂，讨论量子理论的地位和意义。那时候实验证据已经很清晰，物理学家也终于有了对量子力学法则的定量阐述。是时候卷起袖子，搞清楚这种疯狂的新世界观

1. 上网搜一下你会发现，很多人都把“闭嘴去算！”这句话归功于理查德·费曼，一位有史以来最擅长复杂计算的物理学家。但他从来没说过这样一句话，也不会觉得自己会喜欢这种脾气。费曼对量子力学的思考十分缜密，也从来没有人会要求他闭嘴。引言被重新算到比实际出处更有名的貌似可信的说话人身上，这种事情司空见惯。社会学家罗伯特·默顿（Robert Merton）将其戏称为“马太效应”，来历是《马太福音》中的一句话：“凡有的，还要加给他，叫他有余；凡没有的，连他所有的也要夺去。”

到底是怎么回事了。

这次会议上的讨论有助于为量子力学的发展铺平道路，但我们这里的目标并不是要正确叙述历史过程。我们想理解物理学。因此，我们会勾画出一条逻辑路径，并循此得出量子力学全面的科学理论。没有语焉不详的神秘主义，也没有看似专门规定的法则。只有一组很简单的假设，让我们能够得出一些值得注意的结论。脑子里有了这样的印象之后，很多原本看起来阴森可怕的神秘之处，也会突然变得完全说得通了。

索尔维会议之所以能载入史册，很大原因在于这是阿尔伯特·爱因斯坦和尼尔斯·玻尔（Niels Bohr）之间关于如何看待量子力学的一系列著名辩论的开端。玻尔是一位来自丹麦哥本哈根的物理学家，也当之无愧地被视为量子理论之父，他主张的理解方式就跟我们上一章讨论过的教科书配方颇为相似：利用量子力学来计算测量结果的概率，但不要对这个理论提出更高要求。尤其是，不要老是想着表象背后究竟发生了什么。在年轻同事维尔纳·海森伯（Werner Heisenberg）和沃夫冈·泡利（Wolfgang Pauli）的支持下，玻尔坚持认为量子力学真的本身就是一个非常完美的理论。

爱因斯坦可不吃这一套。他坚信，物理学的责任恰恰在于询问表象背后是怎么回事，而1927年时量子力学的理论水平对大自然远远不能提供令人满意的描述。爱因斯坦当然也有队友，比如埃尔温·薛定谔（Erwin Schrödinger）和路易·德布罗意（Louis de Broglie），他们主张继续深入研究，并尝试将量子力学拓展、推广，使之成为能够 28

令人满意的物理学理论。

照片说明：1927年索尔维会议与会者。其中较为知名的有：1.马克斯·普朗克（Max Planck）；2.居里夫人；3.保罗·狄拉克（Paul Dirac）；4.埃尔温·薛定谔；5.阿尔伯特·爱因斯坦；6.路易·德布罗意；7.沃夫冈·泡利；8.马克斯·玻恩；9.维尔纳·海森伯；10.尼尔斯·玻尔。（照片由维基百科提供）

爱因斯坦和他的队友有理由谨慎乐观，认为可以找到这样一种新的、改进后的理论。就在几十年前，也就是十九世纪末，物理学家建立了统计力学的理论，用来描述大量原子和分子的运动。在建立这一理论的过程中有个关键步骤是，即使并不确切知道每个粒子的位置和速度，我们也可以有效讨论大量粒子的行为特征，而这一切全都发生在经典力学的框架中，因为此时量子力学尚未出现。这些粒子可能会
29 以不同方式行事，而我们只需要知道描述这种可能性的概率分布。

也就是说，在统计力学中我们认为，每个粒子实际上都处于某种经典状态，但我们并不知道，我们只知道概率分布。好在我们进行很多能派上用场的物理学运算时也只需要知道这个分布，因为只需要有这个概率分布就能决定系统的温度、压力等特征。但是，这个分布并不是对系统的完整描述，只反映了对这个系统的情况我们了解（或者说不了解）什么。要用哲学领域的时髦话来标记这种区别的话就是，在统计力学中，概率分布是个认识论概念（描述我们的认知达到了什么水平），而不是本体论概念（描述现实世界的某些客观特征）。认识论研究的是认知水平，本体论研究的是真实情形。

因此在1927年，人们自然而然地认为量子力学或许应该遵循类似的思路。毕竟当时我们已经清楚，波函数是用来计算任意特定测量结果的概率的。如果设想大自然本身明确知道测量会得到什么结果当然能说得过去，但量子理论的形式就是无法完全捕捉到这个认识，因此需要改进。根据这种观点，波函数并非全部故事，还有一些额外的“隐变量”可以决定实际的测量结果，即使我们并不知道（很可能也永远无法在测量之前就知道）这些结果会取什么值。

或许吧。但在后来的岁月中得到了很多结果，其中最引人注目的是物理学家约翰·贝尔（John Bell）于20世纪60年代取得的成果。这些结果都表明，顺着这种思路进行的最简单、最直接的尝试都注定会失败。人们努力尝试——德布罗意实际上还提出了一个具体的理论，到20世纪50年代这个理论又被戴维·玻姆（David Bohm）重新发现并拓展；爱因斯坦和薛定谔也都详细讨论过一些想法。但贝尔定理表明，所有这些理论都要求“超距作用”——在某个位置进行的测量能

30 立即影响任意距离之外的宇宙状态。这似乎违背了相对论的精神（就算不说是违背其文字表述），因为相对论认为，任何物体或其影响都不能传播得比光速还快。隐变量理论仍然是个很活跃的研究领域，但这个思路下面所有已知的尝试都蠢笨不堪，也很难跟诸如粒子物理标准模型之类的现代理论相容，就更不用说稍后我们将讨论的关于量子引力的猜测性想法了。也许这就是相对论的先驱爱因斯坦，从来没有找到令人满意的理论的原因。

在吃瓜群众看来，爱因斯坦输掉了玻尔—爱因斯坦之争。我们人云亦云地说着，爱因斯坦年轻的时候是个很有创造力的革命家，但年纪大了之后越来越保守，无法接受乃至无法理解新量子理论激动人心的影响。（索尔维会议那一年，爱因斯坦已经48岁。）这位伟人后来退而尝试寻找统一场论，而物理学在离开爱因斯坦之后，继续滚滚向前。

没有什么比这么说更偏离事实的了。虽然爱因斯坦没能提出完整、有说服力、可以推而广之的量子力学理论，但他坚持认为物理学理应做得更好，而不只是闭嘴去算，这一点切中肯綮。要是认为爱因斯坦没能理解量子理论，那就太离谱了。爱因斯坦对量子理论的理解不比任何人差，后来也继续在这个领域做出了最根本的贡献，包括证明了量子纠缠的重要性，这在我们目前对宇宙真正运行方式的最佳理解中，起到了核心作用。他没能做到的是，让物理学家同行认识到，哥本哈根诠释有其不足，以及努力了解量子理论基础的重要性。

如果我们想继承爱因斯坦的遗志，去建立一个完整、清晰、务实

的关于自然界的理论，但又因为要在量子力学中添加新的隐变量非常 31
困难而灰心丧气，那么还有没有什么别的办法呢？

一个办法是忘掉新变量，抛开所有关于测量过程的成问题的想法，把量子力学层层拆开，只剩下最本质的内容，然后问问看会发生什么。我们能创建的最简洁、最朴素但是又仍然有希望解释实验结果的量子理论是什么样子的？

量子力学的每一种版本（还挺多的）都采用了波函数的形式或某种等价形式，并假定波函数至少在大部分时间里都满足薛定谔方程。在几乎所有我们真能当回事儿的量子理论中，似乎这两条都是必须要有的。那现在我们来看看是不是能一意孤行地奉行极简主义，在这个形式上不添加任何内容或只添加一点点内容就能行得通。

这种极简主义方法有两个方面。首先，我们正儿八经地把波函数当作现实世界的直接体现，而不是帮助我们把知识组织起来的簿记工具。我们认为这种方法是本体论，而不是认识论。这是我们能想象到可以采用的最朴素的策略，因为任何其他方法都需要假设在波函数之外还有其他结构。但这也是革命性的一步，因为波函数跟我们查看这个世界时观测到的样子大异其趣。我们看不见波函数，能看见的只是测量结果，比如说粒子的位置。但是这个理论似乎要求波函数扮演核心角色，所以我们来看看，假设现实完全就是量子波函数所描述的那个样子，那我们能走多远。

另一个方面是，如果波函数通常都会根据薛定谔方程平稳演化，那我们就假设波函数会一直这么演化下去好了。也就是说，让我们完全擦除量子配方中所有那些关于测量的法则，让局面回到最简单的经典范式：有一个波函数，然后这个波函数会根据一个确定性的法则演化，就完了。这种方法我们可以称之为“朴素量子力学”，也可以简称
32 AQM。在教科书式量子力学中，我们乞灵于波函数坍缩，还试图完全避免谈及现实世界的根本特征，朴素量子力学则与之形成了鲜明对比。

这种策略很大胆。但是问题马上来了：波函数看起来确实坍缩了。测量量子系统散开的波函数时，我们得到的是明确结果。就算我们认为电子的波函数是弥漫在原子核周围的一团云，我们真的去看的时候也不会看到这么一团云，而是会在某个特定位置看到一个点状粒子。如果我们马上接着再看，会看到这个电子差不多还是在同一个位置。量子力学的先驱完全有理由想出波函数坍缩这么一套说法——因为波函数看起来就是坍缩了。

但也许结论下得太快了。我们换个角度看问题。不要从我们亲眼所见出发然后尝试找到一种能够解释我们亲眼所见的理论，而是从朴素量子力学（波函数一直平稳演化，仅此而已）出发，问问在这个理论描述的世界里，人们实际上会看到什么。

想想这可能意味着什么。上一章我们详细讨论了波函数可以看成一种数学黑匣子，从中可以得到对测量结果的预测：对任意结果，波函数都分配了一个振幅，而得到该结果的概率就是这个振幅的平方。提出玻恩定则的马克斯 · 玻恩，1927年也参加了索尔维会议。

现在我们来说说更深层次、更直接的内容。波函数并不是簿记工具，而是量子系统的精确表述，就像一组位置和速度是经典系统的表述一样。世界就是一个波函数，不多也不少。我们可以把“量子态”当成是“波函数”的同义词，就跟我们把一组位置和速度叫作“经典状态”一样。

宣称现实世界本质上就是这个样子，堪比石破天惊。日常闲聊中，[33]就算是量子物理学领域鹤发鸡皮的老学究，也经常会说到类似于“电子的位置”这样的概念。但是“波函数就是一切”的观点意味着，上面的说法在有个重要方面错了。没有“电子的位置”这回事。只有电子的波函数。量子力学意味着，在“我们能观测到的”和“真实存在的”之间，有深刻区别。我们的观测并没有揭露我们之前一无所知的早就存在的事实，充其量也只是揭示了大得多的、从根本上讲很难表述的现实世界的非常小的一部分。

想想你经常会听到的一个说法：“原子基本上是空的。”按照朴素量子力学的思路来想的话，这么说完全错误。这个说法源于顽固不化地坚持认为，电子是在波函数范围内倏忽来去的非常小的经典力学中的点，而不是电子本身实际上就是波函数。在朴素量子力学中，没有什么东西在倏忽来去，只有量子态。原子并非基本上是空的，而是应该描述为延伸到整个原子范围的波函数。

摆脱经典式直觉的办法是，完全抛弃电子有特定位置的想法。电子处于我们能看到的所有可能位置的叠加，在我们真正观测到这个电子处于某个特定位置之前，它也不会突然之间就出现在这个特定位置。

物理学家用“叠加”这个词强调电子处于所有位置的结合中，每个位置都有具体的振幅。量子现实就是波函数，经典现实中的位置和速度，不过是我们探测这个波函数时能观察到的性质。

因此，根据朴素量子力学，量子系统的现实情况由波函数或者说
34 量子态描述，这个状态可以看成是我们也许想进行的某种观测的所有
可能结果的叠加。当我们进行这样的测量时，波函数看起来好像坍缩
了，这个事实让人恼火。从朴素量子力学出发，我们如何才能解释这
个事实呢？

首先，好好检查一下“我们测量电子的位置”这句话。这个测量过程实际上涉及哪些方面？可能得有些实验设备和实验技巧，但我们不用操心细节。我们只需要知道有个测量仪器（相机什么的），能够以某种方式跟电子相互作用，然后我们就能够读出来是在哪里看到的电子。

在教科书式的量子配方中，我们能得到的见解最多也就这样了。
包括尼尔斯·玻尔和维尔纳·海森伯在内，有些率先采用这种理解方
式的人会走得更远，明确表示测量仪器应该被视为经典对象，虽然所
观测的电子是量子力学的。应该用量子视角来看待的世界和应该用经
典视角来描述的世界之间的分割线，有时候就叫作海森伯割线。教科
书式量子力学并不认为量子力学才是最根本的，经典力学只是适当情
形下对量子力学的良好近似；而是把经典世界放在舞台中央，认为这
35 才是描述人和相机以及其他宏观对象的正确方式，而微观量子系统会
与之相互作用。

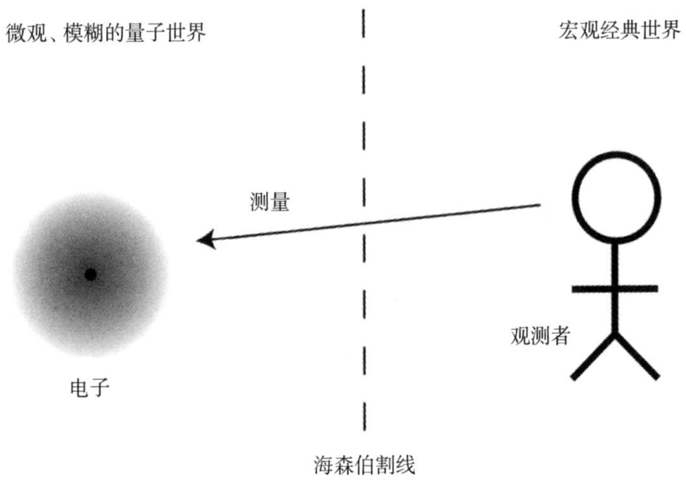

这听起来可不像那么回事儿。人们最先想到的应该是，量子力学和经典力学画野分疆是我们出于个人方便之举，而不是自然界的根本性质。如果原子遵循量子力学法则而相机由原子组成，那么相机可能也应该要遵循量子力学法则才对。从这个角度来看的话，你我似乎也应该遵循量子力学法则。我们是庞然大物、是宏观对象，这个事实可能会让经典物理学成为对我们的良好近似，但我们首先就应该想到，实际上我们从头到尾都是量子的。

如果确实如此，那就不只是电子有波函数了。相机应该也有自己的波函数。实验人员也应该有。万物皆量子。

让视角这么简单转变一下，就给测量问题带来了新的角度。朴素量子力学的态度是，我们不应该认为测量过程有任何神秘之处，更不应该认为还需要一套自己的规则；相机和电子只不过根据物理学定律产生了相互作用，就像石头和地球之间一样。

量子态将系统描述为不同测量结果的叠加。一般来讲，电子一开始处于不同位置（也就是如果我们去观察的话，有可能看到电子的所有位置）的叠加。相机一开始的波函数也许看起来很复杂，但实际上就等于说“这是台还没去观察电子的相机”。但接下来这台相机跑去观察电子了，这是个由薛定谔方程决定的物理相互作用过程。在相互作用之后，我们可以预计相机本身现在处于它能观测到的所有可能的测量结果的叠加：相机看到电子在这个位置，或是相机看到电子在那个位置，等等。

如果整个故事就只是这样子，那朴素量子力学就是个站不住脚的
36 烂摊子。处于叠加状态的电子，处于叠加状态的相机，与我们经验当中经得起推敲、近似相符的经典世界毫无相似之处。

好在我们可以求助于量子力学的另一个不同寻常的特征：给定两个不同物体（比如一个电子和一台相机），那么这二者并不是分别由单独的波函数来描述，而是只有一个波函数在描述我们关心的整个系统，如果我们讨论的是整个宇宙的话，还可以一路往上，直到“整个宇宙的波函数”。在我们考虑的情形中，有一个描述“电子+相机”组合系统的波函数。因此我们真正得到的，是所有可能组合——电子可能会被看到位于何处与相机真正观测到电子位于何处的组合——的叠加。

虽然这样的叠加状态原则上包括了所有的可能性，但是其中大部

分在量子态中得到的权重是零。对电子位置和相机图像的大部分可能组合，概率云都消散得了无痕迹。尤其是，不可能出现电子位于某个位置但相机看到电子位于另一个位置的情形（只要你的相机功能还算正常）。

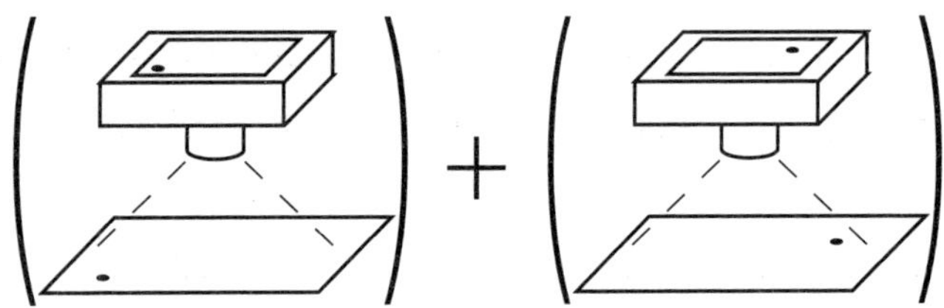

这种量子现象就叫纠缠。对“电子+相机”组合系统有个单独的波函数，是形式为“电子位于这个位置，相机也观测到电子位于同一位置”的各种可能情况的叠加。电子和相机并非各行其是，而是两个系统之间存在联系。 37

现在我们来把上面的讨论中出现过的每一台“相机”都换成“你”。这次我们不是用机械设备拍照，而是（异想天开）假设你的视力真的很好，光靠裸眼就能看见电子在哪。除此之外全都不变。根据薛定谔方程，起初并未纠缠的情形——电子处于各种可能位置的叠加，而你还没有去看这个电子——会平稳演变成纠缠的情形——电子能够被观测到的每一个位置与你确实看到电子在那个位置的叠加。

如果不给量子力学法则额外加上特别烦人的关于测量过程的那一部分，那么量子力学法则会告诉我们的就是这些。也许所有那些额外法则都只是在浪费时间。在我们刚刚讲述的朴素量子力学中，我们说你和电子发生纠缠并演化为叠加态，这就是完整的说法了。测量没有什么特别之处，只不过是两个系统以适当方式相互作用时发生的事情。而相互作用之后，你和与你相互作用的系统就处于叠加态，这个叠加态的每一部分都有一个你，看到电子位于稍稍有些不同的位置。

问题在于，这个说法仍然跟你观察量子系统时实际体验到的情形不符。你从来不觉得自己变成了不同可能测量结果的叠加，你只会认为自己看到了某个确定结果，而这个结果可以预计有一定概率。这也是为什么一开始我们会加进去所有这些额外的测量法则。如果不加的话，你得到的非常漂亮、优雅的形式（量子态、平稳演化）似乎就没法跟现实合拍。

是时候来点儿哲学了。在上面的段落中，我们所说的“你”究竟
38 是什么意思？构建科学理论可不只是写下几个方程式而已，我们还需要指出，这些方程如何跟这个世界产生关联。话题落到你我身上时，我们往往认为将我们自己跟科学形式的某部分匹配起来的过程非常直截了当。当然，在上面的说法中，观测者测量电子的位置时，肯定看起来就好像演化成了不同可能测量结果的纠缠叠加。

但是还有另一种可能。在测量之前，只有一个电子和一个观测者（你愿意的话也可以说一台相机——只要与电子相互作用的对象很大，是个宏观物体就行，我们怎么看这个对象无关紧要）。但是在相互作用之后，我们不认为一个观测者演化成了可能状态的叠加，而认为演化成了多个可能的观测者。从这个角度来看，描述测量之后的情形的正确方式，并不是有一个人对于是在哪里看到的电子有多个看法，

而是有多个世界，每个世界中都有一个人，对于是在哪里看到的电子有非常确定的看法。

大发现就在这里：我们所描述的朴素量子力学，更常见的名字是量子力学的埃弗里特诠释，或者多世界诠释，由休·埃弗里特（Hugh Everett III）于1957年最早提出。作为标准教科书式量子力学的一部分而提出的所有那些关于测量的特别法则实在是让人恼火，埃弗里特观点于是应运而生，将那些特别法则一扫而空，指出实际上只有一种量子演化过程。这种理论形式要简洁得多，而我们为此付出的代价是，承认该理论描述了我们所认为的“宇宙”的多个副本，其中每一个都稍稍有所不同，但在某种意义上每一个都真实存在。这个代价是否值得，是个人们还在争讼不已的问题。（值得。）

在偶然发现多世界诠释的过程中，我们从来没有直接往普通的量子力学里添加一大堆宇宙。这些宇宙存在的可能性始终在那里——
宇宙有一个波函数，可以相当自然地描述事物可以处于的很多不同状 39
态的叠加，包括整个宇宙的叠加。我们所做的只是指出，这种潜在可能是在普通的量子演化过程中自然实现的。你一旦承认电子可以处于不同位置的叠加，自然就会有，人也可以处于“看到电子在不同位置”的叠加，而这种现实作为整体也确实可以处于叠加状态，于是把这个叠加中的每一项都看成是一个单独的“世界”也就顺理成章了。我们没有往量子力学中添加任何东西，我们只是在面对一直就在那里的东西。

也许把埃弗里特方法叫作关于量子力学的“胆大包天”的构想也

不无道理。这种方法体现的哲学思想是，如果深层现实的某种最简单的形式能够解释我们亲眼所见，那我们就应该认真对待这种形式，即使这种深层现实跟我们的日常经验大相径庭。我们有足够大的胆量接受这种方法吗？

对多世界诠释这样简要介绍一番，留下了很多没有回答的问题。波函数究竟是什么时候撕裂成多个世界的？让这些世界两两区隔开的是什么？一共有多少个世界？其他世界真的是“真的”吗？如果无法观测到，我们怎么才能知道这些世界？（要不就是可以观测到？）我们最终进入了其中一个世界而非另一个，这里面的概率又怎么解释？

这些问题全都有很好的答案——要不至少也是看似合理的答案——本书后面的大部分篇幅都将致力于回答这些问题。但是我们也应该承认，也许我们想的整个都是错的，需要有些极为不同的内容。

量子力学的任何版本都有两个特点：（1）波函数；（2）薛定谔方程。后者决定了前者如何在时间中演化。埃弗里特诠释整个就是在强
40 调再无其他，这两个要素就足以对世界做出经实践证明合理的完整阐释。（“经实践证明合理”是哲学家喜欢说的“与数据相符”的一种高级说法。）量子力学的其他任何理解方式都需要在其基本形式上添加一些内容，或是以某种方式修改基本形式。

量子力学最纯粹的埃弗里特诠释最直接的惊人结果就是存在很多个世界，因此称之为多世界诠释是有道理的。但这个理论的精髓是，现实由一个平稳演化的波函数描述，再无其他。这一思想体系带来了

额外的挑战，尤其是涉及到使这种形式的极致简洁与我们看到的这个世界的丰富多样对应起来时，但是相应地也有清晰度和洞察力方面的优势。我们将看到，在最后转向量子场论和量子引力时，把波函数本身当成最重要的，不带任何从经典力学那里继承的包袱，在解决现代物理学的深层问题时非常有帮助。

在承认波函数和薛定谔方程这两个因素有其必要的基础上，还有一些多世界诠释之外的替代方案我们也可以考虑一下。其一是设想在波函数上面加上新的物理实体。这种方法带来了隐变量模型，一开始在爱因斯坦等人的思路背后就是这种理论。今天其中最流行的方法叫作德布罗意一玻姆理论，简称玻姆力学。此外，我们也可以对波函数秋毫无犯，但假设改变一下薛定谔方程，比如说引入真实的、随机的坍缩。最后我们还可以假设，波函数根本不是物理实体，而只是用来描述关于现实我们都知道些什么的一种方式。这种方法通称为认识论模型，目前很流行的一个版本叫作量子贝叶斯理论。

所有这些选项——还有很多没在这里列出来——都代表着完全
不同的物理理论，而不仅仅是同一基本概念的不同“诠释”。这些理 41
论彼此之间水火不容，但（至少到目前为止）都能得出量子力学的可
观测预测；而存在这么多种理论，也给任何想要谈论量子力学究竟意
味着什么的人出了个难题。孜孜不倦的科学家和哲学家虽然在量子配
方上达成了共识，但对于隐藏的现实——随便哪个量子现象究竟意
味着什么——还远远没有形成一致意见。

本书是在为对现实世界的一种特定观点——量子力学的多世界

诠释——鼓与呼，本书大部分篇幅也将只从多世界诠释的角度出发来阐释问题。但是请不要据此认为，埃弗里特观点毫无疑问就是对的。我希望阐述清楚这个理论都说了什么，为什么有相当充分的理由相信这是我们对现实的最贴切的看法；至于说你自己最终会相信什么，仍
42 然由你自己决定。

第 3 章
为什么会有人这么想？

量子力学是如何出现的

在《爱丽丝镜中漫游记》里，白王后对爱丽丝说："有时候，我吃早饭前就能相信六件不可能的事哩。"如果有人想大体上掌握量子力学尤其是多世界诠释，这似乎是个很有用的技巧。好在我们需要去相信的那些貌似不可能的事情，并不是突发奇想的新发明，也不是不合逻辑的禅宗公案，而是在哄着我们去接受的这个世界的特征，因为真实的实验结果在踢着打着、喊着叫着把我们往那个方向拉。我们不是选择了量子力学，我们只是选择面对量子力学。

物理学渴望弄清楚，世界由什么东西组成，这些东西在时间的推移中如何自然变化，而各种各样的东西之间又是如何相互作用的。在我周围，我一眼就能看到很多不同的东西：纸张、书籍、桌子、电脑，一杯咖啡、一个废纸篓子、两只猫（其中一只对废纸篓子里装了啥特别感兴趣），空气、光线和声音这些不那么有形的东西就更不用说了。

43 到19世纪末，科学家已经成功将这些东西全都归结为两种最基本的物质：粒子和场。粒子是点状物体，位于空间中的特定位置，而场（比如引力场）散布在整个空间中，每一点上都有个特定取值。如果场在空间和时间中振荡，我们就称其为“波”。因此，虽然人们经常会拿粒子和波来进行对比，但实际上他们的意思是粒子和场。

量子力学最终将粒子和场统一成了一个单独的实体，这就是波函数。这么做的动力有两个来源：其一是物理学家发现，他们认为是波的东西，比如电场和磁场，有类似粒子的性质。随后他们意识到，他们认为是粒子的东西，比如电子，也会展现出类似场的性质。这些谜题的解决之道是，这个世界从根本上讲都跟场类似（是一个波函数），但在通过精心测量来观察这个世界时，又会看起来像粒子。人们可花了些时间才理解这一点。

粒子似乎是非常简单的事物：位于空间中特定点的物体。这个思想可以追溯到古希腊，那时候有一小群哲学家提出，物质由点状的“原子”组成，这个词在希腊语里是“不可分割”的意思。最早的原子论学者德谟克利特说：“甜是人云亦云，苦是人云亦云，热是人云亦云，冷是人云亦云，颜色也是人云亦云。实际上，只有原子和虚空。”

当时并没有多少事实证据支持这个说法，因此这个说法基本上被束之高阁，直到19世纪初实验人员开始定量研究化学反应。在其中起到了关键作用的是氧化锡，这是一种由锡和氧形成的化合物，人们发
44 现这种化合物有两种不同的形式。英国科学家约翰·道尔顿（John Dalton）发现，对一定数量的锡，其中一种氧化锡里所含的氧刚好是

另一种氧化锡里氧含量的两倍。1803年，道尔顿提出，如果两种元素都以离散的粒子形式出现，我们就能解释这个现象了，而为了指称这种粒子，他从希腊语中借用了“原子”一词。我们只需要假设一种氧化锡是由单个锡原子和单个氧原子结合而成，而另一种氧化锡里每个锡原子结合了两个氧原子。道尔顿指出：每种化学元素都对应一种独特的原子，而这些原子以不同方式结合起来的倾向决定了所有的化学反应。这个总结很简单，但足以改变世界。

道尔顿的命名有点儿为时过早。对希腊人来说，原子的全部意义在于不可分割，是构成其他所有事物的基本构件。但道尔顿的原子完全不是不可分割的，而是由一个紧凑的原子核加上环绕原子核旋转的电子组成。然而，人们花了上百年的时间才认识到这一点。一开始是英国物理学家汤姆森（J. J. Thomson）于1897年发现了电子。电子看起来像是一种全新的粒子，带电，质量只有氢原子的1/1800，而氢原子已经是最轻的原子了。1909年，曾师从汤姆森的欧内斯特·卢瑟福（Ernest Rutherford）——这是位新西兰物理学家，为了继续深造而移居英国——证明，原子的大部分质量都集中在核心处的原子核上，但原子的整体大小由轻飘飘的电子环绕原子核运动的轨道决定。原子的标准漫画图像——电子环绕着原子核旋转，就像太阳系里的行星环绕太阳旋转一样——表现的就是原子结构的卢瑟福模型。（卢瑟福并不知道量子力学，因此我们会看到，这个图像远远偏离了现实情形。）

由卢瑟福开启的研究工作也后继有人，后来者的进一步研究表明，45
原子核本身也不是基本粒子，而是由带正电的质子和不带电的中子组成的。电子和质子所带的电荷大小相等但符号相反，因此原子中如果电子和质子的数量相等（随便有多少个中子都行），就会呈电中性。然后一直到20世纪六七十年代物理学家才证明，质子和中子也是由更小的粒子组成的，这种粒子叫作夸克，通过一种新的能传递作用力、叫作胶子的粒子紧紧抱在一起。

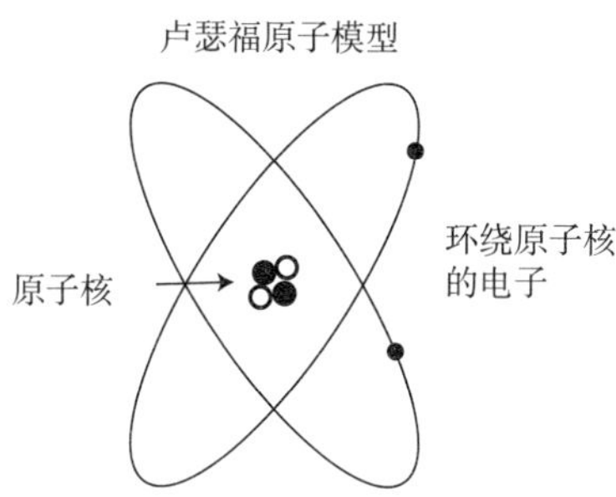

从化学角度来讲，电子就在其所在位置。原子核让原子有了质量，但除了罕见的放射性衰变、聚变和裂变反应之外，原子核基本上就是静悄悄地待在那儿。而在轨道上转圈的电子又轻盈又好动，喜欢四处转悠，正是这个性质让我们的生活有趣起来。两个或多个原子可以共享电子，这就形成了化学键。在适当条件下，电子还可以改变主意去跟别的原子结合，这就产生了化学反应。电子甚至还可以完全摆脱原子核的束缚，在物质中自由流动，这个现象我们叫作“电流”。如果晃动一个电子，还会在电子周围的电场和磁场中产生振动，形成光和其他形式的电磁辐射。

为了强调真正的点状特征而不是具有确定的非零大小的小物件，有时我们会区分“基本”粒子和“复合”粒子，前者指的是空间中真

正的点，而后者实际上由更小的成分组成。我们无论是谁都只能说，46
电子真的是基本粒子。现在你知道了，为什么人们在讨论量子力学时需要举例的话总是会去麻烦电子——这是最容易得到也最容易控制的基本粒子，而且对组成我们和我们周围环境的物质的特性来说，电子发挥着核心作用。

对德谟克利特和他的朋友们来说有个坏消息，就是19世纪的物理学并非只从粒子的角度来阐释世界，而是认为需要两种最基本的元素：粒子和场。

场可以看成是粒子的反面，至少在经典力学的语境下是这样。粒子的定义性特征是位于空间中的一点，不会在其他随便什么地方；而场的定义性特征是，所有地方都有场。场确确实实在空间中任何一点都有取值。粒子需要以某种方式彼此相互作用，而粒子间的相互作用就是通过场的影响来实现的。

以磁场为例。磁场是一种矢量场——在空间中任意一点，磁场就像一个小箭头，有一个数值（场可以很强，可以很弱，还可以刚好等于零），还有一个方向（指向跟某条轴线相同）。我们只要拿出指北针，观察其指针指向何方，就能得出磁场指向什么方向。（如果你没有离别的磁铁太近的话，那么在地球上大部分地方都应该大致指向北方。）重点在于，磁场虽然看不见，但是在空间中无处不在，就算我们没观测的时候也是存在的。场就是这个样子。

当然还有电场，这也是一种矢量场，在空间中任何一点都既有数

值也有方向。就跟我们能用指北针探测磁场一样，我们也可以通过放
47 进去一个静止的电子观察它是否加速来探测电场。加速度越快，电场就越强[1]。19世纪物理学的一大成就是，詹姆斯·克拉克·麦克斯韦（James Clerk Maxwell）将电场和磁场统一了起来，证明这两种场都可以看成是同一种更根本的“电磁”场的不同表现。

19世纪还有一种场也广为人知，就是引力场。艾萨克·牛顿告诉我们，万有引力可以一直延伸，跨越天文距离。太阳系中的行星会受到往太阳方向拉的引力，大小与太阳的质量成正比，与太阳和行星之间距离的平方成反比。1783年，皮埃尔-西蒙·拉普拉斯证明，我们可以认为牛顿的万有引力来自“重力势能场”，这个场就跟电场和磁场一样，在空间中任意一点都有取值。

到19世纪末，物理学家可以看到，关于这个世界的完整理论的轮廓正在变得清晰起来。物质由原子组成，而原子也由更小的粒子组成；原子之间可以通过场携带的各种作用力相互作用，而所有这些都在经典力学的大框架下进行。

世界由什么组成（19世纪版）

- 粒子（点状，组成物质）。
48 - 场（遍布空间，产生作用力）。

---

1. 让人恼火的是，电子加速的方向跟电场的指向刚好相反，这是因为按照惯例，我们决定称电子所带的电荷为“负电”，而质子所带的电为“正电”。这事儿要怪得怪18世纪的本杰明·富兰克林（Benjamin Franklin）。他并不知道电子和质子，但他确实知道有个统一的概念叫作“电荷”。在他随意标注什么东西带正电什么东西带负电的时候，他必须得选一样，而他选择标记为正电荷的，就跟我们现在会称之为“电子比应有的数量少”的情形相对应。于是就成了这个样子。

20世纪还会发现一些新的粒子和作用力，但在1899年，认为基本情况都已经大致掌握了，也不算多离谱。量子革命潜伏在转角，会大大出乎我们的意料之外。

如果你之前读过一点量子力学，你就有可能听到过这个问题："电子是粒子还是波？"答案是："电子是波，但如果我们去观察（也就是测量）这个波的话，看起来就会像粒子。"这是量子力学最根本的新颖之处。只有一样东西，就是量子波函数，但如果在适当条件下观测，在我们看来就会表现得像是粒子一样。

世界由什么组成（20世纪以来的版本）

- 量子波函数。

从19世纪对这个世界的认识（经典力学中的粒子和场）变成20世纪的结合体（单一的量子波函数），需要突破很多概念。物理学在追寻统一的过程中，认识到粒子和场是同一深层对象的不同体现，这个成就的重要意义也被大大低估了。

要实现这个转变，20世纪早期的物理学家需要认识到两件事：场（比如说电磁场）可以表现得像粒子一样，而粒子（比如电子）也可以表现得像场一样。

人们首先领略到的，是场的类似粒子的表现。任何带电粒子，比如说电子，都会在自己周围形成一个电场，离粒子越远的地方电场的强度越低。如果我们晃动一个电子使之上下振荡，那么周围的电场也会随之振荡，带起阵阵涟漪从电子所在位置渐渐往外扩散。这就是电磁辐射，也可以称之为“光”。任何时候只要把物体加热到足够高的
49 温度，其原子中的电子都会开始晃动，然后这个物体就发光了。这就是所谓的黑体辐射，任何温度均匀的物体都会发出某种形式的黑体辐射。

红光对应的振荡比较慢，波的频率也较低，而蓝光对应的是快速振荡、高频波。以19、20世纪之交物理学家对原子和电子的了解，他们可以计算出黑体在各个不同频段应该发出多少辐射，也就是所谓的黑体光谱。他们的计算在低频进行得很好，但是在频率升高时变得越来越不准确，最后预测每个物体都会辐射出无穷大的能量。后来人们管这个问题叫“紫外灾难”，指的是频率甚至比蓝光乃至紫光还要高的不可见光。

最后在1900年，德国物理学家马克斯·普朗克终于得出了一个跟数据严丝合缝的方程式。其中最重要的一步是提出了一个很激进的想法：物体每次发光的时候，光都是以特定大小的能量——“量子”——的形式出现，而这个能量大小跟光的频率有关。电磁场振荡得越快，每次发射出来的能量就越多。

在这个过程中，普朗克不得不假设自然界有个新的基本参数，现在我们叫作普朗克常数，用字母h表示。光的一个量子中包含的能量跟光的频率成正比，普朗克常数就是这个比例常数：能量等于频率乘以h。通常我们用的是一个经过修正、更加方便的版本$\hbar$，读作“h拔”，就是原来那个普朗克常数h除以2π。普朗克常数在表达式中出

现，表明量子力学开始发挥作用了。

普朗克常数的发现提出了一种新的思考物理单位的方式，比如能量、质量、长度和时间。我们用尔格、焦耳和千瓦时这样的单位来衡量能量，用来衡量频率的单位则是时间的倒数，因为频率告诉我们的，
正是某件事在给定时间内发生了多少次。因此，要让能量与频率成正 50
比，普朗克常数的单位就得是能量乘以时间。普朗克自己也意识到，他的新常量可以跟其他基本常数——牛顿的万有引力常数G，以及光速c——结合起来，形成长度、时间等度量衡的普适定义。普朗克长度约为10^{-33}厘米，而普朗克时间约为10^{-43}秒。普朗克长度确实非常短，但据推测有非常重要的物理意义，因为在这个尺度上，量子力学（h）、万有引力（G）和相对论（c）同时变得重要起来。

有意思的是，普朗克的思路马上转向了跟外星文明交流的可能性。要是有一天我们能用星际无线电信号跟外星生物聊天，如果我们说人类“大概两米高”，他们恐怕没法知道我们是什么意思。但是，他们对物理学的了解很可能至少不比我们差，因此他们应该知道普朗克单位。这个提议到现在都还没有付诸实践过，但普朗克常量已经在其他地方产生了重大影响。

好好想想的话你会觉得，光以离散量子的形式向外发射能量，能量大小与其频率相关，这个想法实在是很费解。按我们对光的直观了解，如果有人说光携带的能量多寡取决于其亮度而非颜色，可能还有一定道理。但这个假设能让普朗克推导出正确的公式，因此这个想法似乎还是起到了一些作用。

这个难题留给了阿尔伯特·爱因斯坦，他以自己独特的方式摒弃传统认识，经过极大飞跃，迈入了一种全新的思维方式。1905年爱因斯坦提出，光只会以一定的能量散发出来，因为光实际上是由离散的能量包组成的，并不是光滑的波。光是粒子，用今天的话来说，就是"光子"。光以离散、类似粒子的能量量子的形式出现，这个思想正式宣告了量子力学的诞生，而爱因斯坦也因为这个发现获得了1921年的
51 诺贝尔奖。（他本该凭借相对论再获得至少一次诺贝尔奖，但再也没得过。）爱因斯坦可不傻，他知道这事儿有多厉害。他告诉自己的一位朋友康拉德·哈比希特（Conrad Habicht），他的光量子假说"敢教日月换新天"。

请注意普朗克的假说和爱因斯坦之间的细微差别。普朗克说的是，特定频率的光以一定的能量值发射，而爱因斯坦说，那是因为光本身就是离散的粒子。这就相当于这两种说法之间的区别：说某台咖啡机每次刚好煮一杯咖啡，跟说咖啡本身就只以一杯大小的量存在。如果我们是在讨论电子质子之类的物质粒子那也许还说得通，但是才不过几十年前，麦克斯韦刚刚成功证明光是波，不是粒子。爱因斯坦的假说可能会让这个胜利化为乌有。普朗克自己并不愿意接受这么疯狂的新想法，但这个想法又确实能解释数据结果。在疯狂的新想法寻求被接受的过程中，这是强大优势。

与此同时，账本上粒子那一面也潜藏着一个问题，就是卢瑟福的模型是用电子环绕原子核旋转来解释原子结构的。

请记住，如果晃动电子，电子会发光。我们说的"晃动"，意思是

以某种方式加速。电子只要不是在以恒定速度沿直线运动，就都应该发光。

在卢瑟福的原子模型中，电子环绕原子核旋转，由此看来这些电子肯定没有沿直线运动，而是在沿着圆形或椭圆形轨道运动。在经典力学的世界中，这个景象毫无疑问意味着电子在加速，同样也毫无疑问意味着这些电子应该发光。如果经典力学是正确的，那么你身体当中乃至你周围环境中的每一个原子都应该在发光。这也意味着电子应 52
该在随着发出辐射而损失能量，继而又意味着电子应该会螺旋下降，掉进原子核中。叫经典力学来看，电子轨道应该是不稳定的。

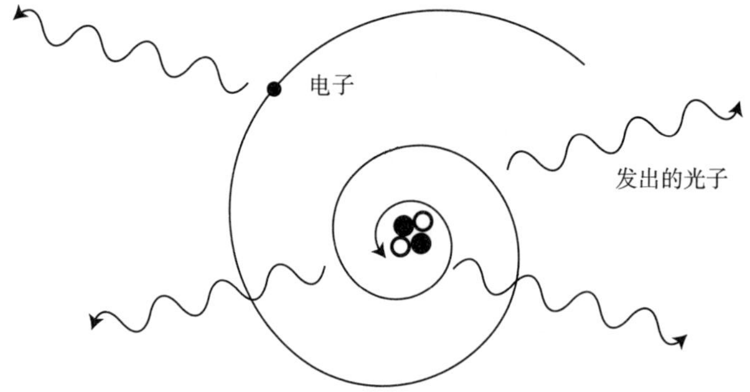

经典的卢瑟福原子模型的不稳定性

也许你身上的所有原子确实都在发光，只是发出的光太微弱，你根本看不见。毕竟，同样的逻辑也适用于太阳系中的行星。行星应该发出引力波——加速运动的有质量的物体应该会在引力场中带起涟漪，就像加速运动的电荷也会在电磁场中带起涟漪一样。的确如此。

如果还有人怀疑怎么会有这种事，那么在2016年这种怀疑也都会烟消云散了，因为那一年，激光干涉引力波天文台（LIGO）和室女座引力波天文台的研究人员宣布首次直接探测到了引力波，来自十亿光年外两个黑洞绕着圈撞在一起的撞击。

但是那两个黑洞的质量都是太阳的三十多倍，相比之下，太阳系里的行星要小得多，运动也要慢得多。因此，我们的行星邻居发出的引力波实际上非常微弱。因为地球公转而发出的引力波所含的能量大致相当于200瓦 —— 就等于几个灯泡的输出，跟诸如太阳辐射、潮汐力之类的其他影响比起来，根本就是微不足道。如果假设发出引力
53 波是影响地球轨道的唯一因素，那么要10^{23}年地球才会撞上太阳。因此，说不定原子也是这种情形：或许电子轨道并非绝对稳定，但是已经足够稳定。

这是个定量问题，代入数字看看是什么结果也并不难。答案相当悲惨，因为电子的速度比行星快得多，电磁力也比万有引力强得多。计算结果是，电子撞进所在原子的原子核要花的时间约为10皮秒，也就是一千亿分之一秒。如果由原子组成的普通物质只能存在这么短的时间，那现在肯定有人已经注意到了。

这个结论让很多人如坐针毡，其中最著名的大概要算尼尔斯 · 玻尔，1912年他曾经在卢瑟福那里干过一阵。1913年，玻尔连续发表了三篇文章，后来简称为“三部曲”，在其中他提出了另一些别出心裁、空穴来风的想法，成了量子理论早期的特色。他问道，如果就是不允许电子处于任意轨道而只能逗留在一些非常特别的轨道上，因此电子

就不能螺旋落进原子核里——如果这样的话又将如何?会有一个能量最低的轨道，然后还会有另一个能量稍微高一点的轨道，等等。但不允许电子比能量最低的轨道离原子核更近，也不可以位于这些轨道之间。这些允许的轨道都是量子化的。

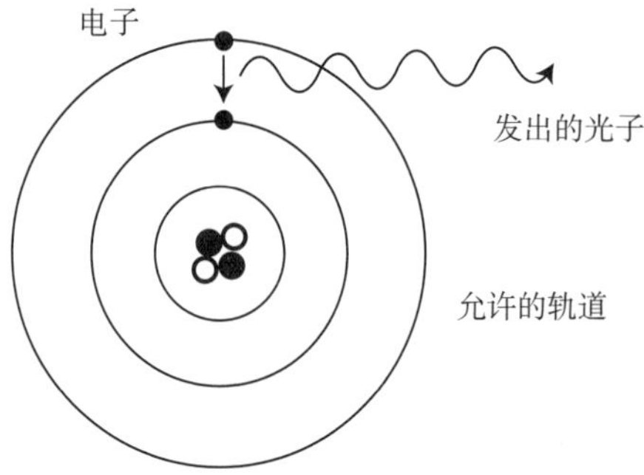

在玻尔的原子模型中，
电子可以在允许的轨道之间跳跃

玻尔的假说也没有乍看上去那么离奇。物理学家已经研究过，光跟不同元素——氢、氮、氧等——的气态会怎样相互作用。他们发现，如果用光照射冷气体，其中有些光会被吸收；同样地，如果让电流通过一管气体，气体会开始发光（这就是今天仍然在用的荧光灯背后的原理）。但是，这些气体只会发出和吸收一些特定频率的光，其他颜色的光则可以直接通过。尤其是氢，是最简单的元素，只有一个质子和一个电子，发出和吸收的频率非常有规律。

对经典的卢瑟福原子模型来说，这完全讲不通。但玻尔的模型只允许电子在一些特定轨道上运动，这样马上就能解释这些。虽然电子不能在允许的轨道之间逗留，但是可以从一个轨道跳到另一个轨道。电子可以从能量较高的轨道落到能量较低的轨道上，同时发出能量刚好合适的光来补足能量差，也可以通过从环境光线中吸收合适的能量来往能量更高的轨道跃迁。因为轨道本身是量子化的，我们只能看到特定能量的光与电子相互作用。再加上普朗克的光的频率与其能量相关的观点，就能解释物理学家为什么只看到某些频率的光被发射和吸收。

玻尔比较了自己的预测和观测到的氢气发出的光，结果不但能直接假定电子只被允许待在部分轨道上，而且能算出来是哪些轨道。沿着轨道绕行的任何粒子都有个物理量叫作角动量，这个量很好算——只不过是粒子的质量乘以其速度，再乘上轨道到中心处的距离。玻尔提出，允许电子逗留的轨道，角动量刚好为一个特定基本常数的整数倍。他比较了电子在不同轨道之间跳跃时应该发出的光的能
55 量和实际看到的氢气发出的光的能量，计算出要让数据对得上，这个常数必须是多少。答案就是普朗克常数 h。说得更具体一点，就是修正后的“h拔”版本，$\hbar = h/2\pi$。

像这种巧合会让你觉得路子走对了。玻尔在试着解释电子在原子中的表现，他现想了一个特别规则，按照这个规则电子只能沿着特定的量子化轨道运动，而为了跟数据相符，他这个规则最终要求有个新的自然常数，然后这个新的常数又刚好跟普朗克在试图解释光子的表现时被迫提出的新常数一样。所有这些单看起来似乎都有些站不住脚也有点粗线条，但放在一起就显得好像在原子和粒子的王国里有什么意义深远的事情正在发生，而且这些事情并不容易符合经典力学的神

圣法则。这段时期的思想现在有时候会被描述为“旧量子论”，跟20世纪20年代末出现的海森伯和薛定谔的“新量子论”形成了对比。

虽说旧量子论十分撩人，暂时来看也很成功，但并没有人真正感到满意。普朗克和爱因斯坦的光量子思路帮助解释了很多实验结果，但很难跟麦克斯韦的光是电磁波的理论统一起来。玻尔的量子化电子轨道的想法则有助于理解氢气发出和吸收的光，但简直像魔术师变戏法一样无中生有并无来处，而且对氢以外的元素也并不适用。甚至在“旧量子论”这个叫法出现之前似乎就已经很明显，这些现象只是某些更深层次的事情显露出来的迹象。

玻尔模型最不让人满意的特征之一是，电子可以从一个轨道
“跳”到另一个轨道。如果能量较低的电子吸收了一定能量的光，那
么说这个电子必须跳到另一个能量刚好多出来这么多的轨道上也还 56
算说得通。但是，如果一个位于高能轨道上的电子要发出光并往下跳，
对于究竟往下跳多远，最后跳到哪个能量较低的轨道上，这个电子似
乎可以选择。是谁做的选择？在写给玻尔的一封信中，卢瑟福就对此
表示担忧：

> 在我看来，你的假说有重大问题，我相信你肯定也完全认识到了，就是在一个电子从一个静止状态变成另一个静止状态时，这个电子怎么决定自己要以什么频率颤动？叫我看的话，你必须假设电子事先就知道要在哪里停下来才行。

电子"决定"去哪儿这个事儿预示了跟经典物理学范式的彻底决裂，其剧烈程度比1913年物理学家们准备考虑的要严重得多。在牛顿力学中，你可以设想有个拉普拉斯妖，至少原则上可以由目前的状态出发预测整个未来这个世界会发生什么。在量子力学发展的这个节骨眼儿上，没有人真正想到过这种构想不得不完全被抛弃的前景。

又过了十多年，一个更完整的框架——"新量子论"——才终于问世。实际上当时出现了两种相互竞争的思想，就是矩阵力学和波动力学，不过最终有人证明两者在数学上等价，是同一回事，这一回事今天我们就简单地称之为量子力学。

最早提出矩阵力学的人是维尔纳·海森伯，他跟尼尔斯·玻尔在哥本哈根共过事。这俩人加上他们的合作者沃夫冈·泡利一起提出了量子力学的哥本哈根诠释，虽然他们完全相信，但这个话题在历史和
57 哲学领域正吵得不可开交。

海森伯于1926年提出的方法反映了初生牛犊不怕虎的精神，他把量子系统中到底发生了什么的问题放在一边，只关心如何解释实验人员观测到的内容。玻尔假设电子轨道是量子化的，但没有解释为什么有些轨道可以，其他的就不可以。海森伯完全抛弃了轨道。忘掉电子在做什么，只问关于这个电子你能观测到什么。在经典力学中，电子的特征是位置和动量。海森伯留下了这些词，但是并不认为这些词代表的是无论我们是否在看着都一定存在的物理量，而是把这些词看成可能的测量结果。对海森伯来说，跳跃无法预测的问题虽然困扰过卢瑟福等人，现在也成了探讨量子世界的最佳方式的核心内容。

海森伯最早提出矩阵力学的时候才24岁。他显然是个神童，但还远远算不上这个领域的大佬，也要再过一年才能拿到一个永久的学术职位。在写给他另一位导师马克斯·玻恩的一封信中，海森伯忧心忡忡地写道，他“写了篇荒唐的论文，不敢寄出去发表”。但在跟玻恩和另一位更年轻的物理学家帕斯夸尔·约尔丹（Pascual Jordan）的合作下，他们得以给矩阵力学打下更清晰、数学上更坚实的基础。

海森伯、玻恩和约尔丹要是因为创建矩阵力学而共获诺奖殊荣，那实在是再自然不过的事情，爱因斯坦也确实曾提名他们。但1932年，只有海森伯一个人得到了诺贝尔奖委员会的承认。有人猜测，把约尔丹加进来会带来问题，因为他咄咄逼人的右翼言论是出了名的，后来还成了纳粹党徒，加入了希特勒的冲锋队。但同时又因为他支持爱因斯坦等犹太科学家，他的纳粹小伙伴也觉得他并不可靠。到最后，约尔丹一辈子都没拿过诺贝尔奖。玻恩也没能因矩阵力学获奖，不过后 58
来1954年他因为提出了概率法则（即玻恩定则）而单独荣获诺贝尔奖，算是弥补了这个缺憾。这是诺贝尔奖最后一次颁发给量子力学基础领域的工作。

第二次世界大战爆发后，海森伯领导了德国政府发展核武器的计划。海森伯对纳粹的实际想法如何，以及他是不是真的尽了最大努力推进核武器计划，是历史学家争讼不已的问题。海森伯似乎跟很多德国人一样并不喜欢纳粹党，但在面对可能遭苏联人碾压的前景时，还是更愿意看到德国人在冲突中取胜。没有证据证明他积极破坏了核武器计划，但很明显，他的团队几乎没有取得什么进展。在一定程度上，这个结果也必须归因于这样一个事实：纳粹上台之后，那么多出色的犹太物理学家都逃离了德国。

矩阵力学虽说让人印象深刻，但要使之能大行其道还有个严重缺陷：数学形式高度抽象，很难理解。爱因斯坦对这个理论的反应很典型："十足的神巫算法。这个理论真够别出心裁，因为太复杂而难以撼动，也不会有什么证据能证明这个理论不成立。"（这句话出自那个提出要用非欧几何描述时空的家伙。）之后很快由埃尔温·薛定谔建立起来的波动力学是一种量子理论，用到的概念都是物理学家已经很熟悉的，大大帮助了这种新范式越来越快地被人们接受。

物理学家研究波动已经有很长时间了，有了麦克斯韦将电磁波当成一种场论的构想，物理学家对波的了解已堪称行家里手。来自普朗
59 克和爱因斯坦的针对量子力学的最早提示是远离波动、转向粒子，但玻尔的原子模型又指出，就算粒子也不是表面上看起来的样子。

1924年，法国青年物理学家路易·德布罗意考虑了爱因斯坦的光量子。那时候，光子和经典电磁波之间的关系仍然扑朔迷离。有件事显而易见，就是组成光的既有粒子也有波：类似粒子的光子可以由广为人知的电磁波携带着前进。果真如此的话，就没有理由不设想电子也一样——说不定有什么类似波的东西携带着电子这种粒子移动。这就是德布罗意在1924年写的博士论文中提出的假说，指出动量和"物质波"的波长有关，而这种关系跟普朗克关于光的公式类似，即较大的动量对应较短的波长。

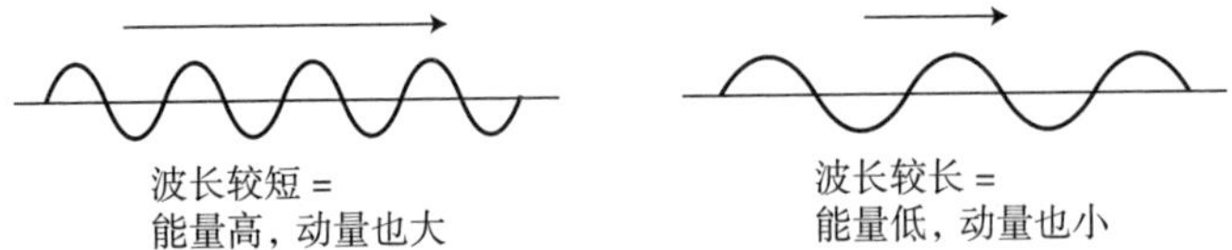

跟当时的很多假说一样，德布罗意的假说可能看起来也有点像是临时起意，但其影响非常深远。特别是人们自然会问，对环绕原子核旋转的电子来说，物质波可能会有什么影响。有个非比寻常的答案马上脱颖而出：为了让波稳定下来变成稳定布局，波长就必须是相应轨道波长的整数倍。玻尔的量子化轨道并不是只能通过假设，通过将波与绕着原子核旋转的粒子联系起来得出，而是也可以推导出来。

考虑一根两端固定的弦，比如吉他或小提琴上的弦。虽然弦上任意一点都能随心所欲地上下振动，但弦的整体行为还是会受到约束，
因为两端都固定了。因此，弦就只会以某些特定波长振动，或是以这 60
些振动的组合形式振动，这就是为什么乐器上的弦都能发出清晰的音符，而不是嘈杂不清的噪音。这些特殊的振动叫作弦的模式。在这个模型中，亚原子世界本质上的“量子”属性并不是因为现实世界真的分成了一块一块的，而是因为物理系统就由波的这些自然振动模式组成。

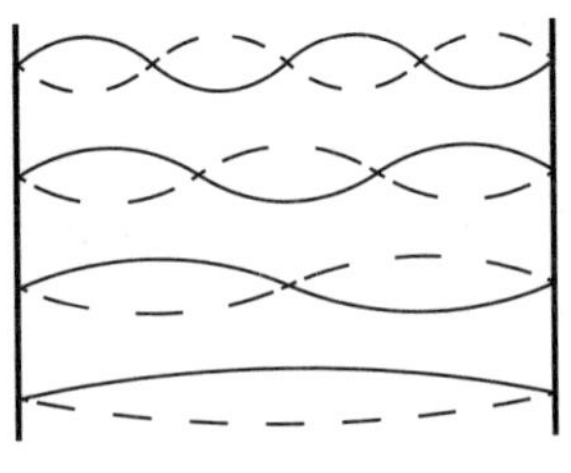

两端固定的弦允许的波长
（振动模式）

“量子”这个词指的是一定数量的某种东西，可能会带来这样的印象：量子力学描述的是本质上离散、像素化的世界，就好像靠近电脑或电视机屏幕然后不断放大会看到的景象一样。然而实际上刚好相反，量子力学将这个世界描述为平稳演变的波函数。但在适当情况下，波函数的不同部分以某种方式固定下来时，波就会呈现为不同振动模式的组合。我们观察这样的系统时，就会看到这些离散的可能性。电子轨道就是这样，这也能解释量子场为什么看起来像一组组离散的粒子。在量子力学中，这个世界本质上有如波浪起伏，之所以会呈现出
61 量子离散的性质，是因为这些波只能以特定方式振动。

德布罗意的想法引人入胜，但并不是一个完整全面的理论。这个问题留给了埃尔温·薛定谔，他在1926年提出了如何从动力学角度认识波函数，包括波函数应该遵守的方程，而这个方程后来就以他的名字命了名。物理学革命通常都是年轻人在闹腾，量子力学也不例外，但薛定谔算是其中的异数。1927年索尔维会议上的意见领袖中，爱因斯坦48岁，玻尔42岁，玻恩44岁，都是老前辈了。海森伯25岁，泡利27岁，狄拉克25岁。38岁高龄的薛定谔带着这么激进的新想法出现在会场，年纪大得让人心生疑窦。

这里我们需要注意一下从德布罗意的“物质波”到薛定谔的“波函数”的转变。尽管薛定谔深受德布罗意的工作影响，他的概念却走得更远，得有一个不同的名称才行。最显而易见的区别是，物质波在任何地方的取值都是实数，而波函数描述的振幅都是复数——也就是一个实数与一个虚数之和。

更重要的是，最初的想法是每种粒子都对应一种物质波。但薛定谔的波函数不是这样：只有一个波函数，由宇宙中所有粒子一起决定。就是这么简单的一个转变，带来了量子纠缠这一改天换地的现象。

让薛定谔的想法马上名噪一时的是他提出的方程，也正是这个方程决定着波函数如何随时间变化。对物理学家来说，优秀的方程式会带来绝大不同。这个方程把一个听起来好像还不错的想法（“粒子有类似波的特性”）提升为一个严谨、严格的框架。对一个人来说，严格听起来似乎是会造成“人至察则无徒”的糟糕品性，但对一种科学理论来说，你想要的就是这种性质。正是这种特性能让你做出精准预测。
如果我们说量子力学教科书花了很多时间让学生去解方程，那我们说 62
的基本上就是薛定谔方程。

薛定谔方程就是拉普拉斯妖要预测宇宙未来时要解的方程的量子力学版。虽然薛定谔写下的原始形式是针对单独粒子的系统，但实际上这个思路很通用，同样可以用于自旋、场、超弦等任何你或许想用量子力学来描述的事物。

矩阵力学是用大部分物理学家当时还从来没有接触过的数学概念表示的，而薛定谔的波动方程与此不同，跟麦克斯韦的电磁学方程在形式上大同小异，而到现在学物理的学生都还会把麦克斯韦方程印上T恤穿在身上。你可以想象出一个波函数，要不至少你可以让自己相信你能想象出来。物理学界还不知道该怎么对待海森伯的思想，但他们已经做好准备接受薛定谔。哥本哈根团队——尤其是年轻人海森伯和泡利——对苏黎世的一位资质平平的老人提出的唱对台戏的思想没什么热烈反响。但没过多久，他们就也跟大家一样，开始从波函数的角度思考问题了。

薛定谔方程需要一些人们并不熟悉的符号，但其中的基本信息不难理解。德布罗意提出，波的动量随波长缩短而增长。薛定谔的说法与此类似，但涉及的是能量和时间：波函数的变化速率与波函数含有多少能量成正比。下面就是这个著名方程最常见的形式：

$$\frac{\partial\Psi}{\partial t} = \frac{1}{i\hbar} H\Psi$$

在这里我们并不需要这些细节，但是看看物理学家对像这样的方程究竟怎么看也挺好的。这里涉及一些数学，但归根结底，这只是把
63 我们用文字写下的思想转化成了符号。

希腊字母 Ψ 就是波函数。方程左边是波函数随时间变化的速率。方程右边我们有个比例常数，涉及到量子力学的基本单位，即普朗克常数 $\hbar$，以及 -1 的平方根 i。有一个叫作哈密顿量的物理量，记为 H，作用于波函数 Ψ 。可以把哈密顿量当成一个审讯人员，他会问这么个问题：“你有多少能量？”1833年，爱尔兰数学家威廉 · 罗恩 · 哈密顿（William Rowan Hamilton）提出了这个概念，并用这个量来重新表述经典系统的运动定律，然而很久以后，这个物理量在量子力学中占据了核心地位。

物理学家如果想给不同的物理系统建模，要做的第一件事就是找出该系统的哈密顿量的数学表达式。算出比如说粒子集合的哈密顿量

的标准方法是，从粒子本身的能量开始，然后加上描述粒子之间如何相互作用的额外贡献。这些粒子也许会像台球一样迎头撞上，也可能会相互施加万有引力。这样的可能性，每种都代表某种具体的哈密顿量。如果你掌握了哈密顿量，你就掌握了一切，因为这种提纲挈领的方式能让你抓住物理系统所有的动态机制。

如果量子波函数描述的系统有一定能量值，那么系统的哈密顿量就等于这个值，薛定谔方程则表明这个系统会一直保持原状，也就是维持同一个能量值。但更常见的情形是，由于波函数是不同可能性的叠加，系统也会呈现为多种能量的组合。这时候哈密顿量捕捉的就有点像是所有这些能量。归根结底，薛定谔方程右边这部分是描述量子叠加中对波函数的每个贡献有多少能量的方法，能量较高的成分演化得比较快，能量较低的部分演化得比较慢。

最重要的是有这么个决定一切的方程。有了这个方程，你就能随
心所欲不逾矩了。 64

波动力学一石激起千层浪，而之后没过多久，薛定谔和英国物理学家保罗·狄拉克等人就证明，波动力学本质上跟矩阵力学等价，给我们留下了关于量子世界的统一理论。但也并不是一切就都有如小葱拌豆腐般一清二楚了。留给物理学家的，还有这些我们今天仍然在苦苦思索的问题：波函数究竟是什么？如果说波函数代表了什么实体的话，又究竟是什么实体呢？

在德布罗意的想法中，他的物质波起到的是引导粒子的作用，而

不是完全取而代之。（后来他把这个思路发展成导航波理论，这种理论到现在都仍然是研究量子基础的可行方法，虽说在目前仍然活跃的物理学家当中并不怎么招人待见。）薛定谔则跟他相反，想要完全抛弃基本粒子。他一开始是希望他的方程能描述局限在相对较小的空间区域内的局地振动能量包，这样在宏观世界的观测者看来，每个能量包看起来都会像粒子一样。波函数可以认为代表了质量在空间中的密度。

可惜了呀，薛定谔的雄心壮志因为自己的方程而功亏一篑。如果从描述一个大致位于空间中某个空白区域的单个粒子的波函数开始，薛定谔方程很清楚接下来会发生什么：这个波函数很快就会扩散到空间中所有位置。如果听任波函数自行其是，就会看起来完全不像粒子[1]。

这个问题留给了马克斯·玻恩，海森伯在矩阵力学方面的一位合作者，由他来补上缺失的最后一环：我们应该把波函数看成是计算去观察粒子时会看到粒子在任一给定位置的概率的一种方式。特别是，
65 我们应该同时取复数振幅的实部和虚部，分别平方之后再加起来，得到的就是观察到相应结果的概率。（应该是振幅的平方而非振幅本身，这个说法出现在玻尔1926年论文的脚注中，是最后一刻才加进去的。）而在我们观察之后，波函数就坍缩了，在我们看到这个粒子的地方局地化了。

---

1. 我已经强调过只有一个波函数，就是整个宇宙的波函数，但嗅觉灵敏的读者应该会注意到，我经常说到“一个粒子的波函数”这种话。后面这个表述也完全没问题，只要粒子与整个宇宙的其他部分都没有纠缠——也只有这种时候才可以这么说。好在经常是这种情况，但一般来讲，我们还是必须视情况而定。

你知道是谁并不喜欢薛定谔方程的概率诠释吗？就是薛定谔本人。跟爱因斯坦一样，他的目标是要为量子现象提供清晰无误的力学基础，而不是只能创造出一种可以用来计算概率的工具。后来他还发过牢骚："我不喜欢这个理论，我很抱歉跟这个理论扯上了瓜葛。"众所周知的思想实验"薛定谔的猫"，就是猫的波函数（根据薛定谔方程）演化成"活着"和"死了"的叠加的那个，真不是为了让人们说："哇，量子力学真是好神秘啊！"而是想让人们说："哇，这怎么可能是对的呢。"但现在就我们知道的来看，确实是这样。

20世纪头30年简直是思想智识的饕餮盛宴。整个19世纪，物理学家为物质和作用力的本质拼凑出了一个前景相当看好的架构。物质由粒子组成，而作用力蕴藏在场中，所有这些又都可以收纳在经典力学的框架之下。但实验数据与此不符，物理学家不得不想着超出这个范式。为了解释有温度的物体的辐射，普朗克提出光是以离散能量的形式发出来的，而爱因斯坦进一步指出，光实际上是以类似粒子的量子形式出现的。与此同时，人们观察到原子是稳定的，也看到了气体如何发光，玻尔由此受到启发，提出电子只能在一些允许的轨道上运 66
动，偶尔也可以在这些轨道之间跳跃。海森伯、玻恩和约尔丹进一步完善了这个以概率为准跳来跳去的说法，提出了一个完整的理论，这就是矩阵力学。德布罗意则从另一个角度指出，如果我们认为物质粒子，比如说电子，实际上是波，那我们就能推导出玻尔的量子化轨道，而不是只能简单地假设必须如此。薛定谔继承了这个假说，发展为成熟自足的量子理论，并最终证明波动力学和矩阵力学是讲述同一理论的等价方式。虽然一开始希望波动力学能够解释为什么明显需要概率是理论的基本内容，玻恩却证明看待薛定谔波函数的正确方式是，视之为平方之后能得到测量结果的概率的这么个工具。

擦汗。从普朗克于1900年做出观测，到1927年的索尔维会议一锤定音地提出羽翼丰满的新量子论，这可真是段漫长的旅程，而且是在那么短的时间里走完。这是20世纪初叶物理学家的丰功伟绩，他们愿意正视实验数据，还敢于欺师灭祖，完全颠覆已经极为成功的牛顿公式对经典世界的看法。

但是，他们并没有同样充分地认识到，他们的所作所为究竟会带
67 来什么后果。

第 4 章
纯属子虚乌有，本就无法得知

不确定性与互补性

维尔纳 · 海森伯因为超速被一名警察拦下。警察问道："你知道自己开多快吗？"海森伯回答："我不知道，但我很清楚我在哪儿！"

我想我们应该都会同意，物理学梗是最好笑的梗。这些笑话都不怎么擅长准确传递物理学信息。要听懂上面这个老掉牙的笑话，你得对著名的海森伯不确定性原理了如指掌才行。这个原理通常都被解读为，对任何物体，我们都无法同时知道其位置和速度。但现实世界其实要比这个解读深刻得多。

这并不是说我们无法得知位置和动量，而是说这两个物理量根本就无法同时存在。只有在极其特殊的情况下，我们才能说物体有个确定的位置——就是这个物体的波函数完全集中在空间中的一个点上，在其余任何地方都是零的时候——对速度来说也同样如此。这两个物理量当中有一个被精确限定时，如果去测量另一个，结果可以是任
何值。更多的时候，波函数包含了这两个物理量的很多可能性，因此 69
两个量都没有确定的取值。

在20世纪20年代，人们对此并没有那么清楚。人们仍然会自然而然地认为，量子力学的盖然性只是表明这是个不完备的理论，还有更具有确定性、听起来更符合经典力学的理论框架有待开发。也就是说，波函数也许只是代表了我们对实际发生的情形有所不知，而不是像我们在这里提出的这样，是关于正在发生的事情的全部真相。知道不确定性原理之后人们马上会去做的事情之一是，试图在其中找到漏洞。人们一无所获，但在寻找漏洞的过程中，关于量子现实与我们早就习惯了的经典世界在本质上有何不同，我们有了很多了解。

在现实的核心，缺乏能多多少少直接映射到我们能最终观测到的对象上的确定的物理量，这是量子力学的深层特征，头回碰到这个特征的时候会很难接受。有的数量还不只是未知，甚至根本就子虚乌有，虽说表面上我们似乎可以测量。

量子力学迫使我们不得不面对我们亲眼所见与真实情形之间的巨大鸿沟。在本章中我们将看到，这个巨大鸿沟如何在不确定性原理中显现出来，而下一章我们会在量子纠缠中再次看到更有说服力的显露。

不确定性原理之所以会存在，是因为量子力学中位置和动量（质量乘以速度）之间的关系，跟在经典力学中截然不同。在经典力学中，我们可以设想，通过追踪粒子位置如何随时间变化就能测量其动量，也能看到这个粒子移动得有多快。但如果我们只能得到某一个时刻的
70 数据，位置和动量彼此之间就完全不相干了。如果我告诉你，粒子在
某个时刻处于某确定位置，但别的什么都不说，你就没法知道粒子的

速度，反之亦然。

物理学家将用来明确说明某个对象所需要的不同数字叫作该系统的“自由度”。在牛顿力学中，要说清楚一大堆粒子的整个状态，你就必须告诉我每个粒子的位置和动量，因此这个系统的自由度就是那些位置和动量。加速度并非自由度，因为只要我们知道系统受到的作用力就能算出来。自由度的实质是，不依赖于其他任何对象。

但如果我们转向量子力学，开始思考薛定谔的波函数，情况就变得有些不一样了。要为单个粒子确定一个波函数的话，就得考虑如果我们去测量，可能会发现这个粒子的所有位置，然后给每个位置都分配一个振幅，也就是一个复数，其平方是能在该位置发现这个粒子的概率。有个限制是所有这些数字的平方加起来必须刚好等于1，因为能在某个地方找到这个粒子的总的概率必须等于1。（有时候我们会用百分比来表示概率，就等于实际概率乘以数字100：20%的机会就等于说概率是0.2。）

请注意，这里我们没有说“速度”或“动量”。这是因为在量子力学中，我们不需要像在经典力学中那样单独具体说明动量。测量中得到任何特定速度的概率，都完全由所有可能位置的波函数决定。速度并不是跟位置无关的、独立的自由度。基本原因是，你懂的，波函数是个波。跟经典的粒子不同，我们没有单个的位置和动量，我们只有一个关于所有可能位置的函数，通常还会上下振荡。振荡的速度决定了我们去测量速度或动量的话可能会看到什么。

考虑一个简单的正弦波，在空间中以规则的模式上下振动。将这么个波函数代入薛定谔方程，然后我们来看看会怎么演化。我们发现正弦波具有确定的动量，波长越短，速度就越快。但是，正弦波没有确定的位置，而是散布在所有地方。而更典型的形状是既没有局限在一点也没有以固定波长展开成完美的正弦波，这样的波函数既不会对应确定的位置，也不会对应确定的动量，而是二者的某种混合形式。

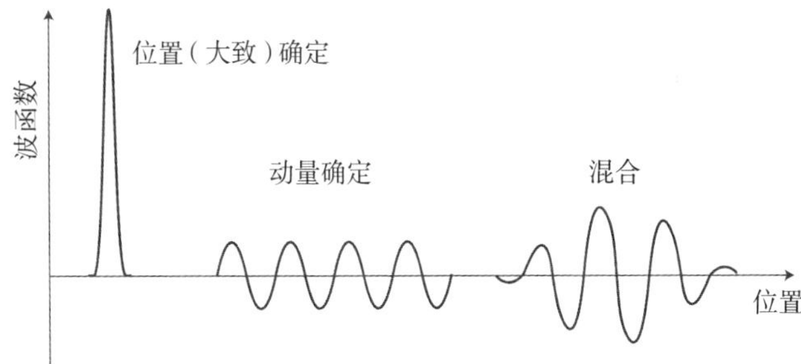

我们看到了最根本的问题。如果我们想在空间中让波函数集中到某个确定位置，那么其动量就会变得越来越分散，而如果我们想把波函数限制在一个固定波长（因此动量也就固定了），那么这个波函数就会分散到更多位置。这就是不确定性原理。不是说我们无法同时知道这两个物理量，而是关于波函数如何起作用，本身事实就是如此：如果位置集中在某处附近，那么动量就会完全无法确定，反之亦然。我们叫作位置和动量的老式经典特征并不是有真实数值的物理量，而是可能的测量结果。

人们有时候会把不确定性原理用于日常生活中，而不是像在物理学教科书中那样全是方程。因此，廓清一下这个原理没有说什么非常

重要。这个原理并非断言“一切都不确定”。在适当的量子态下，位置 72
和动量可以有其一是确定的，只是无法同时确定。

不确定性原理也并不是说，我们测量某个系统的时候就一定会干扰该系统。如果粒子的动量确定，我们完全可以进行测量而不改变其动量。重点在于没有能够同时确定位置和动量的状态。不确定性原理是关于量子态的性质及其与可观测量的关系的陈述，而不是关于测量这一物理行为的陈述。

最后，不确定性原理说的也不是我们对系统的认识有其局限。我们可以知道准确的量子态，而关于这个系统，也只需要知道这些；我们仍然无法百分百确定地预测未来所有可能的观测会有什么结果。对特定波函数“有些情况我们还不知道”是个过时的想法，是我们从直觉出发坚持认为我们观测的对象一定真实存在的后遗症。量子力学告诉我们，并非如此。

有时候你会听到因不确定性原理而出现的这么一种说法：量子力学违背了逻辑本身。太幼稚了。逻辑从公理出发推导出定理，得到的定理完全正确。公理也许对任何物理情形都适用，也有可能不是。勾股定理——直角三角形斜边的平方等于另外两条边的平方和——作为从欧氏几何公理出发的正规推导是正确的，虽说如果我们讨论的是曲面而非桌面一样平展的平面的话这些公理就不再成立了。

量子力学违背了逻辑这种想法，跟原子里大部分都是空白空间的想法如出一辙（这道辙还真是道覆辙）。会出现这两种想法都是因为，

虽然我们已经了解了那么多，我们还是坚信粒子真就是处于某个位置、
73 具有一定动量的点，而不是扩散开来的波函数。

假设有个盒子，里边有个粒子，我们画了条线将盒子分为左右两边。这个粒子有个波函数，散布在整个盒子里。设命题P为“粒子位于盒子左侧”，命题Q为“粒子位于盒子右侧”。我们大概会很想说，这两个命题都是假命题，因为波函数可是盒子两边都有。但是命题“P或Q”必须是真命题，因为粒子确实在盒子里。在经典逻辑中，在P和Q都是假命题的时候不可能有“P或Q”是真命题。所以看起来是有点儿猫腻。

猫腻既不在逻辑上也不在量子力学中，而在于我们在对陈述P和Q赋予真值时随随便便就忽略了量子态的性质。这两个陈述都既不是真的也不是假的，而是本身定义得就不对。就没有“粒子所在的盒子一侧”这么回事。如果波函数完全集中在盒子的某一边，在另一边完全没有，我们就可以给P和Q赋真值，摆脱悖论；而且这种情况下P和Q一者为真一者为假，经典逻辑也安然无恙。

尽管只要应用得当，经典逻辑仍然完全有效，量子力学还是启发了更一般的叫作量子逻辑的方法，由约翰·冯·诺依曼（John von Neumann）及其合作者加勒特·伯克霍夫（Garrett Birkhoff）开创。从跟标准逻辑略有不同的逻辑公理出发，我们可以推导出一系列符合量子力学的玻恩定则所规定的概率的法则。在这个意义上，量子逻辑既有趣又有用，而存在这种逻辑也并不会让普通逻辑在适当情况下的正确性失效。

尼尔斯·玻尔在尝试理解是什么让量子理论如此独特时，提出了互补性的概念。思路是这样的：可以有两种以上看待量子系统的方法，每种方法都同样有效，但有一条性质是不能同时采用这些方法。我们 74
可以用位置也可以用动量来描述一个粒子的波函数，但鱼与熊掌不能同时兼得。与此类似，我们可以认为电子展现了类似粒子或是类似于波的性质，但两种性质不会同时表现出来。

这个性质在著名的双缝实验中表现得最为淋漓尽致。这个实验直到20世纪70年代才真正有人做出来，这时距离有人最早提出这个实验已经很久了。这并不是需要理论学家创造出新的思考方式才能理解的那种让人大跌眼镜的实验结果，而是一个意在展现量子理论引人注目的隐含意义的思想实验（最早形式是由爱因斯坦在跟玻尔论辩正酣时提出的，后来又由理查德·费曼在给加州理工学院本科生讲课时发扬光大）。

这个实验的初衷是，让人们注意到粒子和波之间的区别。我们从经典粒子源（也许一把常常把子弹往有点儿没法预测的方向喷洒的气枪就能胜任）出发，发射粒子使之通过一条狭缝，然后在狭缝的另一边用屏幕检测这些粒子。多数时候粒子会直接穿过狭缝，如果撞到狭缝的边缘可能也会稍微偏转一下。所以我们在探测粒子的探测器那里看到的图样是一个个单独的点，排列成多少还有点儿像那道狭缝的形状。

对波我们也可以如法炮制，比如把狭缝放在一浴缸水中间，然后弄点儿波浪穿过这道缝。波穿过狭缝之后会以半圆形散开，最后抵达屏幕。波抵达屏幕的时候我们当然不会观察到类似粒子的点状图样，但是假设我们有块特殊的屏幕，波抵达的时候会亮起来，亮度取决于波抵达此处时的振幅。屏幕上离狭缝最近的地方会最亮，离得越远的地方越暗。

现在我们再来做一遍，但路上要搁两道狭缝而不是只有一道。粒
75 子的情形大同小异，只要我们的粒子源确实是随机发射，粒子就会穿过两道狭缝，在另一侧我们看到的就是两条由点连成的线，一道狭缝对应一条（也可能会是一条粗线，如果这两道狭缝本身靠得太近的话）。但波的情形就不一样了，挺有意思。波既可以向下振荡也可以向上振荡，两道振荡方向相反的波还会互相抵消——这个现象叫作干涉。因此，波会同时通过两道狭缝，以半圆形向外发散，但接下来就在另外一侧形成了干涉图样。这样一来，如果在最后的屏幕上观察合成波的振幅，我们就不会看见两条亮线，而是会看见正中间有条亮线（离两道狭缝都最近），往两边则是明暗交替，亮度渐次减弱。

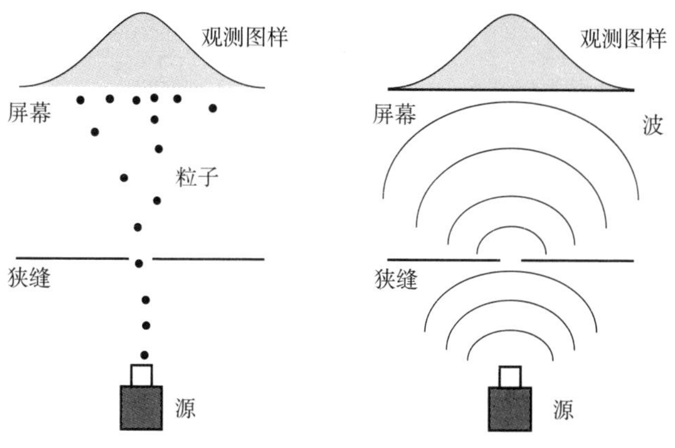

到现在为止都是我们所了解和喜爱的经典世界，粒子和波在这个世界中截然不同，人人都能轻易区分。现在，我们来把气枪和造波机换成电子源，让电子来大显身手一把。这个过程中有几处转折，每一处都会带来一些很刺激的结果。

首先只考虑一道狭缝。这种情况下电子的表现跟经典粒子没什么
两样。电子会穿过狭缝，被另一侧的屏幕探测到，每个电子都会留下
一个像是粒子的记号。如果让大量电子穿过狭缝，留下的记号就会分 76
散在图样上狭缝的中心线周围。目前还没啥好玩儿的事情发生。

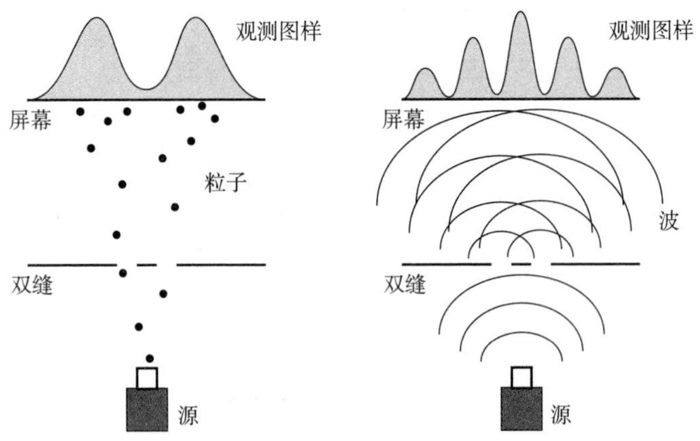

现在我们引入两个狭缝。（要达到效果，这两道狭缝必须靠得非常近，这也是人们过了那么久才把这个实验真正做出来的原因之一。）电子仍然穿过了狭缝，在另一侧的屏幕上留下了单独的记号。然而，这些电子留下的记号并没有像经典的气枪子弹一样堆积成两条线，而是形成了很多线条：中间的那条密度特别大，两侧的亮线与之平行，

但记号往两侧逐渐减少，而且每两条线之间都由几乎完全没有记号的黑色区域隔开。

也就是说，穿过两道狭缝的电子留下了明确无误的干涉图样，就跟波的表现一样，然而电子击中屏幕留下的却是一个一个的记号，这一点又跟粒子的表现一样。这个现象引出了上千种毫无帮助的论述，讨论的都是电子“究竟”是粒子还是波，亦或时而像粒子时而像波。无论如何，在电子抵达屏幕的过程中毫无疑问有什么东西同时穿过了两道狭缝。

77 到现在说的这些对我们来说也不算意料之外。穿过双缝的电子是用波函数来描述的，而波函数就跟经典的波一样会同时穿过双缝，会上下振荡，因此看到干涉图样也就不足为奇了。而波函数抵达屏幕的时候就是电子被观测到的时候，所以这时候在我们看来电子又表现得像粒子了。

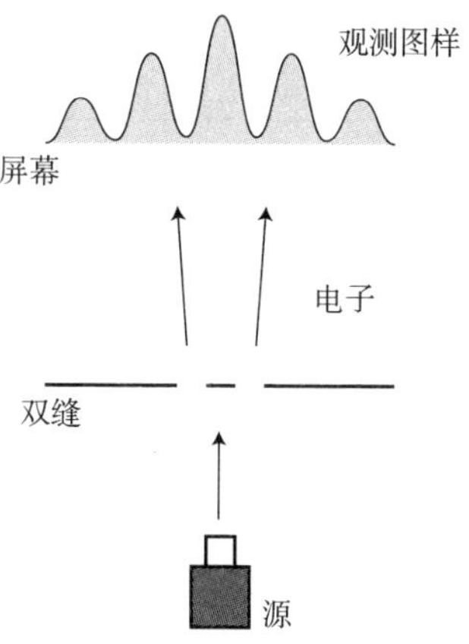

我们再来加点料。假设我们在每道狭缝边上都装了个很小的探测器，于是就能知道是否有电子穿过狭缝。这样一来我们就可以确定这个疯狂的想法对不对：一个电子可以同时穿过两道狭缝。

你应该可以想见我们会看到什么。探测器并不会探测到半个电子穿过每道狭缝，而是会探测到有个完整的电子穿过了其中一道狭缝，而另一道狭缝没有任何电子，每次都是如此。这是因为现在是由探测器扮演了测量仪器的角色，而测量电子的时候我们会看到粒子。

但是在电子穿过双缝时观测的后果并非仅此而已。在狭缝另一侧
的屏幕上，干涉图样消失了，我们回到了由观测到的电子形成的两道
亮线上，每道亮线对应一道狭缝。探测器埋头苦干的时候，波函数在
电子穿过狭缝时坍缩了，因此我们不会看到波同时穿过两道狭缝会形 78
成的干涉图样。我们查看电子的时候，电子就表现得像粒子了。

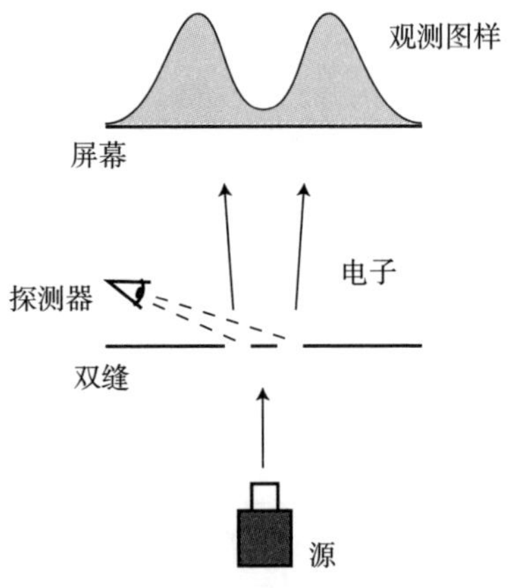

在双缝实验之前我们还可以坚持认为，电子只是个经典的点，波函数也只是代表我们并不知道这个点究竟在什么地方。但在双缝实验之后，就很难继续这么顽固不化了。“不知道”不会产生干涉图样。波函数里边儿，有些真格的。

波函数也许是真的，但不必否认也很抽象，而且如果我们开始一次考虑多个粒子，就很难在脑子里想出是什么情形了。随着我们不断深入研究表现得越来越微妙的量子现象，如果能有个我们可以反复参考的简单、容易理解的例子，就会非常有帮助。粒子自旋——粒子的位置和动量之外的另一个自由度——就是我们要找的例子。我们得稍微思考一下在量子力学中自旋是什么意思，但只要想通了，我们的日子就好过多了。

79 自旋这个概念本身并不难理解：就是说自个儿绕着一个轴旋转，就像地球日复一日的自转，或芭蕾舞演员单脚尖旋转一样。但是就跟环绕原子核旋转的电子的能量类似，在量子力学中，如果去测量一个粒子的自旋，我们只会得到一些离散的结果。

比如说电子，其自旋可能会有两种测量结果。首先选定一根轴线，我们对自旋的测量就以这根轴线为标准。如果沿着这根轴线去看，我们总是会发现电子在顺时针或逆时针旋转，而且旋转速率也总是相同。通常我们把这两种自旋方式分别叫作“自旋向下”和“自旋向上”，这个定义是根据“右手定则”：把右手的手指沿着自旋方向弯曲，大拇指就会指向相应轴线向上或向下的方向。

自旋的电子也是块小小磁铁，有南北磁极，挺像地球，自旋轴线指向北极。有一种测量电子自旋方向的办法是，让电子穿过磁场，电子会因为磁场而略微偏转，偏转方向取决于电子的自旋方向。（有个技术细节是，要得到这样的实验结果，磁场必须以恰当的方式聚焦——在一头散开，另一头紧紧收束在一起。）

如果我跟你说电子的总自旋是确定的，那么对这样一个实验，你可能会作如下预测：如果自旋轴与外部磁场的方向刚好一样，电子会向上偏转；如果自旋轴与外部磁场的方向刚好相反，电子会向下偏转；而如果自旋方向介于两者之间，其偏转也应该是介于其间的某个角度。但我们看到的并不是这种情形。

这个实验最早是由德国物理学家奥托·施特恩（Otto Stern，马克斯·玻恩的助手）和瓦尔特·格拉赫（Walter Gerlach）于1922年做出来的，那时候自旋的概念都还没有明确地提出来。他们看到的景象非比寻常。电子在穿过磁场时确实偏转了，但要么向上偏转，要么向下 80
偏转，没有任何电子居于其间。如果我们把磁场旋转一下换个方向，电子穿过磁场时还是会偏转，要么顺着要么逆着磁场的方向，但没有中间情形。测量到的自旋就跟环绕原子核旋转的电子的能量一样，似乎是量子化了。

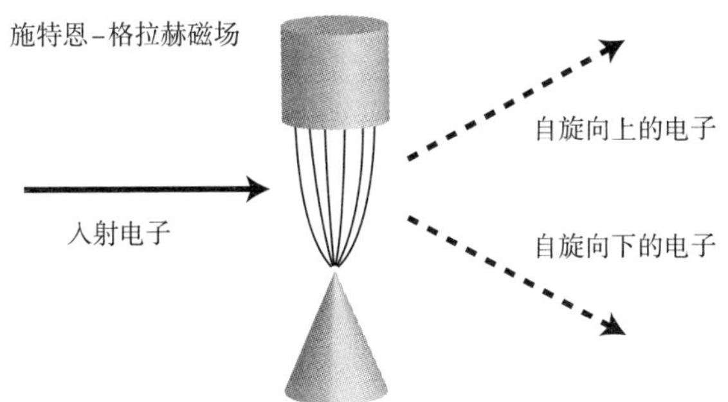

这可有点儿出乎意料。环绕原子核旋转的电子，其能量只会以特定的量子化取值出现，这个看法已经够让人想破头了，但至少能量看起来仍然像是电子的客观属性；然而就算我们已经习惯了这个看法，上面的结果也还是出乎意料，因为我们叫作电子“自旋”的这回事儿，似乎会因为测量方式有所不同而给出不一样的答案。无论我们沿着哪个方向去测量自旋，我们能得到的都只有两种结果。

为了确认一下并非我们精神失常，我们来机智一把，让电子接连穿过两个磁场。请记住，教科书式量子力学的法则告诉过我们，如果得到了一个确定的测量结果，那马上再次测量同一系统的话，我们总是会得到同样的结果。也确实是这么个情况：如果某个电子在第一个磁场中向上偏转了（因此是自旋向上），那么这个电子也总是会在第二个同样朝向的磁场中向上偏转。

如果我们把其中一个磁场旋转90度会怎么样？这样我们就是把初始的一束电子用竖直朝向的磁场测量了一下，分成了自旋向上和自
81 旋向下的两束电子。然后我们让自旋向上的电子穿过一个水平放置的

磁场。这时会发生什么?这是些在竖直轴线上自旋向上的电子，而现在我们非要沿着水平轴强制测量这些电子，所以这些电子会凝神屏气拒绝穿过吗?

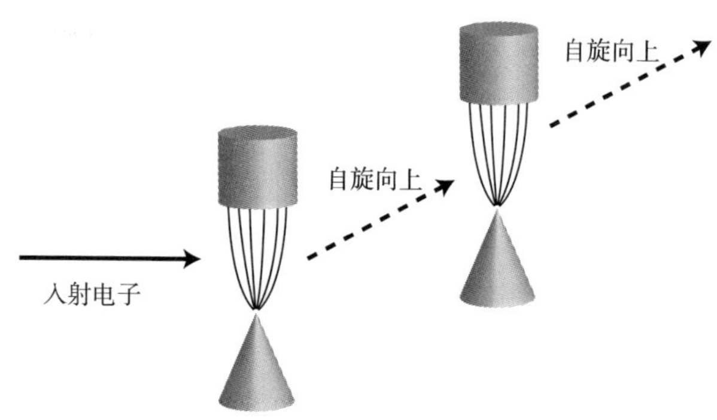

并非如此。实际上，第二个磁场把自旋向上的电子也分成了两束。一半电子向右偏转(沿着第二个磁场的方向)，另一半电子则向左偏转。

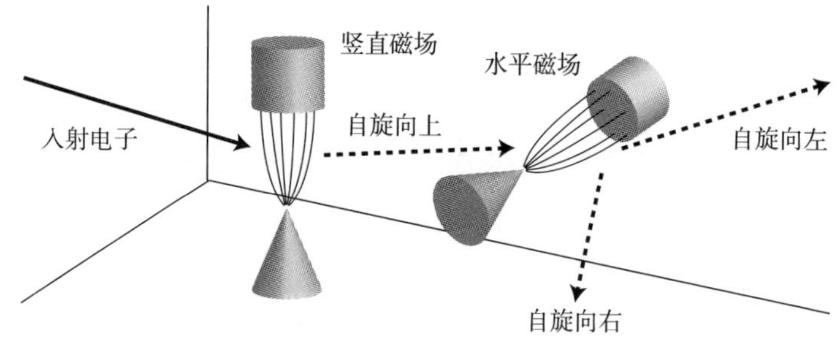

疯了吧这是。我们的经典直觉让我们认为，有可以叫作“电子绕其自旋的轴”的这么个东西，如果说围绕着这个轴的自旋是量子化的，

那（也许）还算说得通。但实验证明，自旋绕其量子化的那个轴并不
82 是由粒子本身先行确定的，你可以通过旋转磁场来选择任何你喜欢的
轴，电子的自旋就会以这根轴线为依据量子化。

我们迎头撞上的是不确定性原理的另一种表现。之前我们学到的教训是，“位置”和“动量”并不是电子拥有的性质，而只是我们可以去测量的对象而已。尤其是，没有哪个粒子能同时具备确定的位置和动量。一旦给位置指定了确切的波函数，观测到某个动量的概率就也完全确定了，反之亦然。

对“垂直自旋”和“水平自旋”来说也同样如此[1]。这些并不是电子可以具备的各自独立的属性，而只是我们可以测量的不同的物理量。如果我们用竖直自旋来表示量子态，那么观测到水平自旋向左或向右的概率就是完全确定的。我们可以得到的测量结果由根本的量子态决定，而量子态可以用各不相同但彼此等价的方式来表示。不确定性原理表明了这样一个事实：对任何特定的量子态，我们可以进行各不相同乃至互相抵触的测量。

在量子力学中，可能有两种测量结果的系统极为常见也非常有用，于是人们给这种系统起了个很萌的名字，叫作量子比特。思路是这样的：经典“比特”只有两个可能的取值，比如说0和1。量子比特的系统也有两种可能的测量结果，比如说在沿着某给定轴测量时自旋向上还是自旋向下。一个普通的量子比特的状态是两种可能性的叠加，每

---

1. 这一点对于第三个成直角的方向，我们可以叫作“前后自旋”的也同样成立，虽然我们并没有对其进行测量。

种可能性都由一个复数，也就是其振幅赋予权重。量子计算机可以用 83
跟普通计算机处理经典比特一样的方式来处理量子比特。

量子比特的波函数我们可以写作

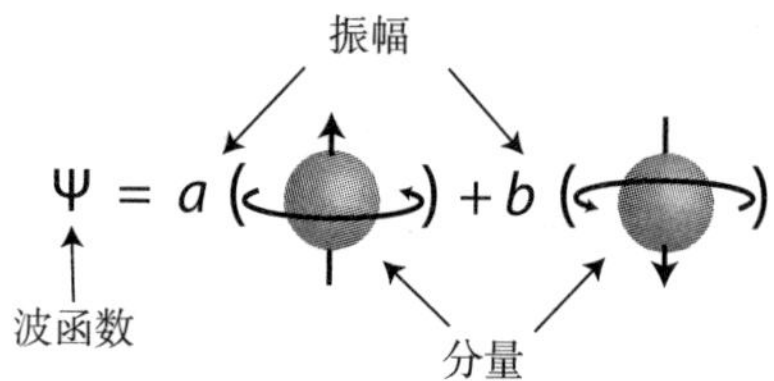

其中符号a和b是复数，分别代表自旋向上和自旋向下的振幅。波函数的不同部分代表不同的可能测量结果，在这里就是自旋向上和自旋向下，我们称之为“分量”。在这个量子态中，观测到粒子自旋向上的概率就应该是$|a|^2$，而自旋向下的概率是$|b|^2$。如果比如说a和b都等于1/2的平方根，那么观测到自旋向上和自旋向下的概率就都是1/2。

量子比特可以帮助我们理解波函数的一个关键特征：波函数就好像直角三角形的斜边一样，而两个直角边就是每种可能的测量结果的振幅。也就是说，波函数就像矢量——有长度、有方向的箭头。

我们所说的矢量并不指向真实物理空间中的某个方向，比如向上或是向北之类，而是在由所有可能的测量结果定义的空间中有一个指向。对单个自旋量子比特来说，测量结果要么是自旋向上要么是自旋向下（只要我们选好轴线并沿其测量）。如果我们说“量子比特处于

自旋向上和自旋向下的叠加”，我们真正的意思是：“代表这个量子态
84 的矢量有一些自旋向上的分量，另外还有一些自旋向下的分量。”

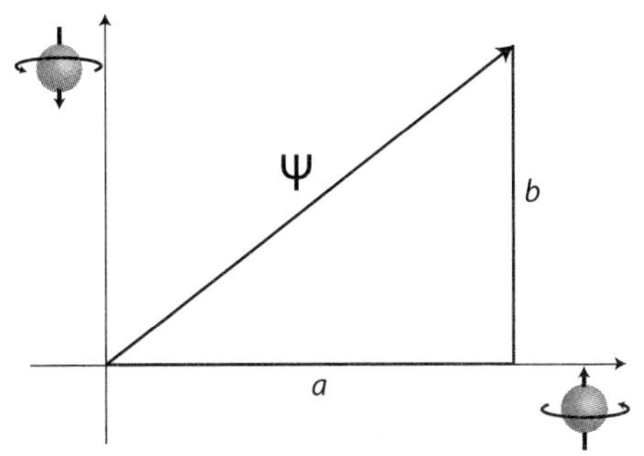

我们想当然地就会认为，自旋向上和自旋向下指向相反的方向。我是说，看看这俩箭头就知道了。但作为量子态，二者其实互相垂直：完全自旋向上的量子比特没有任何自旋向下的分量，反之亦然。就连粒子位置的波函数也都是矢量，虽然我们一般都把这个波函数想象成在整个空间中延展的光滑函数。关键在于要把空间中的每个点都当成是定义了一个不同的分量，而波函数是所有这些分量的叠加。这样的矢量有无数个，因此所有可能的量子态的空间，叫作希尔伯特空间，就算只是对于单个粒子的位置来说，也是无限维的。这也是为什么量子比特考虑起来要容易得多。二维比无限维更容易想象出来是什么样子。

如果我们的量子态只有两个分量而不是无限多个，就很难把这个量子态想象成一个“波函数”。这个状态好像没什么起伏，看起来也不像是空间的光滑函数。想通这一点的正确方法其实是另一种思考方

式。量子态并不是普通空间的函数，而是抽象的“测量结果空间”的
函数，对量子比特来说，这个空间中只有两种可能性。如果我们观测
的是单个粒子的位置，量子态会给所有可能位置都分配一个振幅，这 85
样看起来就像普通空间中的波。然而这种情形并不常见，波函数其实更加抽象，如果涉及的粒子不止一个，就很难想象出波函数会是什么样子。但是，我们被“波函数”这个术语黏住了。量子比特挺好的，因为至少其波函数只有两个分量。

绕到数学上走这么大一圈可能看起来没什么必要，但是把波函数看成矢量，马上会有立竿见影的效果。其一是解释玻恩定则，即任一特定测量结果的概率由其振幅的平方给出。稍后我们再深入讨论个中细节，但很容易看出来，为什么这个想法能说得通。波函数作为矢量，有一个长度。你可能会认为，这个长度会在时间中伸缩，但并非如此。根据薛定谔方程，波函数只会改变“朝向”，长度则会保持不变。而只需要用初中学平面几何的时候学的勾股定理就能算出来这个长度。

矢量长度的具体数值无关紧要，我们可以随便取一个趁手的数字，知道这个数字会保持不变就行了。就让这个数等于1好了：所有波函数都是长度为1的矢量。这个矢量本身就像直角三角形的斜边一样，分量则形成了直角边。因此，根据勾股定理可以得到一个很简单的关系：振幅的平方和等于1，$|a|^2+|b|^2=1$。

量子概率的玻恩定则背后就是这么简单的几何关系。振幅本身加起来并不等于1，但平方和等于1。这一点跟概率的一个重要特征一模一样：不同结果的概率之和必须等于1。（总得发生点什么，而所有互

斥事件的概率全加起来等于1。）还有一条规则是概率不能是负数。振
86 幅的平方仍然满足标准：振幅可以是负数（乃至复数），但振幅的平方是非负的实数。

所以用不着想破头就能想明白，"振幅的平方"正好拥有当作可能结果的概率所需要的那些属性——一组非负的数字，加起来总是等于1，因为波函数矢量的长度就等于1。这是所有事情的核心：玻恩定则本质上就是勾股定理，适用于不同分支的振幅。这也是为什么我们要取振幅的平方而不是振幅本身，或振幅的平方根等奇谈怪论。

将波函数当成矢量，同样也能以非常简洁的方式解释清楚不确定性原理。回想一下，自旋向上的电子随后在穿过水平朝向的磁场时平均分成了自旋向左和自旋向右的两束电子，这表明处于自旋向上状态的电子等价于自旋向右和自旋向左状态的电子的叠加，自旋向下的状态也同样如此。

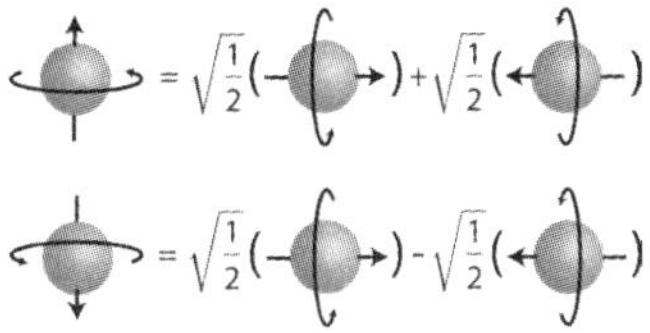

因此，自旋向左还是自旋向右，这个概念跟自旋向上还是向下并不是互相独立的。任何一种可能性都可以看成是其他可能性的叠加。对量子比特的状态来说，我们称自旋向上和自旋向下一起构成了基底——任何量子态都可以写成这两种可能性的叠加。但是，自旋向

左和自旋向右一起构成了另一种基底，与前一种截然不同，但同样好用。用一种方式写下的量子态与另一种方式完全吻合。

用矢量的概念来想想这事儿。如果画一个二维平面，其中自旋向
上为水平轴，自旋向下为竖直轴，从上面的关系中我们可以看到，自 87
旋向右和自旋向左的坐标轴的指向与前一组坐标轴成45度角。给定任意一个波函数，我们都可以用自旋向上/向下的基底来表示，但是自旋向左/向右的基底同样可以胜任愉快。一组坐标轴相对于另一组旋转了一定角度，但用任意一组来表达我们想要的任何矢量都是完全合理的。

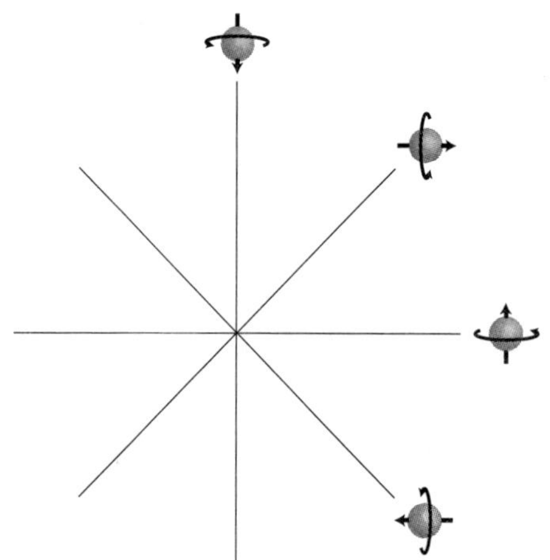

现在我们可以看出不确定性原理是从哪里来的了。对于单自旋状态，不确定性原理称，这个状态不能同时具有沿原始坐标轴（自旋向上/向下）和沿旋转后坐标轴（自旋向左/向右）自旋的确定数值。这

一点在图中可以看得很清楚：如果状态完全是自旋向上，自然就会是
88 自旋向左和自旋向右的某种组合，反之亦然。

没有哪个量子态能同时具有确定的位置和动量，也没有哪个量子态会同时具有确定的竖直自旋值和水平自旋值。不确定性原理反映了真实存在的事物（量子态）与我们可以测量的对象（一次只能测量其
89 一）之间的关系。

第 5 章 纠缠到天际[1]

多个部分的波函数

吃瓜群众关于爱因斯坦和玻尔之间论战的了解往往会留下这样的印象：爱因斯坦无法完全理解不确定性原理，他花了不少时间，想找个巧妙的办法绕开这块礁石。但量子力学真正让爱因斯坦感到困扰的地方是表面上的非定域性——在空间中某一处发生的事情似乎会对在非常遥远的地方进行的实验即刻产生影响。他花了些时间才把自己关心的问题整理成文，写出表述得当的反对意见，同时还帮助阐明了量子世界最深层的一个特征：量子纠缠现象。

纠缠之所以会出现，是因为整个宇宙都只有一个波函数，而不是各个部分都有单独的波函数。我们是怎么知道的呢？为什么不能让所有粒子、所有场都各有一个波函数呢？

假设有这样一个实验：我们将两个电子相对射出，这两个电子的

---

1. 本章标题原文为Entangled Up in Blue，是借用了美国民谣歌手鲍勃·迪伦（Bob Dylan）的一首歌名Tangled Up in Blue。英文中blue一词有多个含义，这首歌中用的是“忧郁”之意，因此歌名译为《在忧郁中纠结》《心乱如麻》等。但本章讲述的是量子力学的非定域性，虽然借用了这首歌名，用的却是blue一词的另一含义，即“非常遥远的地方”，因此译为《纠缠到天际》。——译注

速度大小相等方向相反。因为这两个电子都带负电，所以会互相排斥。
91 在经典力学中，如果我们知道电子的初始位置和速度，就可以准确算出每个电子碰撞后散射的方向。但在量子力学中，我们只能计算这两个电子在相互作用之后在不同路径上被观测到的概率。在我们最终观测到电子并确定其运动的明确方向之前，每个电子的波函数都大致以球形散开。

实际去做这个实验并观测到散射后的电子时，我们注意到一些很重要的情形。两个电子一开始的速度大小相等方向相反，所以系统的总动量为零。而动量是守恒的，因此相互作用之后的动量也应该是零。这就意味着虽然电子可能会朝着很多不同方向移动，但是无论其一走向什么方向，其二都刚好是在与之相反的方向上。

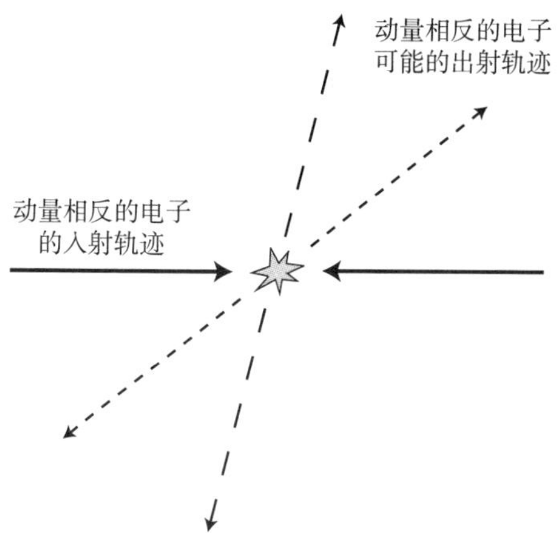

仔细想想的话还挺有意思的。第一个电子有可能以任何角度散射出去，第二个电子也一样。但是，如果这两个电子的波函数各自独立，

这两个方向就完全不相关。我们可以假设只观测其中一个电子，测量 92
其移动方向，对另外一个置之不理。到我们真的去测量第二个电子的时候，它怎么知道自己应该在刚好相反的方向上移动呢？

我们已经给出了答案。这两个电子的波函数并非各自独立，两者的表现都是由这个宇宙的单一的波函数来描述的。在这个例子中我们可以忽略宇宙其余部分，只关注这两个电子。但是我们不能忽略其中一个电子，只关注另一个；我们对任意一个电子的观测结果的预测，都会受到对另一个电子的观测结果的极大影响。这两个电子发生了纠缠。

波函数的作用就是将一个复数，也就是振幅，分配给每一个可能的观测结果，而振幅的平方等于我们在测量时会观测到该结果的概率。如果我们讨论的不止一个粒子，那上面的意思就是我们要给同时观测到所有粒子的每一种可能结果都分配一个振幅。比如说，如果我们观测的是位置，宇宙的波函数就可以看成是给宇宙中所有粒子的每一种可能的位置组合都分配了一个振幅。

你大概会想，有没有可能想象出类似这样的情形。我们可以想象一个很简单的情形，就是假设有个只沿着一个维度移动的单个粒子，比如说限制在一根细铜线中的一个电子：我们可以画一条线来代表粒子的位置，然后设计一个函数来代表各个位置的振幅。（就算是这么简单的情形我们一般也会偷个懒，就是只用实数而非复数，但是呢，就这样吧。）如果说有两个粒子都被限制在这个一维运动中，我们就可以画一个二维平面来代表两个粒子的位置，然后画一个三维的等高线图来表示波函数。请注意，现在并不是位于二维空间的单个粒子，而是都位于一维空间的两个粒子，因此波函数定义在同时描述两个位
93 置的二维平面上。

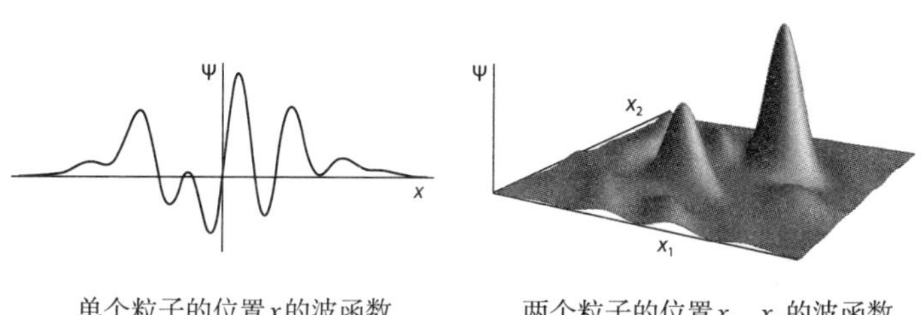

单个粒子的位置x的波函数　　两个粒子的位置x_1、x_2的波函数

因为光速有限，从大爆炸到现在的时间也有限，所以我们也只能看到宇宙的一个有限区域，这个区域叫作“可观测宇宙”。可观测宇宙中约有10^{88}个粒子，大部分都是光子和中微子。这个数字可比2大多了。每个粒子都位于三维空间中，而不是一维的一条线上。我们究竟怎样才能想象出来，给这10^{88}个散布在三维空间中的粒子的每一种可能布局都分配一个振幅的波函数是什么样子的？

很抱歉，我们想不出来。人类的想象力不是用来想象量子力学中经常会用到的庞大无匹的数学空间是什么样子的。对一两个粒子，我们还可以勉强应付一下，再多的话，就只能用文字和方程来描述了。好在薛定谔方程非常简单，所描述的波函数的行为也很明确。只要我们理解了两个粒子是什么情形，推而广之到10^{88}个粒子上面就只是数学问题了。

波函数太大了，考虑起来可能会有些尾大不掉。好在关于量子纠

缠，几乎所有有意思的事情都可以放在一个只有几个量子比特的简单得多的系统中讨论。 94

量子物理学家借用了密码学文献中灵光乍现的传统，喜欢考虑有这么两个人，一个叫爱丽丝一个叫鲍勃，在彼此共享一些量子比特。那我们来假设有两个电子，A属于爱丽丝，B属于鲍勃。这两个电子的自旋构成了一个双量子比特的系统，由相应的波函数来描述。波函数以我们可以观测的某个对象，比如说在竖直轴线上的自旋为依据，给系统作为整体的每一种布局都分配了一个振幅。就竖直轴线上的自旋来说，可能会有四种观测结果：均自旋向上，均自旋向下，A自旋向上而B自旋向下，A自旋向下而B自旋向上。系统的状态是这四种可能性的某种叠加，而这四种可能性就是基本状态。下图中的每组括号里，第一个自旋属于爱丽丝，第二个属于鲍勃。

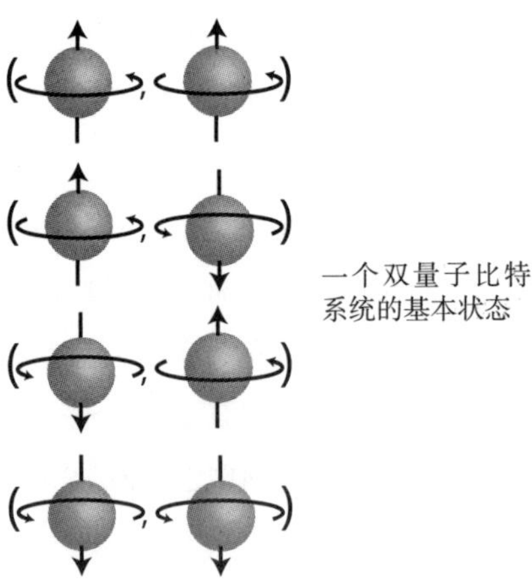

一个双量子比特系统的基本状态

不能说因为我们刚好有两个量子比特，这两个量子比特就一定会发生纠缠。我们来考虑一个简单的状态，就是基本状态之一，比如说两个量子比特都是自旋向上的状态。如果爱丽丝沿着竖直轴线测量自己的量子比特，她总是会得到自旋向上的结果，鲍勃也一样。如果爱丽丝沿着水平轴线测量自己的量子比特，她得到自旋向左和自旋向右的机会各占一半，鲍勃这里也还是一样。但无论是哪种情形，我们都
95 无法通过知道爱丽丝的测量结果而对鲍勃的测量结果有任何了解。这也是为什么我们经常脱口而出“一个粒子的波函数”，虽然我们知道的其实更多——如果系统的不同部分并没有彼此纠缠，这些部分就会表现得好像都有自己的波函数一样。

抛开上述情形，我们来考虑两种基本状态的等量叠加，其一是均自旋向上，其二是均自旋向下：

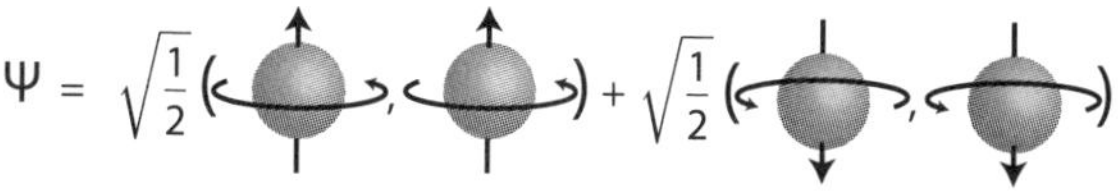

$$\Psi = \sqrt{\frac{1}{2}}(\uparrow, \uparrow) + \sqrt{\frac{1}{2}}(\downarrow, \downarrow)$$

如果爱丽丝沿竖直轴线测量自己这个量子比特的自旋，那么她得到自旋向上和自旋向下的机会各半，鲍勃也同样如此。现在的区别是，如果在鲍勃进行测量之前我们就已经知道了爱丽丝的测量结果，我们就会百分之百确定鲍勃会看到什么——他看到的结果会跟爱丽丝一模一样。用量子力学教科书里的话来讲就是，爱丽丝的测量令波函数坍缩为两种基本状态之一，留给鲍勃的就是一个确定的结果。（用多世界诠释来阐述的话就是，爱丽丝的测量令波函数分叉，形成了两个不同的鲍勃，但这两个鲍勃都会得到一个确定的结果。）这就是量子纠缠在大显身手。

1927年的索尔维会议之后，爱因斯坦仍然相信，量子力学，尤其是哥本哈根学派所诠释的量子力学，虽然在预测实验结果时大放异彩，但要说这是物理世界的完备理论，还远远不够格。他跟合作者鲍里斯·波多尔斯基（Boris Podolsky）和内森·罗森（Nathan Rosen）一起，将自己关心的问题写成了一篇发表于1935年的论文，而这篇论文众所周知的简称是“爱波罗佯谬”。爱因斯坦后来说，最初的想法出自他本人，罗森做了很多计算，而文章主要是波多尔斯基写的。 96

这篇论文考虑的是往相反方向运动的两个粒子的位置和动量，但对我们来说，讨论量子比特要简单一些。考虑两个处于上述纠缠态的量子比特的自旋。（在实验室中得到这样的状态非常容易。）爱丽丝和她的量子比特留在家里，鲍勃则带着自己的量子比特踏上漫漫长路——比如说跳上一艘宇宙飞船，飞往四光年外半人马座的南门二。两个粒子之间的纠缠不会因为相互远离就烟消云散，只要爱丽丝和鲍勃都没有测量各自量子比特的自旋，整个系统的量子态就保持不变。

鲍勃安全抵达南门二之后，爱丽丝终于沿着约定好的竖直轴测量了自己手里这个粒子的自旋。在测量之前，我们完全不知道观测她这个粒子的自旋会得到什么结果，对鲍勃的粒子也是一样。我们假设爱丽丝观测到自旋向上好了。这样一来，根据量子力学法则，我们马上就知道无论鲍勃准备什么时候测量自己的粒子，他都会观测到自旋向上。

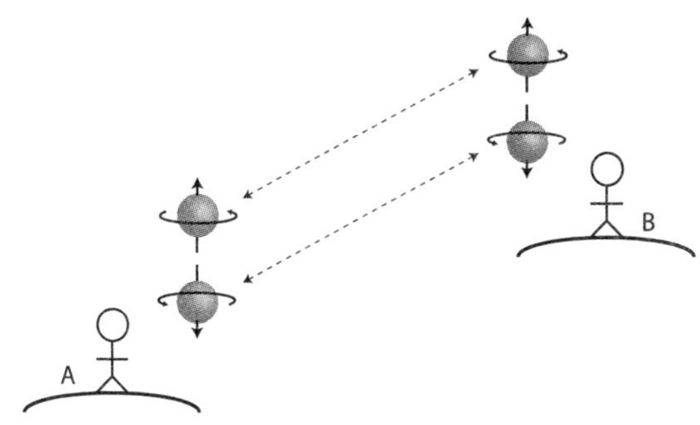

这也太奇怪了。30年前爱因斯坦创立了狭义相对论，声称信号
97 和所有事物一样，传播速度不能超过光速。但现在我们说的是，根据量子力学，爱丽丝在此时此地进行的测量马上就会对鲍勃的量子比特产生影响，虽然二者相距四光年之遥。鲍勃的量子比特怎么知道爱丽丝测量了，又怎么会知道爱丽丝的测量结果是什么呢？这就是爱因斯坦为之苦恼不已的“瘆人的超距作用”，这句评价让人过目不忘。

也许未必就像看起来那么糟糕。在得知量子力学表面上传播影响似乎比光速还快之后，你可能首先就想知道，我们能不能利用这个现象来实现远距离即时通信。我们能不能造出来一台量子纠缠电话，对这台电话来说，光速限制完全不是事儿？

造不出来。在我们的简单例子中也很清楚：如果爱丽丝的测量结果是自旋向上，她马上就知道鲍勃如果测量的话也会得到自旋向上的结果。但是鲍勃不知道。要让鲍勃知道自己的粒子是在如何自旋，爱丽丝就必须以传统手段将自己的测量结果发给鲍勃，而传统手段受光速限制。

你可能会认为有个漏洞：如果爱丽丝并不是测量了自己的量子比特并得到了一个随机的答案，而是强令自己这里的结果是自旋向上的话又会怎样？那么鲍勃也会得到自旋向上的结果。这样一来，信息看起来还是瞬间传了过去。

问题在于，没有一种简单明了的办法可以让我们从一个处于叠加态的量子系统开始，然后还能以一种可以强行得出特定答案的方式来测量这个系统。如果爱丽丝只是测量自己这个量子比特的自旋，那么她得到向上和向下的概率相等，没有如果，没有而且，也没有但是。爱丽丝能做的是在测量之前篡改这个粒子的自旋，迫使这个粒子变成百分之百自旋向上，而不是仍然处于叠加态。比如说，她可以朝这个电子发射一个光子，而这个光子恰好能够做到的是，如果电子自旋向上，光子会对电子秋毫无犯，如果电子自旋向下，光子就会翻转电子，使之变成自旋向上，于是爱丽丝就一定会测到原来的电子自旋向上了。但是这样一来，这个电子跟鲍勃的电子也不再纠缠了。更确切地说，
纠缠已经转移到了那个光子身上，这时的光子处于“对爱丽丝的电子 98
秋毫无犯”和“一头撞翻爱丽丝的电子”的叠加态。鲍勃的电子丝毫不受影响，他得到自旋向上和自旋向下的机会仍然各占一半，因此并没有信息在中间传输。

这就是量子纠缠的普遍特征：无信号定理。根据这个定理，一对纠缠的粒子不能真正用于在两个部分之间以超过光速的速度传递信息。因此，量子力学似乎是利用了一个不易察觉的漏洞，违反了相对论的精神（任何事物的传播速度都不能超过光速），同时又仍然符合相对论的条文（实际的物理粒子以及能通过粒子传递的任何可用信息，

传播速度都不能超过光速）。

所谓的“爱波罗佯谬”（其实根本不是佯谬，只不过是量子力学的一个特征）可不只是在担心“瘆人的超距作用”。爱因斯坦的目的不只是要证明量子力学很瘆人，他还想证明量子力学不可能是一个完备理论——必然有更深层次、更完整的理论模型，而量子力学只是这个模型尚可一用的近似。

爱波罗相信定域性原则——描述大自然的物理量定义在时空中特定的点上，而不是散布在整个空间中，而且这些物理量只会跟近处的其他物理量直接相互作用，跟远处的物理量井水不犯河水。换个说法就是，考虑到狭义相对论的光速限制，定域性似乎意味着我们对位于某处的一个粒子做的任何事情，都不会马上影响到我们可能对远在天边的另一个粒子进行的测量。

从表面上看，两个天各一方的粒子可以纠缠在一起，似乎意味着
99 量子力学违反了定域性。但是“爱波罗”想做得更绝一点，想证明没有什么巧妙的变通办法能够让一切看起来仍然符合定域性。

他们提出了以下原则：如果有一个处于特定状态的物理系统，而且可以对该系统进行某种测量，让我们能够百分之百确定地知道测量结果会是什么，我们就将一个现实要素跟这个测量结果关联起来。在经典力学中，粒子的位置和动量都可以算是现实要素。在量子力学中，如果我们有一个量子比特完全是自旋向上的状态，那我们就说对应于竖直轴线上的自旋有一个现实要素，但是对应于水平轴线上的自旋未

必也有一个现实要素，因为如果我们沿水平轴线测量这个量子比特的自旋，我们并不知道结果会是什么。在“爱波罗”的构想中，“完备”理论是指每一个现实要素在理论本身中都有直接对应。他们指出，按照这个标准，量子力学并不完备。

就以爱丽丝和鲍勃以及他们的纠缠中的量子比特为例好了。假设爱丽丝刚刚测量了自己这个粒子在竖直轴线上的自旋，发现自旋方向是向上的。这样我们就知道了，鲍勃也会得到自旋向上的测量结果，即使他自己还不知道。因此根据“爱波罗”的观点，有一个现实要素跟鲍勃的粒子相关联，就是这个粒子的自旋是向上的。并不是说到爱丽丝测量自己的电子时这个现实要素才出现，因为鲍勃的粒子远在天边，而定域性规定现实要素必须就在粒子所在的位置；因此，这个现实要素肯定一直都在那里。

现在我们假设爱丽丝根本没有在竖直轴线上测量自旋，而是沿着水平轴线测量了自己这个粒子的自旋。我们就说她测到这个粒子自旋向右好了。一开始的纠缠量子态确保了无论爱丽丝选择在哪个方向上测量电子的自旋，鲍勃都会得到跟爱丽丝一样的结果。因此我们知道，鲍勃也会测到自旋向右，而根据“爱波罗”的观点，应该有——而且是一直都有——一个现实要素在说：“如果沿着水平轴线测量鲍勃的量子比特，结果会是自旋向右。” 100

无论是爱丽丝的粒子还是鲍勃的，都无法事先知道爱丽丝会怎么测量。因此，鲍勃的量子比特必须一开始就具备这样的现实要素，确保如果竖直测量的话会自旋向上，而如果水平测量的话会自旋向右。

然而不确定性原理说的正是这样的事情绝对不可能发生。如果竖直轴线上的自旋完全确定，那么水平轴线上的自旋就会完全未知，反之亦然，至少传统的量子力学法则会这么说。在量子力学的诠释中，没有任何法则能够同时决定竖直轴线上的自旋和水平轴线上的自旋。因此，"爱波罗"成功得出结论，肯定有什么东西漏掉了——量子力学不可能是对物理现实的完备描述。

"爱波罗"佯谬这篇论文引起的轰动远远超过了专业物理学家的圈子。波多尔斯基跟《纽约时报》透露了这个思路，随后《纽约时报》就此发了篇头版文章。这让爱因斯坦大光其火，他写了封措辞严厉的信发表在《泰晤士报》上，信中公开谴责"世俗媒体"提前讨论科学成果。据说在那之后，他再也没跟波多尔斯基说过话。

1935年5月4日　纽约时报

爱因斯坦抨击量子理论

科学家与两位同僚发现，量子力学尽管

"正确"，但并不"完备"

有可能看到更完整的理论

相信对"物理现实"的完整描述终将实现

（维基百科供图）

职业科学家的反应也相当迅速。尼尔斯·玻尔迅速回应了"爱波罗"论文，很多物理学家声称，这篇回应解决了所有难解之谜。但是，玻尔的文章究竟是如何做到的却并没有那么清楚。尽管玻尔作为思想家才华横溢也很有想法，但他自己也承认，自己并不特别擅长沟通。

他的文章充斥着这样的句子："在这个阶段出现了对定义了有关系统后续表现的可能预测类型的精确条件的影响这个根本性问题。"大致来讲，他的观点是，我们不应该在把现实要素与系统联系起来时，不考虑我们将如何观测该系统。玻尔似乎是在说，什么才是真实不仅取决于我们测量的是什么，也取决于我们选择如何去测量。

爱因斯坦和合作者阐述了他们认为物理理论应该满足的合理标准——定域性，并将现实要素与确定的可预测物理量联系起来——然后证明量子力学与这些标准相抵触。但他们的结论并不是量子力学错了，而只是认为量子力学并不完备，有一天我们能找到更好的理论，既满足定域性，也不违背现实要素，这个希望仍然存在。

然而这个希望被约翰·斯图尔特·贝尔彻底粉碎了。这是位来自北爱尔兰的物理学家，在位于瑞士日内瓦的欧洲核子研究中心（CERN）工作。从20世纪60年代开始他就对量子力学基础有了兴趣，虽说那时候的物理学界普遍认为花时间去想这些事儿可没办法光耀门楣。今天，贝尔关于量子纠缠的定理（贝尔不等式）被认为是物理学最重要的成果之一。

贝尔定理要求我们再次思考爱丽丝和鲍勃以及他们自旋对齐、纠
缠在一起的量子比特。（这样的量子态现在叫作贝尔态，虽然其实是 102
戴维·玻姆最早用这些术语将"爱波罗"问题概念化了）假设爱丽丝在竖直轴线上测量了自己这个粒子的自旋，得到的结果是自旋向上。那么我们知道，如果鲍勃也在竖直轴线上测量自己粒子的自旋，也会得到自旋向上的结果。此外，根据量子力学的一般法则我们知道，如

果鲍勃选择测量水平轴线上的自旋，他得到自旋向左和自旋向右的概率各占一半。我们可以说，如果鲍勃测量竖直轴线上的自旋，他的结果和爱丽丝的结果之间的相关性为100%（我们完全知道他会得到什么结果），但如果他测量水平轴线上的自旋，相关性就变成了0%（我们完全不知道他会得到什么结果）。

那如果鲍勃在环绕南门二飞行的宇宙飞船上一个人待腻了，决定沿着水平和竖直之间的某个方向去测量粒子的自旋，会出现什么情况？（为方便起见，就假设爱丽丝和鲍勃其实共享了大量处于纠缠状态的贝尔粒子对好了，这样他们就能一遍一遍反复测量，我们也只关心爱丽丝观测到自旋向上的时候会发生什么。）这样的话鲍勃经常会观测到自旋指着跟竖直“向上”更接近的方向，但并非总是如此。实际上我们可以拿数来算一算：如果鲍勃测量的轴线跟爱丽丝的成45度角，也就是刚好处于竖直和水平轴线的正中间，那么他的结果跟爱丽丝的结果之间会有71%的相关性。（如果你想知道这个数是怎么来的，我告诉你，就是1除以2的平方根。）

贝尔证明的是，在某些表面上合理的假设下，这样的量子力学预测不可能在任何定域性理论中重现。实际上，贝尔证明了一个严格的不等式：爱丽丝和鲍勃的测量轴线的夹角如果是45度，那么在没有任何瘆人的超距作用的情况下，你最多也就能让两人测量结果的相关性达到50%。量子力学预测的71%的相关性违反了贝尔不等式。在简单的深层定域性动力学和量子力学对真实世界的预测之间，明显存在
103 无法否认的差异。

我猜你现在估计在自个儿嘀咕："喂，你说贝尔做了一些表面上合理的假设是什么意思？你说说看，我自个儿来判断一下究竟哪些合理哪些不合理。"

没问题呀。在贝尔定理背后，有两个让人特别想质疑的假设。其一包含在这个简单想法中：鲍勃"决定"沿着某个方向测量自己这个量子比特的自旋。人类选择或者说自由意志的元素似乎悄悄钻进了我们这个关于量子力学的定理中。这当然很难说是独一无二的。科学家总是喜欢假设，他们可以选择进行任何自己想要进行的测量。但实际上我们认为这只是为了说起来方便点，就算是那些科学家也是由粒子和作用力构成的，而这些粒子和作用力也要遵循物理学定律。因此我们可以援引超决定论——认为真正的物理定律是绝对确定的（不存在任何随机），而且宇宙的初始条件在大爆炸时就已经精确设定，确保了有些"选择"永远不会有人去选。完全可以想象，人们可以构造一个完全定域性的超决定论，能够仿造量子纠缠的预测，而原因只不过是宇宙已经按照看起来会是这个样子的方式预先安排好了。对大部分物理学家来说这种设想似乎都很难让人接受，如果可以通过精心设计自己的理论做到这一点，那基本上你也可以让这个理论做到你想要的任何事情。要是这样的话，我们干嘛还要研究物理呢？但是，有些聪明人还在追寻这个思路。

另外一个可能会遭受质疑的假设乍一看似乎没啥毛病：测量会得到明确结果。如果去观测粒子的自旋，无论沿着你用来测量的轴线来看是自旋向上还是自旋向下，你总会得到一个真实结果。看起来挺合理的，不是吗？

先等会儿。我们确实知道在有一种理论当中，测量不会得到确定
104 的结果——这就是朴素的埃弗里特量子力学。在这种理论中，我们测量电子自旋的时候得到的结果既不是自旋向上也不是自旋向下，而是在波函数的一个分支中我们得到自旋向上，在另一个分支中得到自旋向下。宇宙作为整体来看，对这次测量并没有一个单一的结果，而是有多个测量结果。这并不意味着贝尔定理在多世界诠释中是错的，只要假设都对，数学定理毫无疑问也不会错。这只不过意味着这个定理并不适用。贝尔的结论并非在暗示，我们必须在埃弗里特量子力学中容纳瘆人的超距作用，虽说在老而无味的单世界理论中确实如此。相关性并不是因为任何传播速度比光速还快的影响才产生的，而是因为波函数的分支进入了不同的世界，而在不同的分支世界中发生了相互关联的事情。

对于研究量子力学基础的人来说，贝尔定理对你的工作来说有多重要，取决于你要做的究竟是什么。如果你致力于从头开始重新构建新版的量子力学理论，在你的新理论中测量会有明确结果，那么贝尔不等式就是你必须牢记在心的最重要的指导原则。但是，如果你对多世界理论感到很满意，只是想弄清楚如何将理论跟我们的观测所得对应起来，那么贝尔的结论就是基本方程式自然而然的结果，不必担心会成为你前进的额外约束。

贝尔定理奇妙的地方在于，将误以为的量子纠缠的瘆人之处变成了简单明了的实验问题——在天各一方的粒子之间，大自然本质上有没有表现出非定域性关联？听说实验做完了，量子力学的预测每次都证明是准确的，而且准确到无以复加，听到这些你一定会很高兴。

大众媒体有个传统，就是写文章的时候标题一定要让人喘不过气来，
比如《量子现实比之前认为的更加离奇！》，但是如果仔细看看这些文
章真正报导的结果，就会发现不过是又一个确证了某种符合要求的量
子力学理论一直以来利用早在1927年，最晚到1935年就已经确立的 105
理论能够做出的预测的实验。现在我们对量子力学的了解比那时候多
得多，但是理论本身并没有变。

这并不是说这些实验不重要，不能让人叹为观止。恰恰相反。检验贝尔的预测会有些困难，比如说你得努力确保量子力学预测的额外关联并非来自暗中早已存在的一些关联。我们怎么知道，是不是过去有些不为人知的事件暗中影响了我们如何选择测量自旋的方式，或者影响了测量结果，又或是兼而有之？

物理学家一直在竭尽全力消除这些可能性，“无漏洞贝尔测试”的家庭作坊也随之兴起。最近有个结果是想消除实验室中的未知过程影响了选择以什么方式测量自旋的可能性。这个实验不是让实验助理去选择测量方式，甚至也没用旁边桌子上搁着的随机数生成器，而是以好多光年以外的恒星发出的光子的偏振为依据来做出选择。如果有什么恶毒的阴谋诡计想让这个世界看起来像是量子力学的，那也必须是好几百年前光子离开那些恒星的时候就设计好了。是有这个可能，但好像可能性不大。

看来量子力学又对了一次。到现在为止，量子力学一直是对的。 106

2

撕裂

第 6 章
撕裂宇宙

退相干与平行世界

1935年爱因斯坦、波多尔斯基和罗森（“爱波罗”）关于量子纠缠的论文，以及尼尔斯·玻尔的回应，是玻尔和爱因斯坦关于量子力学基础的大论战中最后一次重要的公开交锋。1913年玻尔提出了量子化的电子轨道模型，之后没多久，玻尔和爱因斯坦就量子理论书信往还，他们的辩论在1927年的索尔维会议上达到了顶点。按照流行的说法，爱因斯坦在研讨会上与玻尔交流时对迅速形成的哥本哈根共识提出了一些反对意见，玻尔一整晚都因为这些意见烦恼不已，但转天吃早饭的时候，玻尔得意洋洋地向露怯的爱因斯坦提出了尖锐的反驳。大家都说，爱因斯坦根本无法理解不确定性原理，也无法理解上帝竟然会在宇宙中掷骰子。

不是这样子的。爱因斯坦最关心的并不是随机性，而是实在性和定域性。他决心保住实在性和定域性，这个决心在“爱波罗”论文及
109 文中量子力学肯定不完备的论点中达到了顶峰。但那个时候，公关战争已经失利，量子力学的哥本哈根诠释已经被全世界物理学家采用，并开始应用于原子物理和核物理领域的技术问题，及粒子物理和量子

场论等新兴领域。学界在很大程度上忽视了“爱波罗”论文本身的重要意义。努力解决量子理论最核心的晦暗不明之处而不是去研究更具体的物理问题，开始被认为有几分离经叛道，是以前年富力强的物理学家到了一定年龄就会放弃真正的工作然后拿来消磨时间的东西。

1933年，爱因斯坦离开德国到美国新泽西州普林斯顿大学新建的高等研究院工作，并在那里一直待到1955年与世长辞。他在1935年之后的专业工作主要集中在经典的广义相对论，以及对万有引力和电磁力的统一理论的探索上，但他也从来没有停止过对量子力学的思考。玻尔偶尔会去普林斯顿，他和爱因斯坦的交流大概也在继续。

1934年，约翰 · 阿奇博尔德 · 惠勒（John Archibald Wheeler）以助理教授的身份加入了普林斯顿大学物理系，跟爱因斯坦的研究院在一条街上。后来惠勒因为成了广义相对论领域的世界级专家而名声在外，还让“黑洞”和“虫洞”这两个词广为人知，但早年他重点关注的其实是量子问题。他曾在哥本哈根短期受业于玻尔门下，1939年还和玻尔一起发表了一篇关于核裂变的开创性论文。惠勒非常钦佩爱因斯坦，但对玻尔更是崇敬有加。后来他曾说道：“没有什么比跟尼尔斯 · 玻尔在哥本哈根北郊克拉姆堡森林的山毛榉树下漫步和谈心更能让我相信，人类曾经有孔子和佛陀、耶稣和伯里克利、伊拉斯谟和林肯这些拥有人类智慧的朋友。”

惠勒对物理学的影响体现在很多方面，其一是指导了很多天赋异禀的研究生，其中包括未来的诺贝尔奖得主理查德 · 费曼和基普 · 索 110
恩（Kip Thorne）。他还有一位学生名叫休 · 埃弗里特三世，将为量子力学基础带来一种全新的思考方法。我们已经大致描述过他的基本思想——波函数代表的就是现实世界，会平稳演化，而进行量子测量时，波函数会演化为多个彼此截然不同的世界——而现在万事俱备，我们可以好好介绍一番他的思想了。

埃弗里特提出的假说后来成了他1957年从普林斯顿大学博士毕业时的论文，其中的思想可以看成是惠勒最喜欢的原则——理论物理应该“激进地保守”——最实打实的体现。这个原则的思想是，成功的物理学理论应当经过实验数据的检验，但只能是在实验学家真正能够做到的范围内检验。我们应当从已经成功证明的理论和原则出发，而不是随便什么时候一碰到新现象就随意引入一些新的方法，从这个意义上讲，我们需要保守。但是，在还没有办法用实验检验的领域，我们的理论做出的预测和理论本身的含义都应该得到认真对待，从这个意义上讲，我们又应该激进一些。“应当从何处出发”和“应该得到认真对待”，这两句话至关重要。旧理论与实验数据明显冲突时，新理论当然就相当于打了包票，但我们说要认真对待新理论的预测，并不意味着不能根据新的信息修改这个预测。而惠勒的理念是，开始时应当慎之又慎，以我们相信自己已经了解的地方为基础，然后大胆行动，把我们最好的想法一直外推到宇宙尽头。

埃弗里特的灵感部分来自对量子引力理论的追寻，惠勒在那段时间刚好对这个领域开始感兴趣。物理学的其他领域——物质、电磁
111 学和核力——似乎都完全符合量子力学的框架，但万有引力一直顽固不化，直到今天都仍然如此。1915年，爱因斯坦提出了广义相对论，而根据这个理论，时空本身也成了动力学实体，时空的弯曲盘绕就是

你我感受到的万有引力作用。但是，广义相对论是个彻头彻尾的经典理论，时空的曲率可以跟位置和动量类比起来，对如何测量这些物理量也没有限制。事实已经证明，将这个理论“量子化”，构建时空的波函数理论而不是特别的经典时空非常困难。

休·埃弗里特三世
由加州大学欧文分校休·埃弗里特三世档案馆和马克·埃弗里特共同提供

量子引力的困难既体现在技术上——计算往往会爆掉，给出无穷大的结果——也体现在概念上。就算在量子力学中，虽说你可能没法准确说出某个粒子的位置，但“空间中某个点”的概念还是非常明确的。我们可以明确指出一个位置，然后问在该处附近发现某个粒子的概率是多少。但是，如果现实世界并非由分布在空间中的物质组成，而是描述不同的可能时空叠加的一个波函数，那是不是就没法问在“哪里”能观测到某个粒子这样的问题？

如果转向测量问题，问题就更大了。到20世纪50年代，哥本哈
112 根诠释已经确立了自己的江湖地位，物理学家也安然接受了波函数在测量时坍缩的说法，甚至愿意将测量过程看成是我们对自然界的最佳描述的基本成分，往少了说至少也是并不怎么操心测量问题。

但是，如果我们考虑的量子系统是整个宇宙会怎样？哥本哈根诠释中非常关键的一点是，被测量的量子系统和进行测量的经典观测者之间截然不同。如果量子系统就是整个宇宙，我们也全都包括在内，那就没有我们能够求助的外部观测者了。再过一些年，斯蒂芬·霍金（Stephen Hawking）等人会开始研究量子宇宙学，讨论自足、独立的宇宙在时间上为什么会有一个最早的时刻，据说跟大爆炸有些关系。

在惠勒等人苦思冥想量子引力理论的技术难题的时候，埃弗里特被那些概念问题迷住了，特别是如何看待测量问题。多世界诠释的萌芽可以追溯到1954年的一次彻夜长谈，跟他一起讨论的人有青年物理学家查尔斯·米斯纳（Charles Misner，也是惠勒的学生）和奥格·彼得森（Aage Petersen，玻尔的助手，正好从哥本哈根过来）。他们都承认，那一晚大家喝了好多好多雪莉酒。

埃弗里特推断，如果打算从量子力学角度讨论宇宙，那我们显然没办法划出来一块与量子世界隔绝的经典世界。宇宙的所有部分都必须根据量子力学的法则来对待，包括宇宙中的观测者也一样。只有一个量子态，由埃弗里特称之为“通用波函数”的物理对象来描述（我们一直称之为“整个宇宙的波函数”）。

如果万物皆量子，宇宙又是用单独一个波函数来描述的，那么测量该如何进行？埃弗里特推断，测量必定是宇宙的一部分与另一部分以某种适当方式相互作用。埃弗里特指出，不同部分在测量时的相互作用是自动发生的，原因也仅仅只是通用波函数根据薛定谔方程在演变。我们完全不需要为测量问题援引任何特殊规则，万事万物任何时 113
候都在相互作用。

出于这个原因，埃弗里特将他最终的论文命名为《量子力学的“相应状态”诠释》。在测量仪器与量子系统相互作用时，二者彼此纠缠在一起。没有波函数坍缩，也没有经典世界。测量仪器自身演变成了叠加态，与观测对象的状态纠缠在一起。表面上确定的观测结果（“电子自旋向上”）只跟仪器的特定状态相对应（“我测到电子自旋向上”）。其他同样可能的测量结果仍然存在，也同样真实，就跟彼此隔绝的多个世界一样真实存在。我们需要做的只是，勇敢面对量子力学一直想要告诉我们的事情。

我们来说得更明白点，根据埃弗里特的理论，测量时会发生什么。

假设我们有个自旋的电子，按照某个选定的轴线去观测的话，会处于要么自旋向上要么自旋向下的状态。在测量之前，这个电子当然处于自旋向上和自旋向下的某种叠加。我们还有一台测量仪器，本身也是个量子系统。我们假设这台仪器可以处于三种不同可能性的叠加：可以是已经观测到自旋向上，可以是已经观测到自旋向下，还可以是压根儿就还没去测量自旋，而最后这种情况我们叫作“就绪”状态。

测量仪器完成了任务，这个事实能告诉我们“电子+仪器”组合系统的量子态是如何根据薛定谔方程演化的。也就是说，如果刚开始仪器处于就绪状态，而电子处于完全自旋向上的状态，那我们可以保
114 证，仪器会完全演化为测量到自旋向上的状态，如下图所示：

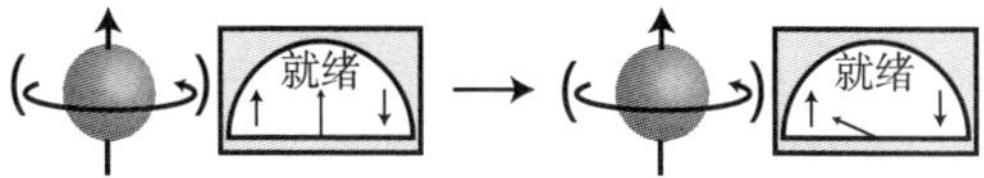

左边的初始状态可以读作：“电子处于自旋向上状态，仪器处于就绪状态。”而右边仪器的指针指着向上的箭头，可以读作：“电子处于自旋向上状态，仪器测到电子自旋向上。”

这台仪器同样也能成功测量完全处于自旋向下状态的电子，也就是说仪器必定会从“就绪”状态演化为“测到电子自旋向下”的状态：

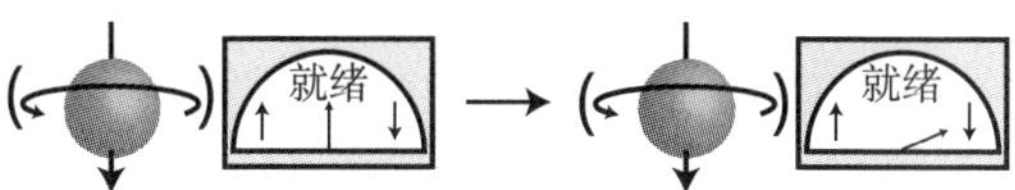

当然，我们想要了解的是，如果一开始电子的自旋既非全然向上也非全然向下，而是处于二者的某种叠加，那么会出现什么情况。好消息是需要知道的一切我们都已经知道了。量子力学法则非常清楚：如果你知道系统从两种不同状态出发分别会如何演化，那么从这两种状态的叠加出发的演化就也只是这两个演化过程的叠加而已。也就是说，如果一开始电子的自旋处于某种叠加态，而测量设备处于就绪状态，那么我们有：

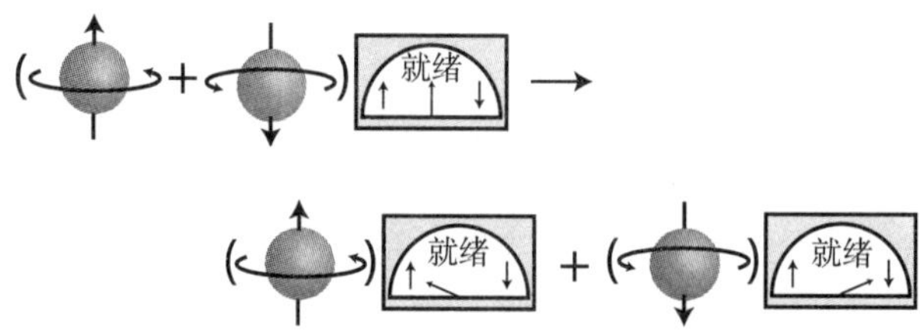

115

现在的最终状态是一个纠缠的叠加态：电子自旋向上，测量结果也是自旋向上；再加上电子自旋向下，测量结果也是自旋向下。这时候如果说“电子自旋处于叠加态”或者“仪器处于叠加态”就不怎么准确了，纠缠让我们无法单说电子自旋的波函数，也无法单说仪器的波函数，因为我们对其一的观测结果取决于我们对另一的观测结果。我们唯一能说的就是：“‘电子+仪器’系统处于叠加态。”

如果我们只是让这个“电子+仪器”组合系统按照薛定谔方程去演化，那么这个最终状态就是这个系统清晰、明确、不容更改的最终波函数。这就是埃弗里特量子力学的秘密。薛定谔方程说，精确的测量仪器会演化成宏观的叠加态，而我们最终将这个叠加态阐释为分叉进入互相隔绝的多个世界。我们并不是把这么多个世界加了进来，这些世界一直就有，薛定谔方程不可避免地让这些世界鲜活了起来。问题在于，在我们经历的这个世界中似乎从来没有碰到过涉及大型宏观对象的叠加态。

以前传统的解决方案一直是以这样那样的方式篡改量子力学的基本法则。有人说薛定谔方程并非始终适用，还有人说波函数之外还有额外变量。哥本哈根学派的办法是，一开始就不允许将测量仪器看成是量子系统，然后将波函数坍缩当成量子态演化的另一种独立方式。无论哪种方法都在歪曲自己，就为了拒绝接受上述叠加态就是对自然界真实、完整的描述。埃弗里特后来就曾说道："哥本哈根诠释极不完整，因为这种诠释先验地依赖于经典物理学……以及一头对宏观世
116 界有'现实'概念、对微观世界又否定同一概念的哲学怪兽。"

埃弗里特开的药方很简单：别再歪曲自己了。接受薛定谔方程预测的现实吧。最终波函数的两部分全都真实存在，只不过描述的是相互隔绝、再也不会相互作用了的两个世界。

埃弗里特没有向量子力学引入任何新事物，反而是从现有形式中去除了一些多余、臃肿的内容。正如物理学家特德·邦恩（Ted Bunn）所说，埃弗里特版本之外的所有量子力学诠释，都是"世界消失了"的理论。如果多个世界让你感到不安，那你要么就得改动量子态的性质，要么就得改动一般的演化过程，才能摆脱多世界的困扰。值得吗？

这就有了一个赫然出现的问题。对于波函数如何代表可能的不同测量结果的叠加，我们已经了如指掌。电子的波函数可以理解为各种可能位置的叠加，也可以理解为自旋向上和自旋向下的叠加。但我们从来没打算说，叠加态的每一部分都是一个独立的"世界"。实际上要这么说的话，还会没办法自圆其说。在竖直轴线上完全处于自旋向上状态的电子，在水平轴线上看就是处于自旋向上和自旋向下的叠加，那么这个波函数描述的到底是一个世界，还是两个世界？

埃弗里特指出，把涉及宏观对象的叠加态看成是在描述各自独立

的世界在逻辑上并没有矛盾。但是在他写那篇论文的时候，物理学家还没有发明必要的技术工具来让这个思想变成完整的图景。到后来，人们发现了一种叫作退相干的现象，这种认识才得以出现。退相干的概念于1970年由德国物理学家汉斯·迪特尔·泽（Hans Dieter Zeh）提出，现在已经成为物理学家思考量子动力学时的核心内容。对现在的埃弗里特诠释来说，退相干绝对是理解量子力学的关键所在。这个概念要言不烦，一劳永逸地解释了为什么在测量量子系统时波函数看 117
起来坍缩了——以及“测量”实际上是怎么回事。

我们知道只有一个波函数，就是宇宙的波函数。但如果我们讨论的是单个的微观粒子，那么这些粒子可以处于与世界其余部分都没有发生纠缠的量子态。这种情况下，我们讨论“这个电子的波函数”还是有意义的。因此最好记住，如果系统没有跟任何其他事物纠缠，那么我们就可以采用这种非常有用的简便方法。

但有了宏观对象之后，事情就没那么简单了。想想我们那台测量自旋的仪器，就假设我们让这台仪器处于测到自旋向上和测到自旋向下的某种叠加态好了。这台仪器的标度盘上有根指针，要么指着向上要么指着向下。像这样的一台仪器不会跟这个世界的其余部分互相隔绝。就算这台仪器看起来只是放在那儿，实际上房间里的空气分子还是会不断撞上去，光子也会从仪器上反弹回来，等等。我们把一切其他事物——剩下的整个宇宙——都叫作环境，一般情况下，无论有多轻柔，宏观物体与其环境都不可能不发生相互作用。相互作用会让仪器与环境纠缠在一起，比如说，如果指针指着这个位置，某个光子会从标度盘上反射回去，而如果指针指着另一个位置，这个光子就会被标度盘吸收。

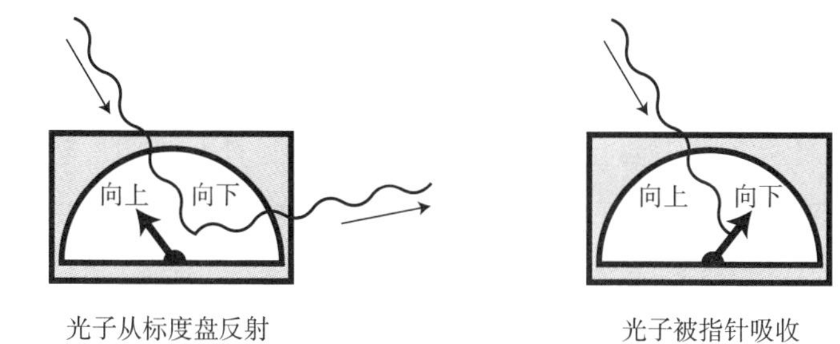

118　光子从标度盘反射　　光子被指针吸收

因此，前面我们写下的波函数（一台仪器与一个量子比特发生了纠缠）还不能说就是故事的全部。把环境状态放在大括号中，我们写下的就应该是：

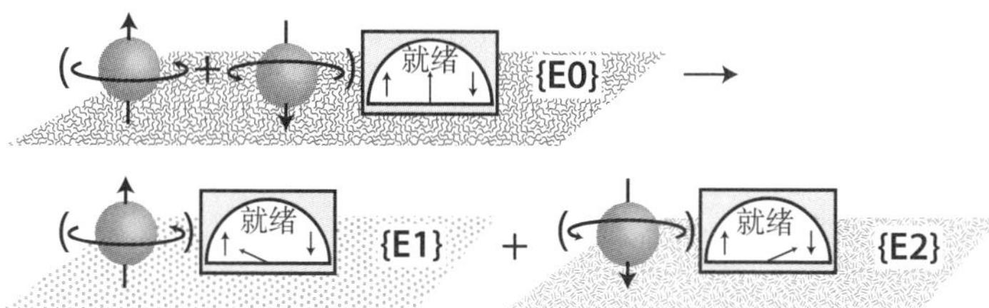

环境究竟处于什么状态其实无关紧要，所以我们只是描述为不同的背景，标记为{E0}、{E1}和{E2}。我们不会追踪（一般来说也无法追踪）环境中究竟发生了什么变化——太复杂了。不只是一个光子会跟这台仪器的波函数的不同部分有不同的相互作用，而是会有无数的光子。别指望有谁能追踪房间里的所有光子和所有粒子。

这个简单的过程——宏观物体跟环境纠缠，而环境我们无法追踪——就是退相干，随之而来的影响会改变整个宇宙。退相干导致波函数撕裂，或者说分叉，变成多个世界。所有观测者也都会跟宇宙其余部分一起分叉为多个副本。在分叉之后，原来那位观测者的每个副本都会发现自己身在某个有特定测量结果的世界中。在这些副本看来，波函数似乎坍缩了。但我们知道得更多：坍缩只是表面上的，是因为退相干撕裂了波函数才出现。

我们并不知道分叉发生得有多频繁，甚至都不知道这么问有没有意义。答案取决于宇宙中的自由度是有限的还是无限的，然而在基础
物理学中，这个问题目前还没有答案。但是我们确实知道，有很多次 119
分叉正在发生，每当一个处于叠加态的量子系统与环境纠缠起来就会出现分叉。普通人体当中每秒约有5000个原子会经历放射性衰变，如果每次衰变都使波函数分叉变成两个，那么每秒就会形成2^{5000}个新的分支。真多呀。

到底怎样才算一个“世界”呢？我们只不过写下了一个量子态，描述一个电子的自旋、一台仪器和一个环境。我们凭什么说这个波函数描述的是两个世界而非仅仅一个？

在一个世界以内，我们想要的一个特征是，至少在原则上，这个世界的不同部分可以相互影响。来想想下面的“鬼世界”情景（不是作为对现实世界的真实描述来说，而是拿来打个活灵活现的比方）：生物死掉之后都会变成鬼。这些鬼魂可以互相看见，可以交谈，但是不能看见我们，也不能跟我们说话，我们对他们也是一样。他们住在

跟我们相互隔绝的幽灵地球上，他们可以在上面建造鬼屋，还可以去做鬼使神差的工作。但无论是这些鬼魂还是他们周围的环境，都不能跟我们以及我们周围的所有事物以任何方式相互作用。从这个意义上讲，可以说这些鬼生活在一个真正独立的鬼世界中，根本原因就是鬼世界中发生的任何事情都跟我们这个世界发生的事情绝对没有任何关系。

现在我们把这个标准放到量子力学中间来看。我们并不关心电子自旋状态跟测量仪器究竟能不能互相影响——显然能。我们关心的是，比如说仪器波函数的一个组成部分（例如指针指向自旋向上这部分）有没有可能影响另一个组成部分（例如指针指向自旋向下这部分）。我们以前也遇到过像这样的情形，而那里的波函数对自己产生
120 了影响——双缝实验中的干涉现象。我们让电子穿过双缝，但不去观测电子究竟穿过的是哪条缝，就会在最后的屏幕上看到干涉条带，并将其归因为两道狭缝对总概率的贡献相互抵消了。关键之处在于，我们其实是在假设电子一路上都没有跟任何别的东西发生相互作用纠缠在一起，也就是说，电子没有退相干。

但是，如果我们去探测电子穿过的是哪条缝，干涉条带就消失了。当时我们的解释是，因为已经进行了测量，而测量让电子的波函数在这道或那道狭缝上坍缩了。埃弗里特则给了我们一个更能让人信服的说法。

实际发生的情况是，电子在穿过狭缝时跟探测器纠缠在一起，随后探测器也很快跟环境纠缠在一起了。这个过程跟我们前面说的电子自旋的情形如出一辙，只不过我们测量的是电子究竟是穿过了左边的狭缝L还是右边的狭缝R：

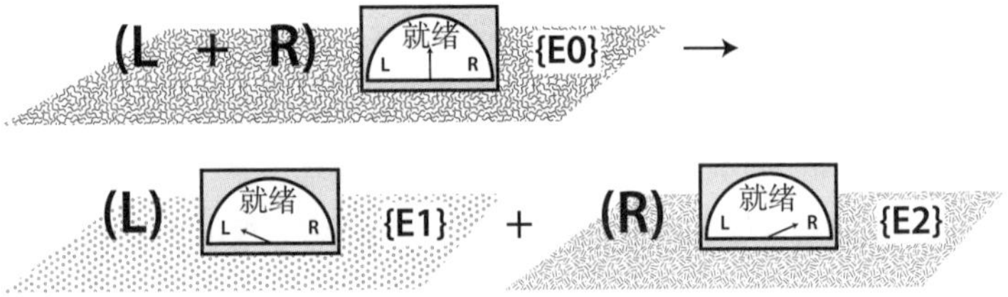

并没有神秘莫测的坍缩。整个波函数仍然在那儿，按照薛定谔方程开开心心地演化，把我们变成了两个纠缠起来的部分的叠加。但是我们要注意一下，电子继续前往屏幕时发生了什么。跟前面一样，电子在屏幕上任意给定位置的状态都既会有穿过了左边的狭缝L的波函数带来的贡献，也会有穿过了右边的狭缝R的波函数带来的贡献。但 121
是现在，这两部分贡献不再互相干涉。要产生干涉，我们需要将两个大小相等方向相反的量加起来：

$$1+(-1)=0$$

但是屏幕上任何一个位置都不会找到分别来自左边的狭缝L和右边的狭缝R对电子波函数大小相等方向相反的贡献，因为穿过这两道狭缝之后，电子就跟这个世界其余部分的不同状态发生了纠缠。如果我们说大小相等方向相反，我们的意思就是大小相等方向相反，而不是“除了跟我们纠缠在一起的那些东西之外大小相等方向相反”。与探测器和环境的不同状态纠缠在一起——换个说法就是退相干——就意味着电子波函数的这两部分再也不能相互作用了。意思就是说这两部分完全不能再相互作用了。这就意味着，这两部分实际上从此成为彼此独立的世界了[1]。从与波函数的一个分支纠缠在一起的事物的视角来看，其他分支就好像是被鬼魂占据了一样。

量子力学的多世界诠释一举移除了跟测量过程和波函数的坍缩有关的所有谜团。对于观测，我们不需要任何特别法则：一切只不过是波函数在按照薛定谔方程一丝不苟地向前演化而已。至于说什么才算"测量"或者"观测者"，也没有任何特殊之处——只要是让量子系统跟环境纠缠起来的相互作用都算是测量，这个过程会产生退相干，并分叉变成各自独立的多个世界；而只要是能让这种相互作用发生的系统，都可以算是观测者。特别是，有没有意识跟是不是观测者完全
122 无关。"观测者"可以是一条蚯蚓、一台显微镜，也可以是一块石头。就连宏观系统都没有什么特别之处，除了说这些系统别无选择，只能跟环境相互作用并纠缠在一起。量子动力学的这种统一方式既简单又强悍，而我们付出的唯一代价，只是大量各自独立的世界。

埃弗里特自己并不了解退相干，所以他得出的图景并没有我们刚刚描绘的那么站得住脚、那么完整。但是，他重新思考测量问题并为量子动力学提供统一图景的方式，从一开始就很有说服力。就算是在理论物理领域，有时候也会有人走了狗屎运，能发现重要想法的原因更多的是天时地利，而不是本人有多么聪明。但休·埃弗里特不是这种情形。那些认识他的人都可以证明他天赋异禀、聪明绝顶，从他的文章里也可以清楚地看出，他对自己的想法究竟是什么意思理解得非常透彻。

---

1. 波函数的所有分支的集合跟宇宙学家经常说的"多重宇宙"不是一回事。宇宙学中的多重宇宙实际上只是空间中多个区域的集合，这些区域一般都彼此天遥地远，而局部情形看起来也非常不一样。

他如果仍然在世，在对量子力学基础的现代讨论中，肯定也能游刃有余。

困难之处在于让别人也能领会这些想法，其中也包括他的导师。惠勒个人非常支持埃弗里特，但也对自己的导师玻尔奉若神明，坚信哥本哈根诠释无比正确。他既希望大家都来听听埃弗里特的想法，也想确保这些想法不会被解读为欺师灭祖，是在对玻尔思考量子力学的方式大张挞伐。

然而埃弗里特的理论确实是在对玻尔的图景大张挞伐。埃弗里特对此心知肚明，而且还很喜欢绘声绘色地介绍一番自己是在大张挞伐。在早期的一份论文草稿中，埃弗里特用了变形虫的分裂来类比波函数的分支：“我们可以假设有一条很聪明的变形虫，记性也很好。在时光
流逝中，这条变形虫一直在撕裂，每次撕裂形成的变形虫都有跟原来 123
那条一样的记忆。因此，我们这条变形虫的生命不是一条线，而是一颗生命树。”惠勒觉得这个（相当准确的）比喻太直来直去了，因此很反感。他在草稿的空白处写道：“撕裂？换个好点儿的词。”师生一直在为新理论的最佳表达方式争执不休，惠勒主张慎之又慎，而埃弗里特喜欢放胆直言。

1956年，埃弗里特还在努力完成自己的论文，惠勒去了哥本哈根，向玻尔和他的同事们提出了这个新的设想，听众也包括奥格·彼得森。彼得森也尝试过把这种思想表达出来，但那时候量子理论的“波函数坍缩了但是不要问究竟是怎么坍缩的这种让人紧张的问题”学派已经变成了常识，已经接受了这种说法的人没有兴趣再去重新研究量子力学基础，因为还有那么多让人感兴趣的应用工作要做。惠勒、埃弗里

特和彼得森之间隔着大西洋书信往还，一直到惠勒回到普林斯顿，帮助埃弗里特把论文最后改定的时候都还在继续。其间艰辛，从论文本身的演变中也可见一斑：埃弗里特最早草拟的标题是《用通用波函数方法来理解量子力学》，后来有个修订版本的标题是《没有概率的波动力学》。这份文件后来叫作论文的“加长版”，一直到1973年才发表。最终作为埃弗里特的博士论文提交的是“缩减版”，标题为《论量子力学基础》，最后到1957年发表时，标题成了《量子力学的“相应状态”诠释》。缩减版删掉了很多埃弗里特一开始写进去的绘声绘色的段落，比如说对概率和信息论基础的检验以及对量子测量问题的简要回顾，转而关注这个理论在量子宇宙学方面的应用。（发表的论文中没有出现变形虫，但埃弗里特倒是把“撕裂”这个词在发表前趁惠勒
124 没注意加到了校样的脚注里。）此外，惠勒写了篇“评估”文章跟埃弗里特这篇一起发表，指出这种新理论很激进也很重要，但同时也想掩盖这个理论与哥本哈根诠释的明显差异。

争论仍在继续，但并没有取得太大进展。在写给彼得森的一封信中，埃弗里特的沮丧溢于言表：

> 我来火上浇油一把，加上一些对“哥本哈根诠释”的批评吧，免得对我论文的讨论就这么彻底烟消云散了……我觉得，你不能认为我的看法只是误解了玻尔的观点，并因此对我的看法不屑一顾……我相信，让量子力学以经典物理学为基础，作为临时步骤有其必要，但是，现在是时候……把[量子力学]本身看成基础理论，不依赖任何经典物理学，并从量子力学中导出经典物理……

> 要我说的话，哥本哈根诠释还有几个地方也挺让人恼火。你说到宏观系统因其庞大可以忽略更进一步的量子效应（在讨论观测链被打破的时候），但从来没有证明如此断言有何依据。[而且，]对于测量过程的这种“不可逆性”，也哪里都找不到任何前后一致的解释。同样，这种“不可逆性”既非来自波动力学，也非来自经典力学。难道是另一个独立假设？

但埃弗里特决定不再继续这场学术之争了。在博士毕业之前他就接受了美国国防部武器系统评估小组的一份工作，去研究核武器的影响。后来他继续在战略学、博弈论和运筹学等领域做了一些研究，还参与创立了几家新公司。现在我们仍然不知道，埃弗里特有意决定不
申请教授职位，究竟在多大程度上是因为他新提出的理论遭到的这些 125
批评，还是仅仅因为对学术界整个感到不耐烦。

不过，他确实一直保留着对量子力学的兴趣，虽然后来再也没有发表过这方面的文章。在埃弗里特博士答辩完去了五角大楼工作之后，惠勒还劝他去了一趟哥本哈根，跟玻尔等人直接交谈。这次拜访没什么好结果，后来埃弗里特评价说，这次访问“从一开始就注定是场灾难”。

有位美国物理学家叫布赖斯·德威特（Bryce DeWitt），编辑了刊载埃弗里特那篇论文的期刊，他给埃弗里特写了封信，抗议说现实世界显然没有“分叉”，因为我们从来没有亲身体验过这种现象。埃弗里特在答复时提到了哥白尼同样大胆的地球围着太阳转而不是太阳围着地球转的想法，他说：“我忍不住要问，你能感觉到地球在动

吗？”德威特不得不承认，这个回答真是绝妙。在深思熟虑了一段时间之后，到1970年，德威特已经成为埃弗里特的忠实信徒。他殚精竭虑地推行这个默默无闻的理论，希望得到更多认可。1970年，他在美国物理联合会会刊《今日物理》上发表了一篇很有影响的文章，后来又在1973年出版了一部文集，其中终于包括了埃弗里特那篇论文的加长版，以及一些评论文章。这部文集就叫作《量子力学的多世界诠释》，名称恰如其分，从此也就固定了下来。

1976年，约翰·惠勒从普林斯顿大学退休到得克萨斯大学任职，而德威特也是该校教员。他俩一起在1977年组织了一场关于多世界理论的研讨会，惠勒还成功促请埃弗里特从国防工作中抽身前来与会。这次会议很成功，埃弗里特也给济济一堂的物理学家听众留下了深刻印象。其中就有青年学者戴维·多伊奇（David Deutsch），后来成了多世界诠释的重要支持者，也是量子计算领域的先驱。惠勒甚至提议在
126 圣巴巴拉成立一个新的研究所，让埃弗里特可以回到量子力学领域全职工作，但最终没有下文。

1982年，埃弗里特死于心脏病突发，享年51岁。他的生活方式不大健康，暴饮暴食，又是抽烟，又是酗酒。他的儿子马克·埃弗里特（Mark Everett，后来组建了“鳗鱼”乐队）说，早年他曾经为父亲没能好好照顾他自己而感到不安。不过后来他的看法变了：“我认识到父亲的生活方式也有其价值。他随心所欲地好吃好喝、吞云吐雾，然后突然有一天很快就去世了。看看我亲眼见过的另一些人的选择，我得
127 说，尽情享受然后快速归西，也并不是一条多么艰难的道路。”

第 7 章
有序与随机

概率从何而来

英国剑桥，阳光明媚的一天，伊丽莎白·安斯科姆（Elizabeth Anscombe）碰到了她的老师路德维希·维特根斯坦（Ludwig Wittgenstein）。维特根斯坦以他独特的方式劈头问道："为什么人们会说，认为太阳围着地球转很自然，而认为地球绕着自己的轴转就不自然？"安斯科姆给出的答案毫无新意：看起来就是太阳在围着地球转嘛。维特根斯坦答道："好吧，那如果是地球在绕着自己的轴转，看起来又应该是什么样子呢？"

这个故事是安斯科姆讲的，汤姆·斯托帕德（Tom Stoppard）在剧作《跳跃者》中又重新讲了一遍；而对埃弗里特的信徒来说，这个故事是他们的最爱。物理学家悉尼·科尔曼（Sidney Coleman）经常在演讲中说到这个故事，物理哲学家戴维·华莱士（David Wallace）也拿这个故事做了自己著作《新兴的多重宇宙》的开场白。此外，这个故事跟休·埃弗里特对布赖斯·德威特的回答也仿佛是一个模子里铸出来的。

很容易看出来为什么观察结果那么重要。一个人但凡有些理智，头回听说多世界诠释的时候都会马上发自内心地反驳：感觉并不是每当有人进行量子测量的时候，我自个儿就撕裂成了好些个人啊。而且
129 看起来也肯定不是还存在那么多别的宇宙，跟我发现自己身在其中的这个宇宙平行。

埃弗里特信徒用维特根斯坦的话回答道：哪，如果多世界诠释确实是真的，那感觉起来、看起来会是什么样子？

希望是这样：生活在埃弗里特宇宙中的人所经历的，正是人们实际上正在经历的，也就是看起来是在以极高的精度遵循教科书式量子力学法则的一个物理世界，而很多情况下经典力学都是对这个世界很好的近似。但是，“平稳演化的波函数”与这个波函数需要解释的实验数据之间，在概念上有相当大的距离。对维特根斯坦的问题，我们能给出的答案就是我们想要的答案，这一点并非显而易见。埃弗里特的理论也许形式上确实很朴素，但要让这个理论的重要意义完全显露出来，还有大量工作要做。

本章我们要面对的，是多世界诠释最主要的一个难解之谜：概率的来源和本质。薛定谔方程完全基于决定论，所以为什么会有概率掺和进来，而且还遵循玻恩定则（概率等于振幅——波函数分配给每个可能结果的复数——的平方）？如果说每个分支都会有个未来的我，那么讨论最后会进入某个特定分支的概率还有意义吗？

对教科书式或者说哥本哈根版的量子力学来说，完全不需要为概

率“推导”出玻恩定则。我们只是把这个规则扔进去，当成理论的一个假设。在多世界诠释中，我们为什么不能也照章办理呢？

答案在于，虽然这个规则在两个理论中听起来是一回事——“概率由波函数的平方给出”——但其含义截然不同。教科书版本的玻恩定则确实是在说事情现在或者是未来发生的频率。但这个额外假设在多世界理论中无处容身，因为只需要从波函数始终遵循薛定谔方程这条基本规则出发，我们就完全知道会发生什么。多世界诠释中的概率 130
肯定说的是我们应该相信什么、应该如何行事，而不是在说事情发生的频率。而“我们应该相信什么”在物理学理论的假设中并没有一席之地，而应该由假设推断出来。

此外我们也将看到，额外假设既无处容身，也没有任何必要。有了量子力学的基本结构，玻恩定则就会顺理成章，自动出现。在自然界中我们经常会看到类似于玻恩定则的表现，这应该能让我们信心满满，相信自己走对路了。如果其他情况都相同，那么根据更基本的假设就能得出重要结果的理论框架，应当比需要更多单独假设的理论更可取。

我们想要证明，如果多世界诠释成立，那么我们预计会看到的世界也还是我们现在真正看到的世界。这个世界与经典力学的近似非常接近，只有量子测量事件（得到特定结果的概率由玻恩定则给出）是个例外。如果成功解决了上面的问题，我们就会在这项证明中取得重大进展。

概率的问题经常被表述为，要尝试证明为什么概率由振幅的平方给出。但真正困难的地方并不在这里。将振幅平方以得到概率是相当顺理成章的事儿，没有人想过会是波函数的五次方之类的东西。第5章我们用量子比特解释了波函数可以看成矢量，在那里我们就已经知道概率是振幅的平方了。矢量就像直角三角形的斜边，而各个振幅就像是直角三角形的直角边。矢量的长度等于1，而根据勾股定理，1也是所有振幅的平方和。所以，“振幅的平方”看起来天然就像概率：都
131 是正数，而且加起来等于1。

更深层次的问题是，为什么埃弗里特量子力学没有任何无法预测的地方，而如果确实如此，为什么还有要把概率加进去的明确规则。在多世界理论中，如果你知道某个时刻的波函数，你就能精确算出别的任何时刻都是什么情形，只要解薛定谔方程就行了。没有任何未定之数。那么，在原子核衰变、电子自旋测量结果都似乎完全随机的这个世界中，这样一幅图景究竟怎样才能复原我们观测到的现实呢？

想想我们最常用的例子：测量电子的自旋。就假设刚开始电子对于竖直轴线处于自旋向上和自旋向下的等量叠加好了，然后我们让这个电子通过施特恩-格拉赫磁场。教科书式量子力学称，我们有50%的机会看到波函数坍缩为自旋向上，也有50%的机会看到波函数坍缩为自旋向下。但多世界诠释宣称，宇宙的波函数有100%的机会从一个世界演化为两个世界。确实，在其中一个世界里，实验人员会看到电子自旋向上，而另一个世界中的实验人员会看到电子自旋向下。但两个世界全都存在，这一点无可辩驳。如果我们要问的问题是“我最后会成为波函数自旋向上那个分支中的实验人员的机会是多少”，

似乎不会有任何答案。你不会成为这个或那个实验人员，现在的这一个你，确定一定以及肯定会演化成那两个人。在这种情况下，我们还怎么讨论概率？

这是个好问题。要回答这个问题，我们得有点儿哲学家的派头，还得好好想想“概率”究竟是什么意思。

如果知道在概率问题上也有好些思想流派在争奇斗艳，想必你也不会觉得有多惊讶。假设我们抛了一枚不偏不倚的硬币。“不偏不倚”
的意思是，这枚硬币最后会有50%的时候正面朝上，还有50%的时 132
候背面朝上，至少长期来看如此；如果连着抛两次结果都是背面朝上，也不会有人觉得有多奇怪。

这条要“长期来看”的注意事项为我们所说的概率可能是什么意思提供了一个思路。如果只抛了几次硬币，那几乎对于任何结果我们应该都不会感到意外。但如果抛的次数越来越多，我们会期待正面朝上的比例越来越接近50%。因此，也许我们可以将得到正面朝上的概率定义为，如果抛了无数次，那么我们实际上会得到正面朝上的结果在总次数中所占的比例。

对我们所说的概率赋予的这个含义，有时候也叫作频率概率，因为是将概率定义为在大量重复试验中事情发生的相对频率。这个概念跟我们在抛硬币、掷骰子和玩牌的时候对概率的直观理解契合得很好。对频率主义者来说，概率是客观概念，因为只取决于硬币（或其他任何我们要讨论的系统）的特性，跟我们，跟我们的认识水平都无关。

频率概率与教科书式量子力学和玻恩定则非常吻合。也许我们不会真的让无数个电子穿过磁场来测量这些电子的自旋，但我们可以让很多电子穿过去。（施特恩-格拉赫实验是物理专业本科生实验课最喜欢做的实验，因此多年以来已经有很多电子的自旋通过这种方式测量出来。）我们可以收集到足够多的统计数据来让自己相信，量子力学中的概率真的就是波函数的平方。

但在多世界理论中就是另一回事了。就说我们让一个电子处于自旋向上和自旋向下的等量叠加中，然后测量其自旋，然后重复很多次。每次测量时波函数都会分叉进入两个世界，其一得到自旋向上的结果，其二得到自旋向下的结果。假设我们把这些结果都记了下来，自旋向上标记为“0”，自旋向下标记为“1”。测量50次之后，就会有一个世
133 界的记录看起来是下面这个样子：

10101011111011001011001010100011101100011101000001

这看起来足够随机了，而且也满足统计规律：有24个0，26个1。虽然不是刚好一半一半，但跟我们预计的一样，非常接近。

但是也会有一个世界，得到的所有测量结果都是自旋向上，于是记录就只是一连串50个0。也会有一个世界测到的所有结果都是自旋向下，于是最后的记录就是一连串50个1。其他所有0和1能组成的字符串也都有一个对应的世界。如果埃弗里特是对的，那么每种可能性都在某个世界中实现了的概率就是100%。

实际上我得承认，确实有这些世界。上面那列看起来很随机的数，并不是我胡编乱造出来的随机字符串，也不是通过经典的随机数生成器生成的。这串数字实际上是由量子随机数生成器生成的：一个进行量子测量并利用测量结果产生0和1的随机数列的小玩意。根据多世界理论，在我生成这些随机数的时候，宇宙分裂成了2^{50}个副本（也就是1125，899，906，842，624个，约合一千万亿），每个副本中产生的数字序列都略有不同。

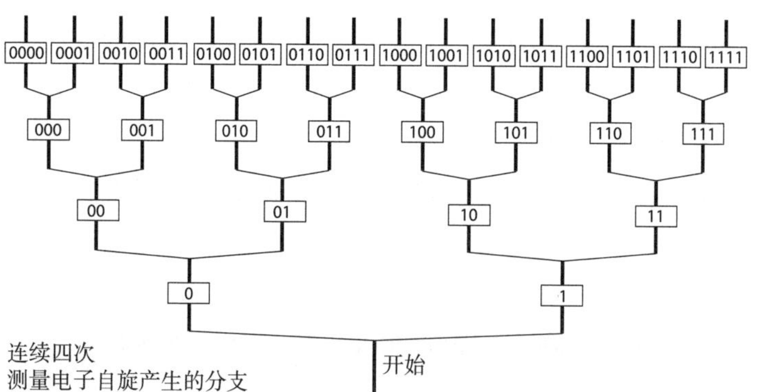

连续四次
测量电子自旋产生的分支 134

如果在所有这些各不相同的世界中，我的每一个副本都有将得到的数字序列写进这本书里的打算，那么就意味着在宇宙的波函数中，本书会有超过一千万亿种不同的文本。大多数时候这些文本之间的差异很小，只是有些0和1重排了一下。但也会有些副本很糟糕、很背运，得到的全都是0，或者全都是1。他们这会儿会想些什么呢？他们很可能会觉得随机数生成器坏了。他们肯定不会写下跟我正在写下的这段一模一样的文字。

无论我和我的其他副本对这种情形是什么看法，这都跟频率概率的范式大相径庭。如果每次试验都会得到所有结果，只不过别的结果都在波函数里的其他地方，那么讨论通过无数次试验能得到的频率极限是多少好像也没太大意义了。我们需要换个方式来思考，概率到底应该是什么意思。

好在对概率还有另一种理解方式，而且早在量子力学之前就已经出现了。这就是“认识概率”的概念，跟假设中的无数次试验无关，而是跟我们的认识水平有关。

考虑一下这个问题：“费城76人队拿下2020年美国男子职业篮球联赛总冠军的概率有多大？”（我个人给的数字很高，但其他球队的粉丝估计不会同意。）这种事情我们没法设想会重复无数次；就算没有其他变化，篮球运动员也会因年纪越来越大，影响到他们的比赛。2020年美国男子职业篮球联赛总决赛只会举办一次，谁会赢也会有个明确的答案，就算我们不知道究竟是哪支队伍。但专门设定赔率的人，对于给这种情况分配一个概率并不会觉得有什么不妥。就是我们在日常生活中也是如此：我们经常要判断很多各不相同的一次性事件
135 发生的可能性，比如说拿到梦寐以求的工作，或是到晚上七点的时候会觉得饿等。在这个意义上，我们可以讨论过去事件的概率，甚至是很明确已经发生了的事情，只是因为我们不知道答案究竟是什么——“我不记得上周四我离开公司是什么时候了，但很可能是五六点钟，因为我通常都是那个时候回家。”

这时候我们是在给讨论中的各种命题分配“可信度”——可

以相信到什么程度。跟其他概率一样，可信度的范围也必须在0%到100%之间，特定事件所有可能结果的可信度加起来也应该等于100%。如果得到了新的信息，你对某件事情的可信度也可以改变，比如说你可能会在某种程度上相信某个字应该这样写，但是接下来你去查了字典，找到了正确的写法。统计学家已经把这个过程正式确定下来，并用18世纪长老会牧师、数学爱好者托马斯·贝叶斯（Thomas Bayes）的名字命了名，叫作贝叶斯推断。贝叶斯导出了一个公式，告诉我们在得到新信息时应该如何更新我们分配给相关事件的可信度，在全世界很多大学统计学系的海报和T恤上，你都能发现这个公式。

因此，关于“概率”有一个非常好用的概念，就算有些事情只发生一次而不是无数次也能适用。这是个主观概念而非客观概念，不同的人在不同的认识水平下，对某件事的同一结果可能会分配不同的可信度。只要大家都同意遵守这样一个规则，就是都会根据了解到的新信息来更新可信度，这样也没什么不可以。实际上，如果你相信永恒论——未来和过去一样真实，我们只是尚未抵达未来——那么频率概率也可以归入贝叶斯概率的范畴。随机掷一枚硬币，“硬币正面朝上的概率是50%”也可以表述为：“根据我对这枚硬币和其他硬币的了解，关于这枚硬币最近的未来我最多也只能说，正面朝上和背面朝上同样可能，虽然肯定会是个确定的结果。” 136

以我们的认识水平为基础的概率相对于基于频率的概率来说是不是真的前进了一大步，并不是那么显而易见。多世界诠释是基于决定论的理论，如果我们知道某个时候的波函数，也知道薛定谔方程，就能知道未来要发生的任何事情。如果说还有什么事情是我们不知道的，需要由玻恩定则来赋予可信度，那是在什么意义上这样讲呢？

有个答案很容易想到，却是错误的：我们并不知道“我们最后会进入哪个世界”。这么说之所以不对，是因为这个说法实际上以人格同一性的概念为依归，然而这个概念在量子宇宙中并不适用。

在这里我们要面对的是哲学家所谓的我们对周遭世界的“民间”理解，以及现代科学提出的截然不同的看法。科学看法最终需要能解释我们的日常经验。但我们没有权利期望，在科学昌明之前出现的概念和范畴，作为我们对物理世界的最全面理解的一部分，理应继续有效。理想的科学理论应当与我们的经验相符，但也许这套理论是用完全不同的语言表述的。我们很容易就能应用于日常生活中的思想，是作为更完整叙事的某些方面的有效近似出现的。

一把椅子并不是具备柏拉图式的“椅子属性”本质的对象，而只是原子的集合，以一定的布局排列，让我们得以名正言顺地将这个对象归入“椅子”的类别。不难发现，这个类别的界限有些模糊——沙发算吗？吧台凳呢？如果拿来一个毫无疑问算是椅子的东西，然后一个一个地移除其中的原子，这个对象就会慢慢变得越来越不像椅子，但是并没有一个明确的界限，一旦越过就会突然之间从椅子变成非椅子。这也没什么问题，在日常语言中，对这种不严谨之处，我们都处之泰然。

137 但是，如果涉及到“自己”这个概念，我们的防护意识就会更强一点。在我们的日常经验中，关于我们“自己”，并没有多少模糊之处。

我们一边长大一边学习，我们的身体会老去，我们也在以各种各样的方式与这个世界相互作用。但无论什么时候，我都可以轻而易举地确定哪个人毫无疑问是“我自己”。

量子力学指出，我们可能必须对这个说法做些修改。测量电子自旋时，波函数在退相干过程中分叉，一个世界撕裂成两个，而过去只有一个我，现在却有了两个人。要问其中哪个才是“真正的我”并没有意义，而在分叉之前想知道“我”会出现在哪个分支中也同样毫无意义。这两个人都完全有理由认为自己就是“我”。

在经典宇宙中，将一个人的身份确定为在时光中渐渐老去的某个人一般来讲不会有什么问题。在任一时刻，任何人都只是原子的某种排列，但重要的并不是一个一个的原子，因为在很大程度上，我们的原子在时间推移中一直在被取代。重要的是我们形成的模式，以及这种模式的延续性，特别是在我们讨论的这个人的记忆中。

量子力学的新特点是，波函数分叉时，这种模式也会被复制。不用慌张。我们只需要调整时间推移中人格同一性的概念，用来解释在科学昌明之前成千上万年的人类演化中我们从来不需要劳神的一种情况。

虽然我们的身份如影随形，但一个人从出生到死亡的概念总归不过是个有用的近似。现在的你这个人，跟一年前的你这个人并非分毫不差，甚至跟一秒钟之前的你也不会完全相同。你那些原子所在的位置会稍有不同，有些原子估计也已经换成了新的原子。（要是你一边读这本书一边还在大快朵颐，那你现在的原子应该比刚才多。）如果我们想比往常更精确，那就不能直接说“你”，而应该说“下午5:00的你”“下午5:01分的你”等。

138　有一个统一的“你”，这个概念很有用，不是因为不同时刻的所有这些不同的原子集合真的一模一样，而是因为这些集合以一种显而易见的方式彼此相关。这些集合都描述了一个真实的模式。某个时刻的你来自早前另一个时刻的你，其间经历了你体内原子的演化，可能还会有少量原子的增减。哲学家当然也曾就此沉思默想，特别是德里克·帕菲特（Derek Parfit）曾指出，不同时间中的人格同一性说的是你生命中的一个实例与另一个实例“以关系R为基础”的关联，其中关系R是指未来的你自己与过去的你自己有心理上的延续性。

量子力学的多世界诠释完全是一样的情形，只是现在之前的一个人可以演化成后来的多个人。（帕菲特肯定不会对此有什么疑问，实际上，他自己就研究过以复印机为主要对象的类似情形。）我们不应该说“下午5:01分的你”，而是需要说“来自下午5点的你并最终出现在波函数自旋向上分支中的那个5:01分的人”，对身在自旋向下分支中的那个人也需要如法炮制。

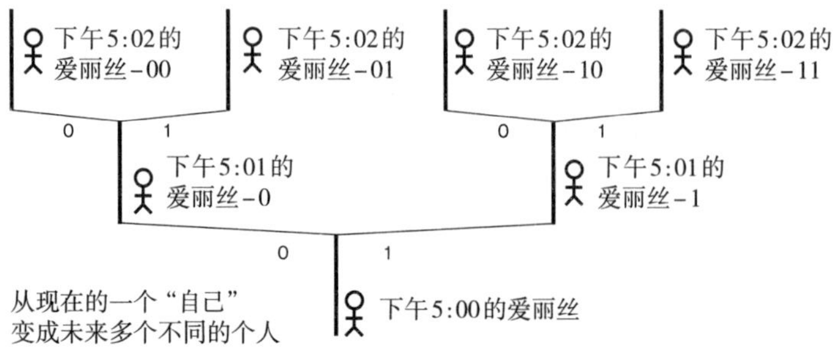

这里面的每一个人都有理由声称自己是“你”，也谁都没错。他们当中每一个人都彼此独立，但是又都可以追溯到同一个人。在多世界诠释中，一个人的一生并不是一条单一的轨迹，而更应该看成是一 139
棵不断长出分支的大树，在任何时候都有多个个体——就像不断分裂的变形虫一样。而且，上面的讨论并不会因为我们讨论的不是一个人而是一块石头就会有任何变化，跟讨论对象完全无关。世界在复制，世界中的一切事物也都随之不断形成分身。

现在我们可以来讨论多世界诠释中的概率问题了。我们可能自然而然就会想到，正确的提法是：“我最后会出现在哪个分支中？”但我们不应该这样去考虑概率问题。

我们应该想的是退相干刚刚发生之后的那一刻，也就是世界已经分叉了的时候。退相干过程发生得非常快，通常只需要多少分之一秒。从人类的角度来看，波函数分叉实际上是瞬间发生的（虽然这只是个近似说法）。因此首先是发生了分叉，然后稍微晚一点的时候我们发现分叉了，比如说通过查看电子在穿过磁场时是会向上还是向下偏转来判断。

因此在很短的一瞬间里，你有了两个副本，而且这两个副本一模一样。二者生活在波函数完全不同的分支中，但两人都不知道自己究竟在哪个分支。

现在你应该明白是怎么回事了。宇宙的波函数中没有任何未知数——包含两个分支，我们也知道这两个分支分别对应的振幅是多少。但对于真正生活在这些分支中的人来说，还是有些事情他们毫不知情：他们到底在哪个分支上。最早在量子世界的语境中强调指出这种情况的是物理学家列夫 · 威德曼（Lev Vaidman），他称之为自身位置不确定性——关于这个宇宙需要知道的一切你都知道，你只是并不知道自己在这个宇宙中的什么位置。

140 这种无知状态让我们有了讨论概率的机会。在分叉之后的那一刻，你的两个副本都受到了自身位置不确定性的影响，因为二者都不知道自己身在哪个分支。他们所能做的，就是给自己身在这个或是那个分支分配一个可信度。

那么这个可信度应该是多少呢？有两种看似合理的方式。其一是我们可以利用量子力学本身的结构，选出理性观测者应该会分配给身在不同分支的一组首选可信度。如果你打算采用这种方式，最后你分配下去的可信度就会刚好是从玻恩定则能够得到的。如果概率来自自身位置不确定的情况下分配的可信度，那么我们就应该预计，量子测量结果的概率由波函数振幅的平方给出。（如果你愿意接受这个结论，也不想被琐碎的细节搞得晕头转向，那么跳过本章剩下的部分也没关系。）

但是还有另外一种思想流派，实际上认为给不同分支分配任何明确的可信度都完全没有意义。我可以想出各式各样的古怪规则来计算身在波函数的这个或那个分支的概率，比如说我兴许会给我更开心的那个分支，或者电子自旋总是向上的分支分配更高的概率。哲学家戴维·艾伯特（David Albert）就曾经提出过一个“肥胖测度”，其中各分支的概率正比于你体内所含的原子数量。（只是为了强调可以有多随意，而不是因为他真觉得这么做很合理。）这么做并没有说得过去的理由，但谁能阻止我呢？按照这种思想，唯一“理性”的做法是承认没有分配可信度的正确方式，因此拒绝分配可信度。

你可以持有这样的看法，但我并不认为这是最好的看法。如果多
世界诠释是对的，那么不管我们是不是喜欢，我们都会发现自己处于
自身位置不确定的境地。而如果我们的目标是对这个世界提出最科学
的认识，那么这种认识必然会涉及自身位置不确定情况下可信度的分 141
配。无论如何，科学的题中应有之意是预测我们会观测到什么，即便
只是概率上的。如果分配可信度的方法有无数种，每一种似乎都和其
他方法看起来一样合理，我们就会左右为难。但是，如果理论框架本
身就明确指出了一种分配可信度的特定方法，而且这种方法跟我们的
实验数据相符，那我们就应该取而用之，为这么漂亮的成就傲娇一把，
然后接着去探索其他问题。

就说最后我们采信的是这种想法好了：如果我们不知道自己身在波函数的哪个分支上，那么会有一个明显最好的分配可信度的方法。前面我们曾经提到，玻恩定则本质上就是勾股定理在大显神通。现在我们可以更谨慎一点，解释一下为什么在自身位置不确定的情况下，

这是考虑可信度的合理方式。

这个问题很重要，因为如果我们不是已经知道玻恩定则，可能就会认为概率跟振幅完全无关。比如说，从一个世界走向两个分支的时候，既然这是两个彼此独立的宇宙，为什么不干脆给两个分支分配同样的概率呢？很容易证明，叫作分支计数的这种想法不可能行得通。但是还有一种限制条件更多的版本，说的是如果各分支的振幅相同，我们就应该给这些分支分配相等的概率。而神奇得很，结果表明这刚好就是证明各分支振幅不同时我们应该采用玻恩定则所需要的全部论据。

在转向真正能够奏效的方式之前，我们先速战速决，处理一下分支计数的错误想法。假设有一个电子，沿竖直轴线的自旋已经由仪器测量出来，因此退相干已经发生，分支也已经出现了。严格来讲我们
142 也应该跟踪仪器、观测者和环境的状态，但这些对象都不过是随波逐流，所以不必详细写下来。我们假设自旋向上和自旋向下的振幅并不相等，而是处于一个不平衡的状态 Ψ，两个方向振幅不等：

$$\Psi = \sqrt{\frac{1}{3}} \quad + \sqrt{\frac{2}{3}}$$

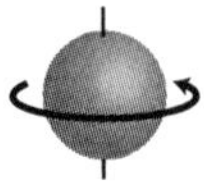

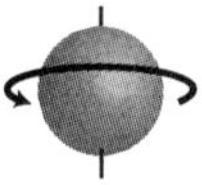

不同分支外面的那些数字就是相应的振幅。既然玻恩定则说概率等于振幅的平方，那在这个例子中，我们应该有1/3的概率看到自旋向上，有2/3的概率看到自旋向下。

假设我们不知道玻恩定则，而且打算就用分支计数来分配概率。

想象一下在这两个分支中的观测者的视角。从他们的角度来看，这些振幅只是看不见的数字，再乘以宇宙波函数中他们所在的分支。他们为什么要操心概率呢？两个观测者都同样真实，要是不做观测的话，他俩甚至都不知道自己身在哪个分支。给这两个分支分配同样的可信度难道不是更合理，至少也是更民主的吗？

这个方法中显而易见的问题是，我们可以一直测量下去。假设我们事先约定，如果测到自旋向上，我们就到此为止，但如果测到自旋向下，就会有个自动机制很快去测量另一个电子的自旋。第二个电子处于自旋向右的状态，而我们知道，这个状态可以写成自旋向上和自旋向下的叠加。一旦完成测量（只在第一次测量得到自旋向下的分支中进行），我们就有了三个分支：其一测量结果是自旋向上，其二是我们先得到自旋向下，继而得到自旋向上，其三是我们连续得到两次自旋向下。"为所有分支分配相等概率"的法则告诉我们，需要给这里的每种可能性分配1/3的概率。 143

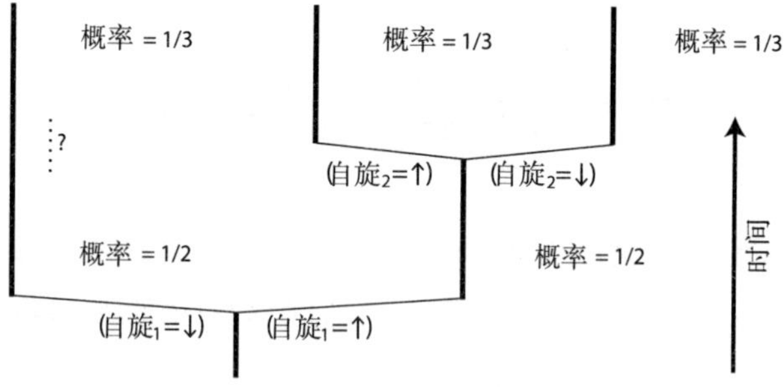

简直荒谬。如果遵循这一规则，一开始自旋向上的那个分支的概率就会在我们在自旋向下分支中再次测量时从1/2突然变成1/3。在我们一开始的实验中，观测到自旋向上的概率不应取决于是否有人在另一个完全独立的分支中决定稍后进行另一次实验。因此，如果我们想以合理方式分配可信度，就必须比简单的分支计数稍微复杂一点。

我们与其简单地说"为每个分支分配相等的概率"，不如试试限制条件更多的这种操作："为振幅相等的分支分配相等的概率"。例如，一个自旋向右的电子可以写成自旋向上和自旋向下的等量叠加：

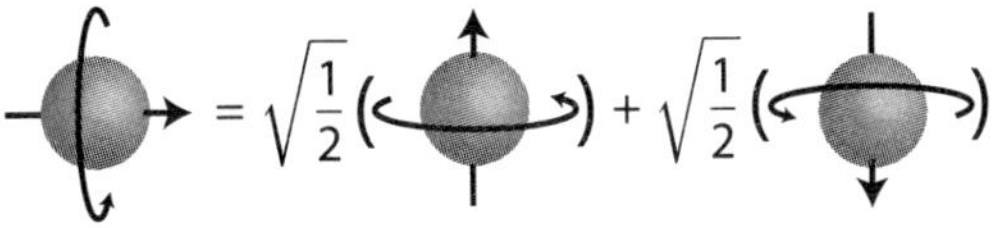

$$= \sqrt{\frac{1}{2}}(\quad) + \sqrt{\frac{1}{2}}(\quad)$$

这条新规则说，如果我们沿着竖直轴线去观测电子自旋，就应该给身在自旋向上和自旋向下的分支都分配50%的可信度。这么做看
144 起来合情合理，因为这两个选项是对称的；确实，任何合理规则都应当给这两者分配相等的概率[1]。

这个更保守的方案还有个好处就是，在重复测量时不会出现前后不一致的情况。在其中一个分支而不是另一个分支中再测量一次，会让我们又一次得到振幅不相等的分支，因此这个规则似乎啥也没说。

但实际上，这个办法比前一种办法要好得多。如果我们从这个简

---

1. 还有更复杂的一种看法是，这样的规则是以非常薄弱的假设为基础的。沃杰克·祖瑞克（Wojciech Zurek）提供了一种可以推导出这个规则的方法，查尔斯·西本斯（Charles Sebens）和笔者也提出了独立的论据。我们证明，如果坚持认为分配给你在实验室里做出的实验结果的概率应当与宇宙中其他事物的量子态无关，就能推导出这个规则。

单的“振幅相等表明概率相等”的规则开始，然后思考一下这是不是某个永远不会产生前后不一致情形的更普遍规则的特例，我们会得到一个唯一的答案。这个答案就是玻恩定则：概率等于振幅的平方。

回到之前振幅不相等的例子就能看出来这一点。在那里，一个分支的振幅等于1/3的平方根，另一个振幅等于2/3的平方根。这回我们一开始就明确把第二个电子，也就是在水平轴线上自旋向右的量子比特包括进去。刚开始的时候，第二个量子比特只是在随波逐流：

$$\Psi = \sqrt{\frac{1}{3}}(\quad,\quad) + \sqrt{\frac{2}{3}}(\quad,\quad)$$

坚持认为振幅相等的分支概率也相等并不能告诉我们什么，因为这里的振幅并不相等。但我们可以把之前玩过的花招再玩一遍，如果第一次测到的是自旋向下，就沿着竖直轴线测量一下第二个电子的自
旋。波函数演化成三个分量，而回顾一下前面我们是怎么把自旋向右 145
的状态分解为竖直轴线上的自旋的，就能得出这些分量的振幅都是多少。2/3的平方根乘以1/2的平方根，就会得到1/3的平方根，这样我们就得到了三个分支，而且每个分支的振幅都相等：

$$\Psi = \sqrt{\frac{1}{3}}(\quad,\quad) + \sqrt{\frac{1}{3}}(\quad,\quad) + \sqrt{\frac{1}{3}}(\quad,\quad)$$

由于振幅相等，现在我们可以安安心心地给这些分支分配相等的概率了。因为有三个分支，所以每个分支的概率是1/3。如果我们不

希望在一个分支发生什么事情的时候另一个分支的概率突然变化，我们就应该一开始，甚至在第二次测量之前，就给自旋向上的分支分配1/3的概率。而1/3刚好就是这个分支振幅的平方——跟玻恩定则的预测一模一样。

还有几个让人发愁的问题挥之不去。你可能会反驳说，我们考虑的例子特别简单，其中一个概率刚好是另一个的两倍。但是，只要我们能将状态分割为适当数目的分项，让所有振幅在数值上都相等，同样的策略就仍然行得通。只要振幅的平方是有理数（两个整数之比），这个策略就有效，答案也是一样的：概率等于振幅的平方。当然还有大量无理数，但如果作为物理学家你能证明某个理论对所有有理数都成立，就可以把这个问题交给数学家，嘟哝两句“连续性”之类的话，然后宣布你已经大功告成。

可以看到，勾股定理也在发挥作用。正是因为勾股定理，如果一个分支的振幅是另一个分支的$\sqrt{2}$倍，那么前者就可以分成振幅都跟
146 后者相等的两个分支。这也是为什么最困难的地方不是推导出实际可用的公式，而是在基于决定论的理论中为概率的含义找到坚实的基础。这里我们研究了一个可能的答案：概率来自波函数分叉之后我们马上为波函数的不同分支分配的可信度。

你可能还是会发愁：“但我想知道会得到某个结果的概率是多少，甚至想在测量之前就知道，而不是只能在测量之后才能知道。在波函数分叉之前，任何事情都没有不确定性——你前面跟我说过，不应该去想我最后会出现在哪个分支中。那在测量之前，应该怎么讨论概

率呢？”

千万别操这份心。你说得挺对，操心你最后会出现在哪个分支毫无意义。实际上我们确实知道，你现在的状态会有两个后继者，而且是在不同的分支中。这两个后继者完全相同，也都不确定自己身在哪个分支，因此应该分配由玻恩定则给出的可信度。但是这也意味着你的所有后继者都会处于完全相同的认知水平，都在分配玻恩定则给出的概率。因此，你现在就把这些概率提前分配下去也说得通。我们被迫将概率的含义从简单的频率概率模型转变为更经得起推敲的认识论模型，但我们如何计算，以及如何根据这些计算行事，都跟之前没有任何区别。这就是为什么物理学家能够一边做着这些有意思的事情，一边又能避免所有这些微妙的问题。

直观上讲，上述分析表明量子波函数的振幅给不同分支带来了不同的“权重”，这个权重跟振幅的平方成正比。在理解这个内心图像时我不想太拘泥于字面意义，但这个想法提供了具体图景，有助于我们理解概率，以及我们稍后会谈到的比如能量守恒等其他问题。

分支权重 = |该分支振幅|^2 147

如果有两个振幅不等的分支，我们就说只有两个世界，但二者的权重并不相等，振幅更高的那个分支权重也更高。任一特定波函数所有分支的权重加起来都始终等于1。如果有一个分支一分为二，我们也并不是简单地通过复制现有宇宙来“制造更多宇宙”，这两个新世界的总权重仍然等于一开始的那个世界的权重，因此所有世界的整体权重仍然保持不变。随着不断分出更多分支，世界变得越来越薄。

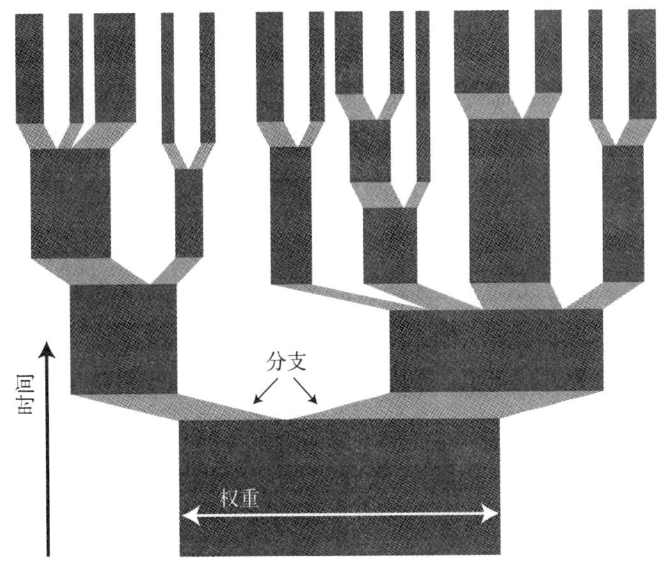

要在多世界理论中推导出玻恩定则，并不是只有这么一种方式。在基础物理学圈子里有一种更受欢迎的策略，用到了决策理论——理性人在具有不确定性的世界中做出选择所遵循的规则。这种方法于1999年由戴维·多伊奇（1977年在得克萨斯会议上被休·埃弗里特惊艳到了的物理学家之一）率先提出，戴维·华莱士稍后则给出了更严
148 格的证明。

决策理论假设理性人会将不同大小的数值或者说“效用”分配给可能发生的不同事情，并倾向于将预期效用——所有可能结果的平均值，以各结果的概率为权重——最大化。给定两个结果A和B，如

果某个理性人分配给B的效用刚好是A的两倍，那么此人就应该认为A确定会发生和B有50%的概率发生没有区别。有很多很多听起来很合理的公理任何好用的效用分配方式都应当遵循，比如说，如果一个理性人相对于B来说更喜欢A，而相对于C来说更喜欢B，那么此人肯定应该更喜欢A而不是C。任何在自己一生中违反了决策论公理的人都会被认为不理性，仅此而已。

要在多世界诠释的背景中运用这个框架，我们就得问，知道宇宙波函数即将分叉，也知道不同分支的振幅会变成什么的一个理性人会如何行事。比如说，处于自旋向上和自旋向下等量叠加状态的一个电子将要穿过施特恩-格拉赫磁场，这样就可以测出这个电子的自旋。有人提出，如果结果是自旋向上就给你两美元，但前提条件是你得答应如果结果是自旋向下的话你就付给他一美元。你应不应该打这个赌呢？如果我们相信玻恩定则，答案显然是应该打，因为我们的预期收益是0.5 × 2 + 0.5 × (-1) = 0.5元。但现在我们是想推导出玻恩定则。只是知道其中一个未来的你会多两美元因此更加富有，但另一个会少一美元因此更加贫穷，你要怎样才能得出答案呢？（我们假设你条件挺不错，多两美元少一美元你会当回事儿，但并不会改变你的生活。）

前面我们将概率解释为自身位置不确定条件下的可信度，但这里的操作比前面那种情形更复杂，因此我们不打算再清清楚楚地过一遍，但基本思路是一样的。我们首先考虑两个分支的振幅相等的情况，并认为预期效用就等于两个不同分支分别对应的效用的平均值合情合理。再假设我们有一个不平衡的状态，就像前面给出的波函数Ψ那样，
然后我说如果测到自旋向上你就给我一美元，并答应如果测到自旋向 149

下我就给你一美元。通过一些数学手法我们可以证明，这种情况下你的预期效用跟有振幅相同的三种可能结果时的情况一模一样，也就是在其中一个结果中你会给我一美元，但在另外两个结果中，我得给你一美元。这时候，预期效用就是这三个不同结果的平均值。

到头来，埃弗里特宇宙中的理性人表现得就跟他们生活在一个充满不确定性的宇宙中一模一样，而后面这个宇宙中的概率由玻恩定则给出。在这种情况下，如果我们接受各种看起来挺合理的关于理性意味着什么的公理，以其他方式行事就是不理性的。

也许还是会有人冥顽不灵，坚持认为仅仅证明人们应该表现得“好像”是什么情况还不够，必须真的是这种情况才行。这有点算是没抓住重点。量子力学的多世界诠释为我们展现了一种跟平淡无奇、充满了真正的随机事件的“一世界”观点完全不同的关于现实的观点。一点儿也不用奇怪，有些我们看起来最自然不过的概念也必将随之改变。如果我们生活在教科书式量子力学描述的世界，也就是波函数坍缩完全随机且遵循玻恩定则的世界，那么有某种确定方式用来计算预期效用完全合理。多伊奇和华莱士证明，如果我们生活在基于决定论的多世界宇宙中，那么用一模一样的方法来计算我们的预期效用也是合情合理的。从这个角度来说，这就是讨论概率时我们在讨论些什么：真实发生了的不同事件的概率，等价于我们在计算预期效用时赋予这些事件的权重。我们应该表现得刚好就像我们在计算的概率同样适用于一个单一的、充满不确定性的宇宙一样，但这些概率同样是真
150 实的，尽管宇宙比上面说的还要稍微丰富多彩一些。

第 8 章
本体论承诺会让我看起来很胖吗？

对量子难题打破砂锅问到底

爱丽丝一边把酒杯重新满上，一边沉思了一会儿。最后她说道："我们打开天窗说亮话，你真的想聊聊量子力学基础吗？"

父亲顽皮地笑了笑，回答道："当然啦。"他自己也是物理学家，是粒子物理学领域里专门搞计算的行家里手，职业生涯非常成功。在大型强子对撞机里将粒子撞到一起撞个粉碎的那些实验人员，经常会找他咨询诸如衰变的顶夸克产生的粒子射流之类的难题。但说到量子力学，他就成了观众，而不是表演者了。"是时候让我好好了解一下我闺女的研究领域啦。"

"好啊。"爱丽丝答道。读研究生的时候爱丽丝一开始走上了跟父亲相似的职业道路，但后来由于坚持想要理解量子力学的真正含义，她转移了目标。在她看来，物理学家对他们最重要的理论的基础视而
不见，这是在自欺欺人。数年后，她拿到了理论物理学博士学位，却 151
跑到一所重点大学的哲学系找了份助理教授的教职，之后成了量子力学多世界诠释的专家，声名鹊起。"你想怎么聊呢？"

“我把有些问题写下来了。”父亲边说边拿出手机，在屏幕上打开了什么东西。

爱丽丝觉得又是好奇又是惶恐。“放马过来吧。”她闻了闻倒在酒杯里的波尔多葡萄酒。可以畅所欲言了。

“好。”他开始了。父亲喝的是杜松子马天尼酒，不是太干，加了三枚橄榄。“我们就从最容易想到的事情说起吧，奥卡姆剃刀。我们还在读幼儿园的时候就被教导，相对于复杂程度毫无必要的解释来说，我们更应该选择简单一些的解释。现在如果我完全按照你的研究结果去想——也许我不这么想——那在我看来，似乎你对假设存在无数个看不见的世界安之若素。你不觉得这有点儿过了吗？这不刚好跟最简单的可能解释背道而驰吗？”

爱丽丝点了点头。“是的，但是这当然也取决于我们怎么定义‘简单’。我的哲学同行有时候会把这种情况描述为在担心‘本体论承诺’——大致来讲就是，为了描述我们观测到的这部分现实需要想象的东西的总量，包含在所有现实中。”

“那，奥卡姆剃刀难道不是在说，在基础理论中有太多本体论承诺的话只会让人更加敬而远之吗？”

“是的，但是对于这个承诺究竟是什么，你得倍加小心。多世界诠释并没有假定存在大量世界。这种诠释假定的是，有个波函数在按照薛定谔方程演化。那些世界只不过就自动在那儿了而已。”

父亲提出质疑："你这么说是什么意思？这个理论名字就叫多世界理论啊，当然是在假定有很多很多个世界了。" 152

爱丽丝答道："不是这么回事儿。"随着对这个话题热身完毕，她也越来越精神焕发了。"多世界诠释会用到的那些元素，所有其他版本的量子力学诠释也全都会用到。要摆脱掉其他那些世界，替代方案必须提出额外假设，要么是薛定谔方程之外的新动力学机制，要么是波函数之外的新变量，再不就是对现实世界完全不同的另一种看法。用本体论来讲，在你有可能得到的量子力学诠释中，多世界诠释是关于现实的最简洁也最简陋的看法。"

"开玩笑呢吧？"

"没有！说实话，有个更值得重视的反对意见是，多世界诠释过于简洁、简陋，因此用多世界理论来解释我们观察到的这个世界的杂乱无章，绝不是轻而易举的事情。"

父亲似乎在思忖着，一时忘了自己的酒。

爱丽丝决定强调一下这个重点。"我来解释一下我是什么意思。如果你认为量子力学是在说一些关于现实的东西，你就会相信，比如说，一个电子可以处于自旋向上和自旋向下的叠加态。然后，既然你我以及我们的测量仪器也都是由电子和别的量子粒子组成的，最简单的假设——奥卡姆剃刀会说我们应该做的假设——就是，你我以及我们的测量仪器也可以处于叠加态，实际上整个宇宙都可以处于叠加态。不管你喜不喜欢，反正这就是量子力学的理论框架直接告诉我们的。当然也可以考虑用各种各样的办法让理论变得更复杂，从而摆脱所有这些叠加态，或是让这些叠加变成非物质的，但是你也得想着，奥卡姆的威廉在你身后看着你，不以为然地啧啧有声。”

父亲咕哝道：“在我看来这有点儿诡辩啊。抛开哲学不谈，你的理论中间那么大一部分在原则上都无法观测到，看起来可一点儿都不简单哪。”

“没有谁能否认，多世界诠释需要有很多个世界，这你也知道
153 的。”爱丽丝承认，“但这并不能用来证明这个理论不够简单。判断一个理论简不简单，不是看这个理论能以及确实描述了多少个实体，而是看理论背后的思想有多简洁。整数——‘-3、-2、-1、0、1、2、3……’——的概念就要比，比如说我随便举个例子，‘-342、7、91、十亿零三、小于18的所有质数、根号3’——的概念简单得多。整数包含的元素要多得多——实际上有无数个——但是规律很简单，所以这个无限大的集合很容易描述。”

“行吧，”父亲说道，“我看出来了。是有很多个世界，但有一个很简单的原则来生成这些世界，对不对？但是怎么说呢，你真的有这么多个世界的话，肯定要有非常非常多的数学信息才能描述所有这些世界。我们难道不应该找找看，有没有更简单的、根本不需要这么多世界的理论吗？”

“你要是想找也悉听尊便，”爱丽丝答道，“而且肯定有人找过。

但是在处理掉这些世界的时候，你最后肯定会让理论变得更复杂。就这么想吧：所有可能的波函数的空间，也就是希尔伯特空间，非常大。但是在多世界诠释中，希尔伯特空间并不比别的量子理论中的更大，而是刚好一样的大小，而且这个大小足以描述大量的平行现实世界。只要你能描述自旋电子的叠加态，你就能同样轻而易举地描述宇宙的叠加态。只要你是在研究量子力学，有多个世界的可能性就会在那里，而且不管你喜不喜欢，普通的薛定谔演化往往会带来多个世界。其他理论都只是选择以某种方式不去利用希尔伯特空间的浩瀚无边。他们不想承认还有别的世界存在，于是需要埋头苦干，找到处理掉这些世界的办法。”

“行吧。”父亲嘟囔着。他并没有完全信服，但显然已经准备好进
入下一个问题了。他抿了一口酒，瞟了一眼手机。“这个理论当中不
也有个哲学问题吗?我本人不是哲学家，但是卡尔·波普（Karl
Popper）和我都知道，好的科学理论应当是可以证伪的。要是你甚至 154
都想象不出来能有什么实验可以证明你的理论是错的，那就算不上真
正的科学。所有这些别的世界正是这种情形，对不对？”

“嗯，也是，也不是。”

“啥哲学问题都能用这句万金油来回答。”

爱丽丝笑了：“这是我们为出了名的对精确执迷不悟的人付出的代价。当然，波普确实提出过这个说法，说科学理论必须能被证伪。这个思想很重要。但他提出这个想法的时候，心里面想的是比如爱因

斯坦的广义相对论，这种能对太阳造成的光线弯曲做出明确的经验预测的理论，类似这样的理论与那些比如说马克思主义历史观和弗洛伊德精神分析那样的理论之间的区别。他认为，后面这类理论的问题在于，无论实际发生的是什么情形，你总能炮制出一个说法来解释为什么会这样。"

"我也是这么认为的。我自个儿没读过波普，但是我很高兴，他指出了对科学来说至关重要的东西。"

爱丽丝点点头。"确实。但说实话，大部分现代科学哲学家都认为，这个答案并不完整。科学比这些还要乱七八糟，怎样区分科学和非科学也是个非常微妙的问题。"

"对你们这些人来说，所有事情都是很微妙的问题！难怪你们从来都毫无进展。"

"现在不是啦老爸，我们正在发现一些很重要的东西。说到底，波普想强调指出的是，好的科学理论有两个特点。其一是明确：你不能任意歪曲理论来'解释'任何事情，就像波普担心你会对辩证唯物主义和精神分析做的那样。其二是以经验为依据：理论不会仅仅因为只是合情合理就必定成立。实际上，你可以想出也许能解释这个世界的很多各不相同的方式，每种都对应一种不同的理论，然后你得走出去亲眼看看这个世界，才能在这些理论当中做出取舍。"

155 "没错。"父亲似乎觉得这回是他胜券在握了。"以经验为依据！

但是如果你无法真正观测到这些世界，那在你的理论当中，哪里有一丁点儿以经验为依据的东西？”

“恰恰相反。”爱丽丝答道，“这两个特点在多世界理论中都有完美体现。这并不是一个马马虎虎的说法，随便观察到什么事实就会令其改变的。这个理论的假设很简单：世界由按照薛定谔方程演化的量子波函数描述。这样的假设当然可以证伪。比如说做个实验，证明本来应该发生的量子干涉却没有发生，或是量子纠缠真的可以用于超光速通信，再不就是波函数甚至还没有退相干就真的坍缩了。多世界理论是有史以来最可以证伪的理论。”

“但是这些并不是在检验多世界理论啊。”父亲抗议道，并不想在这一点上败下阵来。“这些只不过是对量子力学的一般性检验。”

“完全正确！但是埃弗里特量子力学本来也就只是最纯粹、最朴素的量子力学啊，里边没有任何额外的特别假设。如果你真想引入额外假设，那么我们当然可以问这些新的假设是不是可以检验。”

“得了吧！多世界理论最重要的特征就是还存在那么多个世界。我们这个世界无法与别的世界交互作用，所以这个理论的这一方面无法检验。”

“那又怎么样？任何好的理论都会做出一些无法检验的预测。目前我们对广义相对论的理论认识会让我们预测，万有引力明天不会在一个2000万光年之外10米见方的区域中突然消失1毫秒。这个预测肯定完全没办法检验，但我们还是对这个预测为真赋予了极高的可信度。万有引力完全没有理由那样行事，如果假设会那样行事的话，给我们留下的理论就会比现在我们手上这个要难看得多。埃弗里特量子力学中那些额外的世界也是一模一样的：这是这种简单的理论形式必然会做出的预测。除非有什么特别的理由，否则我们就应当接受这些
156 世界。”

“再说了，”爱丽丝滔滔不绝地接着说道，“要是我们足够幸运，别的世界原则上也可以探测得到。这些世界并没有走远，而是还留在波函数中。退相干使得一个世界极不可能与另一个世界发生干涉，但原则上并非完全没有可能。不过我也不会建议去申请拨款来做这样的实验，因为这就好比把奶油倒进咖啡里之后，就在旁边等着奶油自发析出一样。”

“不用担心，我也没打算这么做。我只不过觉得，卡尔·波普对你的科学哲学方法恐怕不会有多满意。”

“这下可让我抓到你了，老爸！”爱丽丝说，“波普自己曾经严厉批评哥本哈根诠释，称其为‘错误乃至凶险的学说’。相比之下，他对多世界理论的评价要好得多，准确地将其描述为‘对量子力学完全客观的论述’。”

“讲真？波普是埃弗里特派？”

“哦，并不是。”爱丽丝承认，“后来他跟埃弗里特分道扬镳了，因

为他没办法理解为什么在波函数分叉之后，那些分支不能又重新合为一体。我意思是说，这个问题问得很好，但是我们可以回答。”

“我知道你答得上来。他最后是皈依了哪种量子力学基础？”

“他建立了自己的量子力学形式，但是从来就没有真正流行起来过。”

“嗨！哲学家呀。”

“是吧。比起提出更好的理论来，我们更擅长告诉你为什么你的理论是错的。”

爱丽丝的父亲叹了口气。“好吧。我可不是说你在任何事情上说服了我，但是我不想在哲学问题上吹毛求疵。刚才你也提到了，波普
的问题看起来似乎有几分合理。为什么世界不会像形成多个分支那样 157
又合为一体呢？如果我们有一个电子，自旋方向是自旋向上和自旋向下的等量叠加，我们就可以预测，如果我们未来进行测量的话，观测到任何一种结果的概率分别是多少。但是如果我们有一个电子，自旋方向是纯然向上的，同时我们被告知有人刚刚测量了这个电子，那么我们绝对没有办法知道测量之前这个电子处于哪种叠加态（除了不会是纯然向下）。这个差别是从哪儿来的呢？”

爱丽丝似乎早就在等着这个问题。“这其实只是个热力学问题。要不这么说吧，至少也是时间之箭，从过去指向未来。我们记得昨天，

但不记得明天；奶油和咖啡会混在一起，但绝不会自动分开。波函数会分叉，但不会又合为一体。”

“听着就是个循环论证啊。按我的理解，多世界理论据说应该具备的特性之一就是，波函数只遵循薛定谔方程；没有另外的坍缩假设。在我学量子力学的时候，我们知道波函数向未来而不是向过去坍缩，这也是假设的一部分。我看不出来为什么对埃弗里特理论来说这一点仍然应该成立，因为薛定谔方程完全是可逆的。奶油和咖啡跟波函数有什么关系？”

爱丽丝点了点头。“这个问题问得漂亮。我们先来做点铺垫吧。热力学第二定律假定，在封闭系统中，熵——你知道的，基本上就是说布局有多无序或者有多随机——永远不会降低。路德维希·玻尔兹曼（Ludwig Boltzmann）早在19世纪70年代就已经阐明了这一点。熵计量的是系统从宏观角度来看没有什么区别的原子排列方式有多少种。熵之所以会增加，只不过是因为系统处于高熵的方式比低熵要多得多，因此熵永远都不大可能下降。对不对？”

“肯定啊。”父亲表示赞同。“但这些全都是经典力学。玻尔兹曼对量子力学一无所知。”

158 “对，但基本思想都是一样的。玻尔兹曼解释了为什么熵往往会增加，但没有给出熵为什么一开始很低的原因。现在我们认识到，宇宙刚好在大爆炸之后开始，那是一个很有序的状态，从那时候起熵就一直在自然而然地增加，所以我们才有了时间之箭，这是个宇宙学事实。我们并不绝对清楚为什么早期宇宙的熵那么低，虽然我们中间有的人也有些想法。”

“你讲这些是因为……”

“因为对埃弗里特派来说，对量子时间之箭的解释跟对熵时间之箭的解释是一样的：宇宙的初始条件。系统跟环境纠缠在一起并退相干的时候就会发生分叉，其展开是随着时间向未来前进的，而不是向过去。波函数分支的数量就跟熵一样，只会随着时间增加。这就意味着分支数量一开始相对较少。也就是说，在遥远的过去，各式各样的系统与环境之间纠缠的程度相对较低。跟熵的情形一样，这是我们强加给宇宙状态的初始条件，目前我们还不确定为什么会是这样。”

“行吧，”父亲说，“承认我们有什么事情不知道总是好的。至少按照目前的认识水平来看，我们通过诉诸过去特殊的初始条件解释了时间之箭。是说同一个条件既解释了热力学的时间之箭也解释了量子力学的时间之箭，还是说这只是个类比？”

“我觉得这可不只是个类比，但老实说，这个问题可能还需要更严谨的研究。”爱丽丝答道，“看起来肯定是有些关联的。熵跟我们的无知有关。如果系统的熵很低，也就是说系统看起来像这个样子的微观布局方式相对较少，通过其宏观上能观测到的特征我们就能知道很多；如果系统的熵很高，我们知道的相对来讲就很少了。约翰·冯·诺依曼认识到，对于纠缠在一起的量子系统，我们也可以有一些类似的表述。如果某个系统与其他任何系统都完全没有纠缠，我

159 们就可以放心大胆地讨论其与世界其余部分全都互相隔离的波函数。但如果这个系统跟世界发生了纠缠，单独的波函数就不确定了，我们就只能讨论组合系统的波函数了。”

父亲眼前一亮：“冯 · 诺依曼这个家伙绝顶聪明，是个真正的英雄。移民到美国的匈牙利物理学家有很多很多——利奥 · 西拉德（Leo Szilard）、尤金 · 威格纳（Eugene Wigner）、爱德华 · 特勒（Edward Teller）——但冯 · 诺依曼是最顶尖的。我确实有点儿记得，他还推导出了一个熵的公式。”

爱丽丝表示同意。“确实是。冯 · 诺依曼认识到，在我们不知道系统确切状态的时候（这时候就产生了熵的概念）的经典情形，和两个子系统纠缠起来的量子情形之间，在数学意义上是等价的，因此我们不能单独讨论任何一个子系统的波函数。他捣鼓出来一个量子系统的‘纠缠熵’公式。某个系统跟世界其余部分纠缠得越深，这个系统的熵就越高。”

“啊哈！”父亲兴奋地大喊道，“我明白你的意思了！波函数只会在时间中向前分叉而不会向后分叉，并不只是跟熵增加有类似之处——根本就是一回事。早期宇宙的低熵状态对应着当时有很多没有互相纠缠的子系统。而这些子系统的相互作用纠缠在一起，我们都视之为波函数不断分叉。”

“正是。”爱丽丝答道，为父亲感到骄傲。“我们仍然不确定为什么宇宙是这个样子，但一旦我们承认早期宇宙处于一个相对低熵、没怎么纠缠的状态，一切就都迎刃而解了。”

父亲好像突然想起了什么：“不过先等一下。按照玻尔兹曼的说法，熵只是很可能会增加，这并不是一条绝对的规则。熵增加说到底只是因为原子和分子的随机运动，因此熵还是有非零的概率会自发下降。这是不是意味着，有可能有一天退相干会反向，这么多个世界实际上会合为一体而不是分成更多分支？” 160

“绝对的。”爱丽丝边点头边说道，“但是仍然跟熵的情形一样，这种情况发生的机会非常非常小，因此对我们的日常生活来说无关紧要，对物理学史上的所有实验来说也都不值一提。在我们这个宇宙的整个一生中，两个宏观上截然不同的布局就算是重新相干一次，机会也是非常非常小的。”

“那你是说还是有机会的咯？”

“我是说如果你对多世界理论的忧虑就是波函数的分支有一天会重新合为一体的话，那你真是不啻于杞人忧天，仿佛没别的事儿好忧虑，只好抓紧这根救命稻草。”

“嗯，现在我们还是不要过于自负了吧。”父亲喃喃道，似乎又回到了持怀疑态度的立场。他拿起杯子里牙签扎着的橄榄咬了下来。“我来试试看能不能理解这个理论到底在说什么。是不是可以说，每时每刻产生出来的世界的数量都是无限大的？”

爱丽丝的回答有点儿犹豫不决的味道："这个嘛，恐怕这个问题实事求是的答案需要在哲学细节上稍微再多动点脑筋。"

"为啥我一点儿都不觉得意外呢？"

"我们可以回到熵的类比上来。玻尔兹曼在提出熵的公式时，计算了系统在宏观上看起来一样的微观排列有多少种。以此为基础他才得以提出，熵自然而然地应该增加。"

"当然是这样。"父亲说，"但这些是真实、实在的物理学，是我们可以用实验来检验的。但是这跟你异想天开的多世界理论有什么关系？"

"正要说到这儿呢。但是你也得设想一下，那时候人们怎么想。"爱丽丝无缝切换到教授模式，开始侃侃而谈，波尔多葡萄酒已经被暂时忘在一边。"玻尔兹曼是对的，但对他的想法，也有人提出了一些
161 反对意见。其一是，他把熵从物理系统的客观特征变成了主观特性，也就是依赖于在某种程度上'看起来一样'的概念；另一种反对意见是，他把热力学第二定律从一个绝对法则变成了只是一种趋势——并不是说熵一定会增加，而是非常有可能增加。粒子随机地互相推来挤去，只是极有可能演化为熵更高的状态，而不是铁律一样的必定如此。经年累月积累下来的智慧让我们知道，玻尔兹曼的定义中的主观特性并不妨碍这个定义大行其道，第二定律是非常好的近似，而不是绝对牢不可破的铁律，这对我们可能会有的任何目标来说都已经足够好了。"

“这点我明白，”父亲答道，“熵是客观真实的东西，但我们只有在做出一些决定之后才能定义和衡量熵。但是我从来没有真正觉得这是个问题——管用就行了！但我没法确定，额外的那些世界是不是真的也是这样。”

“我们会说到这些的，不过我还是先详细说说这个类比吧。跟熵一样，在埃弗里特量子力学中，‘世界’不是基本概念，而是一个更高层次的概念。这是个有用的近似，能带来真正的物理学见解。波函数各自独立的那些分支并不是作为这个理论的基本架构的组成部分放进来的。只是对我们人类来说，跟把量子态当成是毫无差别的抽象概念比起来，这么去想那么多个世界的叠加极为方便。”

父亲的眼睛略微睁大了一点。”这比我担心的还要糟糕。听起来你好像是打算告诉我，在多世界理论中，‘世界’这个概念甚至都没有明确定义。”

“熵的定义有多明确，‘世界’的概念就有多明确。如果我们是19世纪的一只拉普拉斯妖，知道宇宙中所有粒子的位置和动量，我们肯定永远都不需要屈尊纡贵去定义个什么叫作‘熵’的粗粒化概念。同样，如果我们知道宇宙的波函数究竟是什么样子，我们也永远都不需要讨论‘分支’。但在这两种情形中，我们都是信息极不完整、有其局 162
限的可怜虫，这时援引这些更高层面的概念就非常管用了。”

爱丽丝看得出来，父亲正在失去耐心。“我只是想知道，到底有多少个世界。”他说，“要是答不上来，你推销这个理论推销得可不够好啊。”

爱丽丝耸了耸肩：“那也一定是因为你在我很小的时候就教导过我，在任何情况下都要童叟无欺。答案取决于我们怎么把量子态划分为世界。”

“难道没有什么显然最合适的方法吗？”

“有时候有。在有些简单情形中，测量会得到明显离散的结果，比如测量电子的自旋，这种时候我们就可以放心大胆地说，波函数一分为二，世界的数量（无论本来是多少个）也加倍了。如果我们是在测量一个原则上应该是连续的量，比如说粒子的位置，定义起来就没那么清晰了。这时候对于某个确定的结果范围我们可以定义一个总权重，也就是波函数振幅的平方，但是无法说出分支的绝对数量。这个数字取决于我们想把测量结果描述到多精细的程度，说到底还是取决于我们的选择。我最喜欢引用的是戴维·华莱士的一句话：‘问有多少个世界，就好像问昨天你有多少段经历，或是一个悔过的罪犯有多少份悔恨一样。如果说昨天你有很多很多经历，或是这名罪犯有很多很多悔恨，那听起来非常像一回事；如果列举一下其中最重要的那些类别，也会非常像一回事。但一定要问有多少个，那就不成其为问题了。”

对这个回答，父亲似乎并没有多么满意。若有所思地沉吟了一会儿之后，他回答道：“你看啊，我是想讲道理的。我可以接受世界不是基本概念，因此这个概念的定义会没那么精确。但是你肯定可以告诉我，这些世界的数量究竟是有限的还是真的是无限的？”

“这个问题合情合理。”爱丽丝承认，虽然也许有点不情不愿。
“但是很不幸，我们也不知道。世界的数量有个上限，就是希尔伯特 163
空间的大小，也就是所有可能的波函数的空间的大小。”

“但是我们知道，希尔伯特空间是无限大的。”父亲插进来一句，“就算只是一个粒子，对应的希尔伯特空间也有无限维，更不用说量子场论了。这么说的话，世界的数量似乎就是无限个了？”

“我们并不清楚我们这个真实宇宙的希尔伯特空间的维度是有限还是无限。我们当然知道，有些系统对应的希尔伯特空间是有限维的。一个量子比特要么自旋向上要么自旋向下，因此对应的就是一个二维的希尔伯特空间。如果我们有N个量子比特，相应希尔伯特空间的维度就有2^N个——将更多粒子容纳进来的时候希尔伯特空间的大小呈指数增长。一杯咖啡大概有10^{25}个电子、质子和中子，每个粒子的自旋也都可以用一个量子比特来描述。因此，一杯咖啡的希尔伯特空间——只考虑自旋，没把粒子位置也考虑进去——的维度数约为$2^{10^{25}}$。

“不用说，”爱丽丝接着说道，“这个数字大得离谱。要是写成二进制，就是1后面跟着10^{25}个0。就算你从我们这个可观测宇宙诞生的时候开始，一直写到这个宇宙毁灭也写不完。”

“但你这明显是虚晃一枪，真实的数字远远比这个大。”父亲说，“你算的是自旋，但真实粒子还有空间中的位置，而位置的数量有无数个。这就是为什么一个粒子集合的希尔伯特空间有无数维——可能的测量结果有多少种，就有多少个维度。”

“对。就是休·埃弗里特自己也认为，每次量子测量都会将宇宙撕裂为无数个世界，而且他对此安之若素。无穷大听起来像是个很大的数，但物理学中我们一直都在用无穷大的数。比如说，你也知道，0
164 和1之间的实数就有无穷多个。如果希尔伯特空间有无限维，讨论世界有多少个就没多大意义了。但是我们可以把一组类似的世界放在一起成为一组，讨论跟别的组相比这组世界总的权重（振幅的平方）。”

“好极了。这么说的话，希尔伯特空间是无限维，世界也有无数个，但是你想说，我们应该只讨论不同组别的世界的相对权重？”

“不是，我还没说完呢。”爱丽丝坚决地说道，“真实世界不是一大堆粒子，甚至也不是用量子场论来描述的。”

“不是？”父亲假装吃了一惊，“那我这辈子都在干嘛啊？”

“你一直都忽略了万有引力。”爱丽丝答道，“在考虑粒子物理学的时候，忽略万有引力倒是相当明智的。但有些来自量子引力的迹象表明，互不相同的可能量子态的数目有限，而不是无限。如果真是这样，我们能够合情合理地讨论的世界的数量就有个最大值，由希尔伯特空间的维度数给出。对我们这个可观测宇宙的希尔伯特空间的维度数有各种各样的估计，给出的大体上都是$2^{10^{122}}$这样的数字。这个数大得很，”爱丽丝承认，“但有限的数字就算非常大，也比无穷大要小得多。”

父亲似乎在消化这些内容。“嗯。我可不怎么确定，我们对量子引力的了解有没有什么特别靠得住的——”

“也许全都靠不住。这也是为什么我会说，我们真的不知道世界的数量究竟是有限还是无限。”

“也算说得过去吧，但是这也会带来完全不同的一个新问题。在我看来，分叉应该每时每刻都在发生，每当量子系统与其环境发生纠缠时都会出现新的分支。你刚才提到的那个数字虽然大得让人想破头也想不明白，但是有没有可能这个数字还是不够大？我们确定希尔伯特空间足以容纳在宇宙演化过程中产生的波函数的所有分支吗？”

“嗯，实话讲，我从来没想过这事儿。”爱丽丝抓起一张纸巾，在 165
上面潦草地写下了几个数字。“我们来看看，可观测宇宙中大概有 10^{88} 个粒子，大部分都是光子和中微子。这些粒子大体上都只是在空间中与世无争地来回穿行，跟什么都不会相互作用或发生纠缠。所以大大高估一下的话，我们可以假设宇宙中每个粒子都会在一秒钟内相互作用并将波函数一分为二100万次，而且从大爆炸以来一直如此，而大爆炸发生在大概 10^{18} 秒之前。这样就是发生了 $10^{88} \times 10^{6} \times 10^{18} = 10^{112}$ 次撕裂，产生的分支一共有 $2^{10^{112}}$ 个。

“不错！”爱丽丝好像对自己很满意。“这个数字还是大得很，但是比起宇宙的希尔伯特空间的维度数来还是小得多。可以说是小得可怜。而且这样高估所需分支数量应该也不会出现啥问题。所以，就算对于究竟有多少个分支的问题没有明确答案，我们也不用担心希尔伯特空间会不够大。”

“嗯，挺好啊，还真让我担心了好一会儿呢。”父亲的马天尼酒因为橄榄而有点咸味，品起来让人心旷神怡。他注视着爱丽丝，眼里闪闪发亮。“你以前真的从来没有问过自己这个问题吗？”

“我相信大部分埃弗里特派都会有意要求自己去考虑波函数不同分支的相对权重，而不是真的会去计数。我们不知道最终答案会是什么，因此担这个心看起来似乎不会有太多结果。”

“我得先消化消化这个，因为我一直都认为应该有无数个世界，而多世界理论也相当于说，任何事情都会在某个地方发生。在波函数中，每一个可能的世界都是存在的。我之前也以为这才是这种理论的卖点。我在做计算的时候如果困住了，我就会开开心心地想，会有那么一个世界里我是羊驼，或者真正的亿万富翁、吊儿郎当的慈善
166 家。”

“等会儿啊，你不是吗？”爱丽丝也假装吃了一惊，“我一直都觉得你看起来有点儿像羊驼呢。”

“说到这份上的话，我的意思是说，在有的世界里我可能是只身

家亿万的羊驼。"

爱丽丝接下去说道:"在我们离题万里之前我想先指出一点，并不是'你'可能会是一头羊驼或一位亿万富翁，那些都是跟你完全不同的存在。我保证回头我们会接着说这个。但是跟这个问题更直接相关的是，多世界理论并没有说'一切可能的事情都会发生'，而是说'波函数按照薛定谔方程演化'。有些事情不会发生，只是因为薛定谔方程从来都不会让这些事情发生。比如说，我们永远都不会看到电子自发变成质子。这个过程会改变电荷总量，但电荷是严格守恒的。因此，分叉永远不会创造出比如说宇宙中的电荷比一开始多或者少的其他宇宙。很多事情都会在埃弗里特量子力学中发生，但这并不意味着一切事情都会发生。"

父亲扬起眉毛，表示怀疑。"亲，你这肯定不过是无话找话，想给自己挽回点面子吧。也许严格来讲并不是所有事情都发生了，但我相信，肯定还是有很多很多听起来很荒诞的事情在不同的世界里发生了，不是吗？"

"当然是，我也很高兴承认。就比如说，每回你撞向一堵墙的时候，波函数都会分叉变成好多个世界：在有些世界中你撞歪了鼻子，在有些世界中你穿墙而过毫发无伤，还有些世界中你被弹了回来，摔倒在屋子里。"

"但是这一点非常重要，对不对?在普通的量子力学中，宏观物体穿墙而过的概率虽不为零，但是小到难以想象，所以我们直接忽略就行了。但是在多世界理论中，在有的世界里发生了这样的事情的概率是百分之百啊。”

爱丽丝点点头，但她的神情显得她好像早就千百次经历过这样的场面一样。“你说的完全正确，这中间是有些不同。但是我想指出的
167 是，这个区别一点儿都不重要。如果你能接受埃弗里特派推导出玻恩定则的方式，你就应该表现得就好像你还是有一定概率穿墙而过，但是这个概率小得可怜，所以在日常生活中你根本没有任何理由需要考虑这个概率。而如果你不接受这种推导方式的话，关于多世界理论还会有严重得多的问题等着你，让你苦恼万分。”

父亲像是铁了心一样，执意要打破砂锅问到底。“我认为关于这些出现概率非常小的世界的问题很重要。在所有埃弗里特世界中，总会有些观察者最终看到的事情似乎背离了玻恩定则的预测，他们会怎样呢？如果测量50次电子的自旋，会有一些分支得到的结果全都是自旋向上，还会有另一些分支得到的全都是自旋向下，这些可怜的观测者对于量子力学该得出什么样的结论才对？”

“这个嘛，”爱丽丝说，“大部分时候我们只能说，他们太不走运啦。不如意事常八九。但是对应于这些观测者的总权重特别小，所以我们不用为他们担太多心。而且，在他们连续得到50次自旋向上的结果后，接下来50次实验仍然有极大概率会遵循玻恩定则的预测。最有可能的情形是，他们把一开始的手气归因为实验错误，从此也有了一个很好玩的故事，可以讲给做实验的同行们听。这就像一个真的非常非常大的经典宇宙。如果我们在周围这部分宇宙中看到的情况向任何

方向都能延伸到无穷远处，那就非常有可能还有别的跟我们很像的文明——实际上也会有无数个——也在做着检验量子力学理论的实验。虽说其中每一个都极有可能发现玻恩定则规定的概率，但考虑到有无数个这样的文明，其中肯定有些会看到极为不同的统计数据。这种情况下他们可能会对量子力学如何起作用得出错误结论，这些观测者实在是不走运，但是想想在宇宙中的所有观测者里面他们也非常罕见，也许会感到一些安慰。”

“聊胜于无的安慰！在你的物理观中，总会有些观测者得到的自然规律是完全错误的。”

168

“可没有人保证过一切都会尽如人意。在任何理论中，只要存在量足够大的观测者，就会有同样的问题。多世界理论只不过是其中一个例子罢了。重点在于，在埃弗里特量子力学中有个办法可以比较所有这些不同的世界：取其波函数分支的振幅并将其平方。会发生非常意外的事情的分支，振幅也会非常小。在所有世界的集合中，这样的分支非常罕见。我们不应该为这种世界的存在感到烦恼，就像没必要为无限大的宇宙中那些不走运的观测者操心一样。”

“我也说不上来有没有被你说服，但我们还是先搁置争议继续往下走吧。”父亲瞟了一眼手机屏幕上的问题列表。“我读了点东西——甚至包括你写的一些文章——关于多世界理论，有件事情我确实很欣赏：关于测量究竟是什么时候发生的有很多挥之不去的谜团，但多世界理论将所有这些谜团全都一扫而空：测量并没有什么特别之处，只是处于叠加态的量子系统与更大的外在环境发生纠缠，导致退相干并让波函数分叉了而已。但是只有一个波函数，就是宇宙的波函数，描述了整个空间中的一切事物。我们该怎么从整体的角度来看波函数分叉这件事？分叉是一下子就整个完成了，还是从发生相互作用的系统中逐渐扩散开来的？”

“好家伙，我能感觉到，这个答案同样不会让你满意。”爱丽丝停下来，切了一片奶酪。她一边想着怎么回答最好，一边小心地把这片奶酪放在饼干上。“基本上，这取决于你。用听起来更正儿八经的话来说就是，‘分叉’这种概念只不过是我们人类发明出来方便描述复
169 杂的波函数的，我们究竟认为分叉是一下子就发生了还是从某个点开始扩散，取决于在不同情形下哪种理解更方便。”

父亲摇了摇头。“我还以为分叉就是整个重点呢。如果说，你既观测不到其他的分支，也不能计算这些分支究竟有多少个，甚至都没法明确定义这些分支都是如何出现的，那怎么还能坚持说，多世界理论是个正经八百的科学理论呢？分叉现象就只不过是，你的看法而已，老伙计？”父亲真的太喜欢引用电影里的台词了[1]。

“从某种意义上讲确实如此。但是有好的看法，也有不好的看法。你可能会更喜欢这样的描述：一切事物的运动速度都不能超过光速。真正重要的是，你通信、发送信息的速度不能比光速更快，而无论你选择采用什么描述这一点都必然成立。但是如果把像是波函数分叉这样的明显的物理效应传播的速度限制为不超过光速会让你感觉

1. 此处父亲最后这句话是1998年上映的美国电影《谋杀绿脚趾》（*The Big Lebowski*）中的台词，常被用来表示对别人完全主观或滔滔不绝的论点不屑一顾。—— 译注

好一点，那这么做也完全无妨。这时候，波函数的分支究竟有多少个，就会因为你在时空中的位置不同而有所不同。”她又拿了一张新的餐巾纸在上面画起来，这回是用直线画了几个小图。“这里我们用从左往右的轴表示空间，从下往上的轴表示时间。也许会从某个事件出发的光束会以45度角向上发射。如果刚开始波函数只有一个分支，我们可以假设分叉发生在这个事件这里，然后在时间轴上向上传播，但增长速度跟光速一样。远处的观测者会由一个分支描述，但近处的观测者就会由两个分支来描述。而且我们会说，远处的观测者无从知道分叉事件，或者说受到分叉事件的影响，近处的观测者则会受到影响，上面的描述倒是也跟这个思想十分吻合。”

父亲仔细想了想这张图。“我明白了。我猜之前我是在假设，分
叉是在整个宇宙中同时发生的，而我作为对狭义相对论情有独钟的人，
对这样的理论是会感到不安。我敢肯定你和我一样清楚，不同的观测
者对同时性会有不同的定义。我是有点儿更喜欢这张图，这里分叉带 170
来的影响是以光速向外传播。所有影响看起来都是定域性的。”

爱丽丝挥挥手，接着画了下去。“但是另一种描述方式也一样说得通。我们同样可以将分叉描述为在整个宇宙中同时发生。在我们利用自身位置不确定性来推导玻恩定则的时候，这个看法会很有帮助，因为我们可以有理有据地讨论分叉发生后的瞬间我们处在哪个分支上，而不用管分叉是在哪里发生的。由于相对论，以不同速度运动的观测者画出来的分支会有所不同，但这么做并不会带来观测方面的差异。”

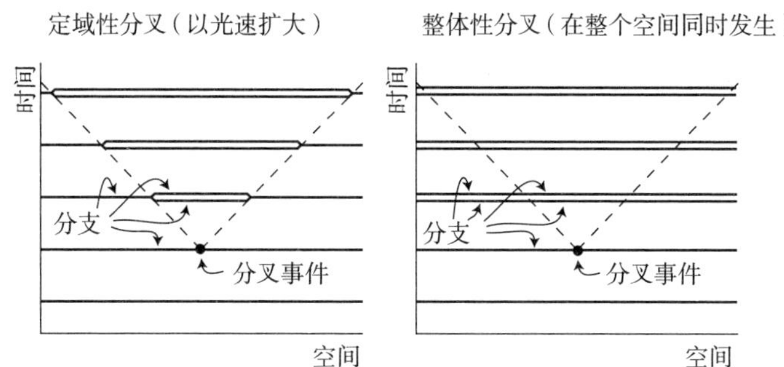

“哎唷！这么一来你可就把你刚才的成绩全都毁了。现在你是想告诉我，分叉事件也同样可以认为完全是非定域性的吗？”

“是的，但是我真正想说的是，‘多世界理论是定域性理论吗？’这个问题本来就不对。最好还是这么问：‘我们可不可以将分叉事件描述为定域性过程，只发生在某个事件的未来光锥中？’答案是：‘可以，但是我们也同样可以将分叉事件描述为非定域性过程，在整个宇宙中瞬间发生。’”

171 父亲用双手捂住了自己的脸，但似乎是在努力消化这些说法，而不是万分沮丧，想要放弃。随后，父亲起身给自己调了另一杯马天尼酒，眉头紧锁。他回到座位，一手端着酒杯，另一只手里捏着几粒花生。“我想重点在于，无论我是不是认为远处的人已经分叉了，对他们来说都没有任何区别。我可以认为两个分身其实是一个，也可以认为是两个一模一样的副本。只是如何描述的问题。”

“正是如此！”爱丽丝喊道。“我们认为分叉事件是在以光速向外传播还是瞬间发生，只不过是怎么考虑来得更方便的问题。这里面的问题，不会比我们究竟是用厘米还是英寸来衡量长度的问题更大。”

父亲转了转眼珠。“什么样的野蛮人会用英寸来量长度啊？”

“行，我们换个话题吧。”过了一会儿，父亲说道。“我知道弦论学家和其他不太拘泥于现实的人喜欢谈论额外维度。波函数的分支是在这些额外维度上面吗？不管怎么说，另外那些世界都位于什么地方呢？”

“喂，别这样，罗伯特。”爱丽丝在被父亲惹得不耐烦时，往往会直呼其名。“你知道的可不只是这一点。波函数分支并非‘位于’什么地方。如果你一根筋地想着事物在空间中都会有其位置，可能自然就会想问，另外那些世界都在哪里。但是，这些分支并不是藏在什么‘地方’，而只是跟我们这个分支同时存在，同时又跟我们这个分支实际上完全脱离了联系。我认为这些分支都存在于希尔伯特空间中，但那并不是一个真正的‘地方’。天地之间有许多事情，是你们的哲学里所没有梦想到的呢。”她为自己还能掉莎士比亚的书袋而觉得骄傲[1]。

“对，我知道。我们已经喝了好几杯啦，我想，接下来我们来点儿简单的吧。” 172

他把手机上的文件往下拉了拉。“好，现在我们来认真一点。这

1. 此处爱丽丝最后一句话出自《哈姆雷特》第一幕第五场，译文采自朱生豪译本。—— 译注

个问题一直让我迷惑不解。能量守恒怎么办？你突然之间创造出来一个全新的宇宙的时候，所有那些物质都是从哪儿来的？”

“这个嘛，”爱丽丝答道，“就想想最常见的教科书式量子力学就行了。给定一个量子态，我们就可以算出这个量子态描述的总能量。只要波函数严格按照薛定谔方程演化，这个能量就是严格守恒的，对不对？”

“当然啦。”

“这就对啦。在多世界诠释中，波函数遵循薛定谔方程，而薛定谔方程中能量守恒。”

“但是别的那些世界呢？”父亲不依不饶，“我可以测出我周围能看到的这个世界中所包含的能量，然后呢，你又说这个世界随时都在复制出新的世界来。”

爱丽丝觉得在这个问题上自己底气十足。“并不是所有世界都是生而平等的。想想波函数吧。波函数如果描述的是有多个分支的世界，我们在计算总能量的时候就把所有这些世界的能量都乘以相应的权重（振幅的平方）再加起来。如果有个世界一分为二，那么（对于生活在新世界当中的人来说）每个新世界中的能量从根本上讲都跟之前的一个世界中的能量一样，但是，每个世界对宇宙波函数总能量的贡献也减半了，因为每个世界的振幅都降低了。每个世界都变薄了一点，虽然身在其中的人根本看不出来有什么区别。”

“从数学上讲，我明白你的意思。”父亲承认道。“但在这个问题上，我的直觉似乎有点儿转不过弯来。比如说我有一个保龄球，具有一定的质量和势能。但是接下来隔壁房间有人观测了量子自旋，让波函数一分为二。现在就有了两个保龄球，每个具有的能量都跟之前那个一样。不是吗？” 173

“这样讲忽略了不同分支的振幅。保龄球对宇宙总能量的贡献并不是这个球的质量和势能，还需要乘上所在波函数分支的权重。在分叉之后好像是有了两个保龄球，但两个球加起来对波函数能量的贡献刚好跟之前那一个保龄球一样。”

父亲看起来在这个问题上陷入了沉思。他喃喃道：“我也不知道我是不是同意你的看法，但我觉得我已经有些动摇啦。”过了一会儿，他又回到了问题列表上。

“你看，我大概就剩最后一个问题了。”父亲把手机放到一边，又从第二杯马天尼里多喝了几口，身体稍稍前倾了一些。“老实说，你真的相信这套说法吗？每当有谁测量某个粒子的自旋方向的时候，都会有好多个我的副本凭空出现？”

爱丽丝向后靠在椅子上，尝了一小口自己的酒，一副若有所思的样子。“你知道的，我真信。至少我个人认为，埃弗里特量子力学，以及这种理论宣称存在的所有那么多个世界，是迄今为止就我所知最可信的量子理论。如果这意味着我必须接受现在的我会演化为好多个略有不同的未来的我，这些未来的我之间永远无法交谈，那我也愿意接受。如果将来出现新的信息，无论是以实验结果的形式还是新的理论见解的形式出现，我们都会一如既往地愿意更新。”

“多么优秀的经验主义者呀。”父亲笑了。

爱丽丝说：“我来借用一句戴维·多伊奇的话吧。他曾经说：‘尽管量子理论在经验上取得的成功无与伦比，但如果有人提出，量子理论可能真的是对自然界的真实描述，还是会有人嗤之以鼻，觉得不可理喻乃至出离愤怒。’”

“这么讲是几个意思？所有物理学家都认为，量子力学是在描述
174 自然啊。”

“我觉得多伊奇说‘量子理论’的时候，他其实是想说多世界理论。”现在轮到爱丽丝笑意盈盈了。“他的意思是，很多人反对埃弗里特量子力学，更多的是出于本能的反感，而不是原则上觉得有什么问题。但是就好像哲学家戴维·刘易斯（David Lewis）说的那样，‘我不知道怎么驳倒怀疑的目光。’”

“我希望你没有把我也包括进去。”父亲看起来有一点点动怒。“我可是一直在尝试从原则上理解这种理论啊。”

“对！”爱丽丝答道，“我们刚刚的这场谈话——不管我有没有说服你，都是所有认真思考的物理学家都应该好好谈谈的。对我来说，重要的不是让所有人都成为埃弗里特派，而是人们能够认真面对理解

量子力学的挑战。比起吸引根本不在乎这一切的人的注意，我更愿意跟比如说隐变量理论的铁粉对谈。”

父亲点了点头，“我承认，我确实花了些时间才想明白。但是，我对这一切确实是在乎的。”他对女儿笑了笑，“我们的使命就是理解这个世界，不是吗？” 175

第 9 章
其他思路

多世界诠释的替代方案

戴维 · 艾伯特现在是哥伦比亚大学的哲学教授，也是量子力学基础领域全球知名的学者。但在他读研究生的时候，却遭遇过对量子力学领域感兴趣之后就有可能会遭遇的非常典型的经历。那时候他在洛克菲勒大学物理系攻读博士学位，读了一本18世纪哲学家大卫 · 休谟（David Hume）关于知识和经验的关系的一部著作之后开始相信，物理学欠缺的是对量子测量问题的正确理解。（休谟并不知道测量问题，但艾伯特自己脑补了这些问题之间的联系。）20世纪70年代末的洛克菲勒大学没有人对这个方向的想法感兴趣，于是艾伯特与以色列著名物理学家雅基尔 · 阿哈罗诺夫（Yakir Aharonov）开展了远程合作，最后发表了数篇颇有影响的论文。但是在他提出将这些成果作为博士论文提交时，洛克菲勒大学的权贵们大感震惊。他们威胁艾伯特说要开除他，淫威之下的艾伯特只好写了另外一篇关于数学物理的论文交
177 差。他回忆道，这“显然是因为他们认为这对我的名誉大有裨益才分配这个题目给我的。很明显有惩罚性的因素在里面”。

物理学家一直很难就量子力学基础究竟应该是什么样子达成共

识。但在20世纪后半叶，他们确实在一个相关问题上达成了惊人的共识：无论量子力学基础究竟是什么，我们都肯定应该存而不论。尤其是还有真正的工作要做的时候，就是做计算，以及构建粒子和场的新模型。

当然，埃弗里特甚至都没试过找找物理学教授的工作，就义无反顾地离开了学术界。曾于20世纪40年代在罗伯特·奥本海默（Robert Oppenheimer）门下受业的戴维·玻姆提出了一种别出心裁的办法：可以利用隐变量来解决测量问题。但是在一次研讨会上，在有位物理学家阐释了玻姆的想法之后，奥本海默嗤之以鼻："如果我们没法证明玻姆是错的，那至少我们也得一致同意对他视而不见。"约翰·贝尔在阐明量子纠缠表面上的非定域性问题时做得比谁都多，但是他有意向自己在欧洲核子研究中心的同事隐瞒了他在这个领域的工作成果，在他们眼里，他只是个还算传统的粒子理论学家。汉斯·迪特尔·泽在20世纪70年代风华正茂的时候开创了退相干的概念，但是被导师警告说，在这个领域下功夫会毁了他的学术生涯。他也确实发现早年很难发表自己的论文，期刊评审告诉他，"该文没有任何意义""量子理论对于宏观对象并不适用"。荷兰物理学家塞缪尔·古德斯米特（Samuel Goudsmit）1973年在《物理评论》当编辑时写过一份备忘录，明确表示这份杂志甚至都不考虑量子力学基础方面的文章，除非这些文章能做出新的实验预测。（这个政策要是更早实行的话，这本杂志肯定会拒绝发表"爱波罗"论文以及玻尔的回应。）

然而这些故事正好也表明，物理学家和哲学家的道路上尽管有各 178
种各样的障碍，他们当中还是有一小部分人坚持不懈，努力想要更好地理解量子现实的本质。多世界理论，尤其是波函数的分叉过程经退相干得到解释之后，成了前景看好的一种方法，似乎能解决测量问题带来的谜团。但是也还有另外一些思路同样值得考虑。这些思路之所以有价值，不仅因为有可能真的是对的（这始终是最好的理由），也因为无论我们个人最喜欢的理解方式是哪一种，在这些各有千秋的理解方式之间进行比较都会有助于我们更好地领会量子力学。

多年来，人们提出了各种各样的量子力学阐述形式，数量多到让人惊讶。（维基百科相关条目明确列出了十六种“诠释”，此外还有个分类叫作“其他”。）本章中我们将考量埃弗里特诠释最主要的三种竞争理论：客观坍缩理论、隐变量理论和认识论。尽管远远说不上全面，这三种理论还是展现了人们已经采取的基本策略。

多世界理论的优点在于其基本形式非常简单：有一个按照薛定谔方程演化的波函数。其他一切都是实况解说。其中有些实况解说，比如系统与其环境的分离，退相干，还有波函数分叉，都非常有用，而且对于将简明扼要的基本形式与我们杂乱不堪的经验世界匹配起来的过程来讲，也确实必不可少。

无论你对多世界诠释是什么感觉，这个理论的简洁都为我们考察替代方案提供了一个很好的起点。如果你仍然对概率问题存在正确答案深表怀疑，或者就是不能接受有那么多个世界的想法，那么你面临
179 的任务就是，以某种方式修改多世界理论。而既然多世界理论只不过是“波函数加上薛定谔方程”，那么有几种貌似合理的方式也就马上呼之欲出了：修改薛定谔方程，让多个世界永远不会出现；在波函数

中加入新变量；或者重新阐释波函数，视之为关于我们的认识水平的陈述，而不是对现实世界的直接描述。所有这些思路都有人热情万分地探索过。

首先我们来探讨一下修改薛定谔方程的可能性。可能对大部分物理学家来说，这种方法都刚好是最让人感到舒适的；几乎可以说，在任何成功的量子理论得以建立之前，理论学家就在考虑他们怎样才能把基本方程颠来倒去，使其更加适用。薛定谔自己一开始就曾经希望他的方程能够描述这样的波：从远处观察的时候，会自然而然地局部化为一团，表现得就像粒子一样。说不定对他的方程做些修改就能达到这样的宏伟目标，甚至说不定不需要允许多个世界出现就能自动解决掉测量问题。

这个办法说来容易做来难。如果直接尝试最显而易见的操作，把像是Ψ^2这样的新的项添加到方程中，往往就会让这个理论中最重要的一些特性毁于一旦，比如说所有概率加起来就会不再等于1。这种阻碍很少会让物理学家裹足不前。史蒂文·温伯格（Steven Weinberg），就是曾经在粒子物理标准模型中成功建立模型，统一了电磁力和弱相互作用的那位，巧妙修改了薛定谔方程，成功让总概率在时间中保持不变。然而这个成果也是有代价的，温伯格的理论最简单的版本允许信号以高于光速的速度在纠缠粒子之间发送，违背了普通量子力学的无信号定理。这个缺陷也可以修补，结果又发生了更奇怪的事情：不但波函数的其他分支仍然存在，而且实际上可以在这些分支之间发送信号，形成物理学家约瑟夫·波尔钦斯基（Joe Polchinski）戏称的“埃弗里特电话”。要是你想以某次量子测量的结

180 果为基础选择自己的人生，想知道你的哪个分身过上了最好的生活的话，这倒也不失为一件好事儿。但是，大自然似乎并不是真的以这种方式运作的。而且这种理论既没能解决测量问题，也没能摆脱那些别的世界。

回过头去看，这个结果有其合理性。假设有个电子处于完全自旋向上的状态。这个状态也完全可以表示成自旋向左和自旋向右的等量叠加，那么沿着水平方向的磁场去观测的话，就会有50%的机会看到其中一个结果。但是，也正是因为这两个结果完全等价，很难想象为什么一个基于决定论的方程会预测出，我们会看到这个或那个结果（至少可以这么说，如果没有添加带有额外信息的新变量，就很难想象怎么是这个结果）。肯定有什么东西打破了自旋向左和自旋向右之间的平衡。

因此，我们必须在想法上更激进些。不要只是对薛定谔方程零打碎敲、修修补补，而是横下心来为波函数演化引入完全不一样的方式，制止多个分支出现。有大量实验证据向我们保证，波函数通常都遵循薛定谔方程，至少在我们没进行观测时是这样。但也许，虽然鲜见但仍然极为关键，波函数偶尔也会表现得极为不同。

会如何不同呢？我们不想看到一个波函数描述的宏观世界中会存在多个我们的副本，那太恐怖了。那么，如果我们假设，波函数偶尔会自发坍缩，（比如说空间中的位置）突然从分散开来的多个可能性变成相对集中在一个点附近，又会如何？这就是客观坍缩理论最关键的新特征，这类理论当中最著名的要数GRW理论，以吉安卡洛·吉拉尔迪（Giancarlo Ghirardi）、阿尔伯特·里米尼（Alberto Rimini）和图利奥·韦伯（Tullio Weber）这三位提出者的名字命名。

设想在自由空间中有一个电子，没有束缚在任何原子核周围。根
据薛定谔方程，这么一个粒子的自然演化是，其波函数展开得越来越 181
厉害，最后变得极为发散。对这个情景，GRW理论加进来一个假设，说在任一时刻波函数都有一定概率发生彻底、瞬时的变化。新的波函数的峰值本身是从一个概率分布中选出来的，我们如果去测量这个电子，也会根据原来的波函数用同样的概率分布来预测这个电子的位置。新的波函数集中在这个中心附近，所以对我们这些宏观的观测者来说，这个粒子现在实际上就在这个位置。在GRW理论中，波函数坍缩是真实、随机的，而不是由测量引起的。

GRW理论不是对量子力学的某种模模糊糊的"诠释"，而是一种全新的物理理论，动力学机制也不一样。实际上，这个理论假定存在两个新的自然常数：新的局地化波函数的宽度，以及客观坍缩每秒有多大概率发生。这两个参数的实际取值，宽度可能是10^{-5}厘米，每秒坍缩的概率则大概是10^{-16}。因此，一般的电子在其波函数自发坍缩之前会演化10^{16}秒，也就是大概3亿年。因此在可观测宇宙迄今为止的140亿年生命中，大部分电子（或其他粒子）局地化的次数并不多。

这是这个理论的一个特征而非问题。如果你打算拿薛定谔方程瞎胡闹，最好不要毁掉传统量子力学已经取得的那些伟大成就。我们一直都是在用单个粒子或几个粒子的集合来做量子实验，如果这些粒子的波函数一直都在自发坍缩，对我们来说就是大灾难了。如果在量子

系统的演化中真的存在随机元素，那对单个粒子来说，这个元素应该极为罕见。

那么，对量子理论这么小小不然的改动是如何去掉宏观叠加的
182 呢？纠缠前来救场了，就跟在多世界理论中退相干起到的作用一样。

假设我们要测量电子的自旋。我们让这个电子穿过施特恩-格拉赫磁场时，其波函数演化为“向上偏转”和“向下偏转”的叠加态。我们测量了这个电子究竟往哪边偏转，比如说通过在一块屏幕上探测这个偏转的电子，而屏幕连到一个表盘上，有个指针可以指示上下。埃弗里特派会说，指针是大型宏观对象，会很快与环境纠缠起来，从而导致退相干，波函数也因此分叉了。GRW 理论并没有诉诸这个过程，但有些相关事情发生了。

并不是一开始的那个电子自发坍缩了。我们得等上上亿年，才能让电子自发坍缩成为有可能发生的事件。但是仪器中的指针含有大概 10^{24} 个电子、质子和中子。不用说，所有这些粒子都纠缠在一起：根据指针是指上还是指下，这些粒子会出现在不同位置。虽然就任一特定粒子来说，在我们开箱检查之前非常不可能经历自发坍缩，但所有这些粒子中至少有一个会自发坍缩的可能性极大——应该每秒会发生约 10^8 次。

你可能并不认为这有什么值得大惊小怪的，因为觉得我们甚至根本都不会注意到，在宏观的指针中有非常小的一部分粒子局地化了。但是纠缠的魔法意味着即使仅有一个粒子的波函数自发局地化，剩下

的那些与之纠缠的粒子也都会随之局地化。如果指针不知怎么地还真成功避免了任何粒子局地化一小段时间，而且这段时间足以让指针演化为指上和指下的宏观叠加态，那么指针中只要有一个粒子局地化，这个叠加态都会立即坍缩。整体波函数从描述仪器指向两个结果的叠加态变成描述仪器指向这个或那个结果的过程非常迅速，GRW 理论成功使哥本哈根诠释的坚定支持者不得不援引的经典/量子分野变得实际而客观。在包含这么多粒子的对象中可以看到经典行为，因此很 183
有可能，整体波函数会经历一连串的快速坍缩。

GRW 理论的优点和缺点都非常明显。最主要的优点是，这个理论陈述清晰、表达明确，直截了当地解决了测量问题。埃弗里特诠释中的多个世界，通过一连串实际上无法预测的坍缩消除了。在留给我们的世界中，量子理论在微观领域仍然非常成功，同时在宏观上又展现出经典行为。这是个纯然现实主义的描述，在解释实验结果时，没有援引任何意识之类的模糊概念。GRW 理论可以看成是埃弗里特量子力学加上一个随机过程，有了这个随机过程，波函数的新分支就被切除了。

此外，GRW 理论可以用实验来验证。决定波函数局地化之后的宽度和坍缩概率的两个参数可不是随便选取的：如果取值很不一样，要么就会无法起作用（坍缩会太罕见，或是局地化的程度不够），要么就会已经被实验排除了。假设我们有一份原子流体，处于无法想象的低温状态，因此其中所有原子就算还在移动，速度也极慢。流体中任一电子波函数的自发坍缩都会为其所在原子带来轻微震动的能量，物理学家就可以通过流体温度的略微升高来探测到这个震动。这种实验证在进行，最终目标是要么证实GRW理论，要么整个推翻。

这样子的实验说来容易做来难，因为我们说到的能量实在是太小了。不过，要是你有朋友抱怨起来，多世界理论，或是更一般地说起量子力学各式各样的诠释，都无法通过实验来验证的时候，GRW理论都是值得提出来的绝佳例子。你在检验理论的时候会跟其他理论相互比较，而GRW理论和多世界理论在经验预测上明显不同。

GRW理论的缺点之一是，这么说吧，新出现的自发坍缩规则完
184 全是临时加进去的，跟我们所知道的其他所有物理知识都不一致。大自然不仅会以随机的时间间隔违背自己常规的运动定律，还是以一种我们现在还无法通过实验来探测到的方式，这似乎相当可疑。

还有一个缺点让GRW理论及相关理论无法在理论物理学家中间引起重视，就是还不清楚如何才能构建出这个理论的一个版本，使之不仅适用于粒子，也适用于场。现代物理学中大自然的基础构件是场而不是粒子。如果我们足够切近地观察振动中的场就能看到粒子，但这不过是因为这些场也在遵守着量子力学的规则。在某些情况下，也可以认为场的描述只是有用而非必须，并假设场只是一次追踪多个粒子的一种方式。但是也还有另外一些情形（比如早期宇宙，或是质子和中子内部），场的描述不可或缺。而GRW理论，至少就这里呈现的简单版本而言，告诉我们的是波函数会如何坍缩，并特别涉及了对每个粒子来说的概率。这未必是一个无法逾越的障碍——把不怎么管用的简单模型推而广之直到能够管用为止，是理论物理学家常用的手法——但是这个迹象表明，这些方法似乎并不会自然而然地就跟我

们目前对自然规律的理解对上号。

GRW理论让自发坍缩对单个粒子来说极为罕见，但是对大型集
合来说又非常快速，从而划定了量子力学和经典力学的边界。另一个
办法是只要系统达到某个门槛就发生坍缩，就像橡皮筋拉得太长了就
会断掉一样。沿着这些思路进行的尝试中有个广为人知的例子是数学
物理学家罗杰·彭罗斯（Roger Penrose）提出来的，他最著名的成就
是在广义相对论领域。彭罗斯的理论用到了万有引力，而且万有引力
在其中不可或缺。他指出，波函数如果开始描述不同分量具有明显不
同的引力场的宏观叠加态，就会自发坍缩。结果表明，这里的“明显 185
不同”的标准很难精确界定，单个电子的波函数无论展开得有多厉害
都不会坍缩，但如果指针足够大，只要开始演化为不同状态就马上会
导致坍缩。

量子力学基础领域大部分专家都对彭罗斯的理论兴味索然，部分程度上是因为他们很怀疑，万有引力究竟应不应该跟量子力学的基本形式有任何关系。他们当然认为，在谈论量子力学和波函数时可以完全不考虑万有引力，而在这门学科历史上的大部分时候，他们也确实都在这么做。

也许也可以明确设定彭罗斯的标准，视之为改头换面的退相干：物体的引力场可以看成是其环境的一部分，如果波函数的两个不同分支具有不同的引力场，那么这两个分支实际上就退相干了。万有引力是极为微弱的作用力，在绝大多数情况下，远在万有引力导致退相干之前，常见的电磁力就已经造成了退相干。但万有引力的好处在于无

处不在（所有物体都有引力场，但并不是所有物体都带电），因此至少这种方法可以保证，任何宏观物体的波函数都会坍缩。但是，退相干发生时波函数分叉本来就是多世界理论的题中应有之意，这种自发坍缩理论所说的只不过是："这个理论就跟埃弗里特理论一样，只不过每当创造出新的世界，我们就手动擦除。"谁知道呢？也许大自然真是这么运转的，但大部分埋头苦干的物理学家恐怕都不会有多大勇气在这个思路上花太多心思。

从量子力学诞生的时候开始，就有一种明显、可能的思路，认为
186 波函数并非量子力学的全貌，除此之外还有其他的物理变量。毕竟物理学家根据他们在19世纪建立的统计力学中得到的经验，已经非常习惯从概率分布的角度去思考问题。对一盒子气体，我们不会具体说明其中每个原子的确切位置和速度，只关心这盒子气体整体上的统计特征。但在经典视角中，我们理所当然地认为，所有粒子都有确切的位置和速度，即使我们并不知道这些信息。量子力学说不定也是这么回事——有确定数值跟预期测量结果相对应，但我们并不知道这个数值究竟是多少，而波函数只是以某种方式捕捉到了部分统计现实，而不是反映了全部信息。

我们知道，波函数不可能跟经典的概率分布一模一样。真正的概率分布直接把概率分配给不同结果，任一给定事件的概率也必须是0到1（含）之间的实数。而波函数是给每种可能结果分配一个振幅，而振幅是复数。复数有实部还有虚部，每部分都可正可负。将这些振幅平方就会得到概率分布，但如果我们想解释清楚实验观测到的结果，我们无法直接使用这个概率分布，只能继续用这个波函数。比如说，

振幅可以是负数，就能够解释我们在双缝实验中会看到的干涉现象。

有个很简单的办法可以解决这个问题：认为波函数是真实的物理
实在（而不只是总括我们的不完备认识的便利方式），但同时也设想
还有一些额外的变量，比如说也许代表了粒子位置的变量。这些额外
的物理量一般叫作隐变量，虽然也有一些支持这个办法的人不喜欢这
个标签，因为这些变量是我们在测量的时候真正会观测到的物理量。
我们可以就称之为粒子，因为通常我们就是这么考虑的。这样一来，
波函数就扮演了导航波的角色，指引着粒子四处运动。就好像粒子是 187
漂流瓶，波函数则描述了水中的波浪和水流，可以推着漂流瓶四处移
动。波函数遵循普通的薛定谔方程，但还有一个新的“指引方程”决
定了波函数如何影响粒子。粒子会被导向波函数的值较大的地方，远
离波函数取值接近零的地方。

最早提出这种理论的是路易·德布罗意，在1927年的索尔维会议上。当时爱因斯坦和薛定谔也都在思考类似的思路。但是，德布罗意的想法在索尔维会议上被批得体无完肤，尤以沃夫冈·泡利最为严厉。从会议记录来看，泡利的批评似乎是搞错了对象，而德布罗意的回答实际上都很在点子上。但德布罗意因为自己的遭遇感到灰心丧气，后来放弃了这个想法。

在1932年出版的一部名著《量子力学的数学基础》中，约翰·冯·诺依曼证明了一个定理，说的是构建隐变量理论的困难。冯·诺依曼是20世纪最杰出的数学家和物理学家，他的名字在量子力学研究人员中如雷贯耳，非常值得信赖。每当有人提出也许会有一

种比天生模糊不清的哥本哈根诠释更言之凿凿的方式来解释量子力学时，搬出冯 · 诺依曼的大名和他提出的证明就成了标准做法，会让任何蠢蠢欲动的讨论都鸦雀无声。

实际上，冯 · 诺依曼证明的事情没有大部分人想象的那么多（他们在设想时多半都没读过他的著作，因为这本著作直到1955年才翻译成英文）。像样的数学定理会根据清晰陈述的假设得出结果，但如果我们想援引这样的定理来告诉我们某些关于现实世界的事情时，我们必须慎之又慎，确保这些假设在现实世界中也会成立。现在回过头去看，如果我们的任务是建立能够解释量子力学所做预测的理论，我
188 们就并不需要冯 · 诺依曼做过的那些假设。他证明了一些事情，但他证明的并不是“隐变量理论行不通”。数学家兼哲学家格蕾特 · 赫尔曼（Grete Hermann）就曾指出过这一点，但她的成果在很大程度上被忽视了。

随后出现了戴维 · 玻姆，在量子力学史上，这是个又有趣又复杂的人物。20世纪40年代初还在读研究生的时候，玻姆对左翼政治感上了兴趣。后来他参与了曼哈顿项目，但只能在伯克利干活，因为没有给他搬到洛斯阿拉莫斯所需的安全许可。战后他成了普林斯顿大学的助理教授，出版了一部在量子力学领域颇有影响的教材。在这本教材中，玻姆小心翼翼地遵循了已经得到公认的哥本哈根诠释，但对这些问题的审慎思考也让他开始考虑其他思路。

玻姆对这些问题的兴趣受到了爱因斯坦本人的鼓舞，而爱因斯坦是少数几位有相当声望、能与玻尔及其同僚对抗的人物之一。这位伟

人读到了玻姆的书，然后把这位青年教授叫到自己办公室，跟他讨论了一番量子理论。爱因斯坦表达了基本的反对意见，即他认为量子力学不能被看成是对现实世界的完备看法，然后鼓励玻姆继续深入思考隐变量的问题，接下来玻姆也确实这样做了。

这一切都发生在玻姆在政治上饱受怀疑的时候，而那时候跟共产主义沾上边可能会毁掉一个人的职业生涯。1949年，玻姆在众议院非美活动调查委员会作证时，拒绝把任何以前的同事牵扯进来。1950年，他因为藐视国会在普林斯顿大学的办公室被捕。虽然最终他洗清了所有嫌疑，大学校长还是禁止他回到校园，并向物理系施压，不许跟他续签工作合约。1951年，在爱因斯坦和奥本海默支持下，玻姆终于在圣保罗大学谋到了一份工作，于是离开美国去了巴西。这就是为 189
什么普林斯顿大学最早介绍玻姆思想的学术研讨会，必须由别人来主讲。

所有这些狗血剧情都没有阻止玻姆在量子力学领域的思考结出丰硕成果。在爱因斯坦的鼓励下，玻姆建立了一种跟德布罗意类似的理论，假定粒子受到由波函数构成的“量子势”的引导。现在这种方法通常叫作德布罗意-玻姆理论，或者就简单地称之为玻姆力学。玻姆对这个理论的阐述比德布罗意要略微丰满一些，特别是在描述测量过程时。

就算现在有时候也会听到专业的物理学家说，“因为贝尔定理”，不可能构建能够重现量子力学所做预测的隐变量理论。但玻姆做到的正是这一点，至少是对非相对论情形下的粒子来说。实际上，对玻姆的工作印象极深的物理学家并不多，而约翰 · 贝尔就是其中一个，他也因此受到启发，严谨地建立了自己的定理，想弄明白如何才能调和玻姆力学和冯 · 诺依曼的据称没有隐变量的定理。

贝尔定理实际上证明的是，不可能通过定域性的隐变量理论重现量子力学。爱因斯坦这么久以来一直想看到的就是这样的理论：能将独立的现实附加到跟空间中特定位置相关的物理量上的一种模型，二者之间的影响以光速或低于光速的速度传播。玻姆力学完全以决定论为基础，但也绝对是非定域性的。远远分开的粒子可以瞬间互相影响。

190 玻姆力学假定存在一组有确定位置的粒子（但在观测之前我们并不知道这些位置），还存在一个单独的波函数。波函数严格按照薛定谔方程演化——这个波函数甚至似乎都没有意识到有粒子存在，也不受粒子行为的任何影响。与此同时，在由波函数决定的“指引方程”的推动下，粒子也在四处移动。但是，任一粒子受到指引的方式不但取决于波函数，而且要受到系统中可能存在的所有其他粒子的位置的影响。这就是非定域性，原则上此处一个粒子的运动也会依赖于任意远处其他粒子的位置。贝尔自己后来也说，玻姆力学“以爱因斯坦恐怕会最不喜欢的方式解决了爱波罗佯谬”。

在理解玻姆力学如何再现通常的量子力学预测时，这种非定域性起到了至关重要的作用。考虑一下双缝实验，生动展现了量子现象如何同时表现出类似波的性质（我们能看到干涉图样）和类似粒子的性质（我们会看到探测屏幕上的圆点，而如果我们去探测粒子到底穿过了哪道狭缝的话干涉图样就会消失）。在玻姆力学中，这种模棱两可一点儿都不神秘：既有粒子也有波。我们观测到的是粒子，波函数会影响粒子运动，但我们没有办法直接测量波函数。

根据玻姆力学，波函数穿过两道狭缝的演化就跟埃弗里特量子力学中一模一样。具体来讲，当波函数到达屏幕时，在波函数相加或相消的地方就会出现干涉图样。但是在屏幕那里我们看不到波函数，我们看到的是单个粒子击中屏幕。粒子是由波函数推动四下移动的，因此更有可能击中屏幕上波函数值较大的地方，在波函数值较小的地方出现的机会也较小。

玻恩定则告诉我们，在某个位置观测到粒子的概率由波函数的平方给出。从表面上看，这似乎很难跟粒子位置是我们可以随意指定的 191
完全独立的变量这样的思想调和起来，而且玻姆力学完全基于决定论——没有任何事件像GRW理论中的自发坍缩一样是真正随机的。这样的话，玻恩定则从何而来？

答案就是，虽然原则上讲粒子完全可以处于任何位置，但实际上这些位置有个自然分布。假设我们有个波函数，以及给定数目的粒子。要重新推导出玻恩定则，我们要做的就是从这些粒子的类似于玻恩定则的分布开始。也就是说，我们必须以特定方式分配这些粒子的位置，好让这个分布看起来就像是根据波函数的平方给出的概率随机选择的一样。振幅高的地方粒子就多，振幅低的地方粒子就少。

这种“平衡”分布的好处就是，即便时间推移、系统演化，玻恩定则仍然有效。如果我们一开始就让这些粒子符合我们根据通常的量子力学得出的概率分布，那么在继续演化时也会继续符合这样的期待。很多玻姆派都相信，非平衡的初始分布会演化为平衡分布，就像经典粒子组成的一盒子气体会向热平衡态演化一样。但是，这一思想的重要性尚未盖棺定论。结果得到的概率当然只跟我们对系统的认识水平有关，并不是客观频率；如果我们不知怎么地知道了粒子的确切位置而不是只知道概率分布，我们就能精确预测实验结果，不需要涉及任何概率。

这样一来，玻姆力学作为量子力学的另一种表述形式，地位就变得很有意思了。GRW 理论通常都能符合传统的量子力学预期，但是也明确预测了可以验证的新现象。跟 GRW 理论一样，玻姆力学毋庸
192 置疑也是一种有所不同的物理学理论，而并非只是一种“诠释”。如果出于某些原因，我们的粒子位置并非平衡分布，玻姆力学也并非必须遵循玻恩定则。但如果确实是平衡分布，玻姆力学也可以遵循玻恩定则。如果是这种情形，那么玻姆力学的预测就会跟普通量子理论的预测完全无法区分。具体来说，在波函数取值较大的地方我们会看到撞击屏幕的粒子也更多，波函数值较小的地方粒子也较少。

我们仍然有一个问题，就是在我们观测粒子究竟穿过了哪道狭缝时发生了什么。在玻姆力学中，波函数不会坍缩，就跟在埃弗里特量子力学中一样，波函数始终遵循薛定谔方程。这样一来，我们该如何解释双缝实验中干涉图样的消失呢？

答案是“跟多世界理论中我们的做法一样”。波函数虽然不会坍缩，但还是会演化。具体来讲，我们既要考虑穿过狭缝的电子的波函

数，也要考虑探测仪器的波函数。玻姆世界纯然是量子力学的，可不会对经典领域和量子领域之间的人为分割俯首帖耳。通过思考退相干我们可以知道，探测器的波函数会跟穿过狭缝的电子的波函数纠缠在一起，并发生某种“分叉”。区别在于，描述仪器的变量（多世界理论中并不存在这样的变量）将位于与其中一个分支而不是其他分支对应的位置。实际上，这就跟波函数坍缩了一模一样；要是你愿意的话也可以说，就好像退相干使波函数分叉，但是并没有给每个分支都赋予真实性，组成我们的粒子只位于其中一个特定分支上。

要是听说很多埃弗里特派都对这种说法心存犹疑，你可能也不会感到意外。如果宇宙的波函数只遵循薛定谔方程，就会经历退相干并分叉。而且我们已经承认波函数是现实的部分面目。这样的话，粒子位置绝对不会影响波函数演化。可以说那些粒子的所作所为就只是，指着波函数的某个分支然后说道：“这个是真的。”因此有些埃弗里特 193
派也声称，玻姆力学并非真的跟埃弗里特量子力学有所不同，前者只是包含了一些不必要的额外变量，而这些变量起到的作用只是缓解一下我们对自己会分裂出多个副本的担忧罢了。多伊奇就曾说道：“导航波理论就是处于长期否认状态的平行宇宙理论。”

我们不打算在此裁决这些争议。很清楚，玻姆力学作为一种阐述清晰的理论形式，做到了很多物理学家认为不可能做到的事情：构建一个精确、确定性的理论，重现教科书式量子力学的所有预测，无需援引任何关于测量过程的神秘咒语，也无需在量子领域和经典领域之间封疆画界。我们付出的代价，就是动力机制中明明白白的非定域性。

玻姆希望自己的新理论会受到物理学家广泛欢迎，但他的希望落空了。用与关于量子理论的讨论常相伴随的充满激情的话语，海森伯称玻姆的理论是“多余的意识形态上层建筑”，而泡利称其为“人造形而上学”。我们也已经听过了奥本海默的评判，他曾经是玻姆的导师和支持者。爱因斯坦似乎很欣赏玻姆的努力，但认为最后得出的形式很不自然，不能令人信服。但是跟德布罗意不一样，玻姆没有在这些压力面前屈服，而是继续发展、主张自己的理论。实际上他的主张甚至激励了德布罗意，这位大佬仍然在世而且还很活跃（直到1987年才去世）。晚年的德布罗意回到了隐变量理论，发展并完善了自己一开始的模型。

即使撇开明明白白的非定域性不谈，对指责该理论只不过是否认
194 存在多个世界的多世界理论也可以不管不顾，玻姆力学也还存在另外一些重大问题，尤其是从现代基础物理学家的视角来看。这个理论的成分清单无疑比埃弗里特量子力学要复杂，而且所有可能的波函数的集合，也就是希尔伯特空间，也大到无以复加。存在多个世界的可能性不是通过擦除这些世界来消除的（GRW理论就是这么操作的），而是就直接否认这些世界是真实存在的。玻姆力学奏效的方式远远谈不上简洁。就算经典力学很久之前就已经被取代，物理学家仍然会本能地坚持牛顿第三定律：如果某物在推动另一物，那么后者也会有推动力回敬前者。因此，如果说我们有受到波函数推动的粒子，然而粒子完全不会对波函数产生任何影响，那看起来就会很奇怪。当然，量子力学一直在迫使我们面对各种奇奇怪怪的事情，所以也许这个考虑并不重要。

更大的问题是，德布罗意和玻姆最开始的阐述形式都极大依赖于这样一个观点：真正存在的是“粒子”。跟GRW理论一样，如果我们试图理解关于这个世界我们已有的最好的模型，即量子场论，上面的观点就会带来一个问题。人们已经提出了很多种将量子场论“玻姆化”的方式，也取得了一些成功——物理学家只要愿意，也可以聪明绝顶。但结果让人感觉非常勉强，一点儿都不自然。这并不意味着这些方法一定错了，但是跟能直接把场或量子引力包括进来的多世界理论比较起来，这确实要算对玻姆理论的打击。

在讨论玻姆力学时，我们谈到了粒子的位置，但没有涉及动量。
这会让我们回想起牛顿的年代，那时候牛顿认为粒子在任意时刻都处
于某个位置，而通过计算轨迹的变化率就能推导出速度（以及动量）。
经典力学更现代的阐述形式（好吧，就是1833年以来）将位置和动量
平等看待。而一旦我们进入量子力学，这个观点也在海森伯不确定性
原理中体现了出来，其中的位置和动量就以完全相同的面貌出现。玻 195
姆力学撤销了这个操作，认为位置是首要的，动量则可以由位置导出。
但结果表明我们无法精确测定位置，因为在时间的推移中，波函数必
然会影响粒子位置。所以到头来不确定性原理在玻姆力学中仍然成立，
但并不像在把波函数当作唯一实体的那些理论中一样自动、自然出现，
而是作为生活中的实际情况给出。

这里还有一个更普遍的原则在起作用。多世界理论非常简单，因此也非常灵活。薛定谔方程采用了波函数，并通过哈密顿量来计算波函数的演化会有多快，而哈密顿量代表的是量子态不同分量的能量都是多少。告诉我哈密顿量，我就能马上知道这个哈密顿量对应的量子

理论的埃弗里特版本。粒子、自旋、场、超弦，全都无关紧要。多世界理论即插即用。

其他方法需要做的事情比这种要多得多，而且我们根本就不知道那些事情到底能不能做到。我们不仅必须明确指定哈密顿量，还需要给出波函数自发坍缩的特定方式，或是给定一组特定的隐变量来追踪。说来容易做来难。如果从量子场论转向量子引力（还记得吧，埃弗里特最早的动机之一就在这里），问题还会变得更加显著。在量子引力中，就连“空间中的位置”这个概念都很成问题，因为波函数的不同分支也会有不同的时空几何结构。在多世界理论中这不是问题，但对其他替代理论来说就近乎灾难了。

在玻姆和埃弗里特忙着创建他们意在取代哥本哈根诠释的理论的20世纪50年代，或是贝尔忙着证明自己理论的60年代，物理学界对量子力学基础领域的工作大都是敬谢不敏的态度。到七八十年代，
196 随着退相干理论和量子信息的出现，这种情况开始有所改变，1985年又出现了GRW理论。尽管绝大多数物理学家仍然对这个子领域持怀疑态度（不知怎么的倒是很吸引哲学家），90年代以来还是完成了大量既很有趣也很重要的工作，其中大部分成果也都已经公开。但还是完全可以说，当代很多量子领域的工作都仍然是在量子比特和非相对论性粒子的背景下进行的。一旦我们升级到量子场论和量子引力，有些我们以前认为理所当然的事情就不再成立了。就好像物理学作为一门学科，已经是时候认真对待量子基础了一样，量子基础也是时候好好对待场论和引力了。

在思考通过哪些方式可以消去最基本的量子力学阐述形式中应有的多个世界时，我们探索了通过随机事件（GRW理论），或是达到某种阈值（彭罗斯的理论），又或是通过添加隐变量来选出特定世界当成真实世界（德布罗意-玻姆理论），来去除多出来的那些世界。还漏了啥？

问题在于，只要我们相信波函数和薛定谔方程，波函数的多个分支就会自动出现。因此到现在为止我们考虑过的替代方案都是，要么消除这些分支，要么给出某种假设从多个世界中挑出一个作为特别选择。

第三种办法不言自明：完全否认波函数就是现实本身。

这么说并不是要否认波函数在量子力学中的核心地位，而是说我们可以采用波函数，但也许还是不要声称，波函数代表了部分现实。波函数可能只是代表了我们的认识水平，具体来说就是，我们对未来的量子测量结果的不完备的认识水平。这就叫量子力学的“认识论”
方法，因为是把波函数当作只是捕捉到了我们知道的某些情况，与之 197
相对的“本体论”方法则认为波函数描述了客观现实。因为波函数通常都用希腊字母 ψ（读作“普西”）来表示，倡导量子力学认识论方法的人有时候就会戏称埃弗里特派和其他认为波函数代表现实的人为“普西本体论者”。

我们已经知道，认识论方法不可能以最简单、最直接的方式奏效。波函数不是概率分布，因为真正的概率分布从来不会是负值，因此波函数不会直接导致我们在比如说双缝实验中看到的干涉现象。但与其就此放弃，我们还是可以试试在思考波函数和现实世界之间的关系时想得更复杂点。我们可以设想构建一种形式，让我们可以用波函数计算不同实验结果分别对应的概率，但不把任何根本的现实要素附加在波函数身上。这就是认识论方法要承担的任务。

从认识论角度阐释波函数的努力也已经很多，跟与之竞争的客观坍缩模型和隐变量理论比起来都不遑多让。其中最重要的有一种叫作量子贝叶斯理论（Quantum Bayesianism），由克里斯托弗·富克斯（Christopher Fuchs）、吕迪格·沙克（Rüdiger Schack）、卡尔顿·凯夫斯（Carlton Caves）和戴维·默明（N. David Mermin）等人提出。现在人们经常将其缩写为QBism，读作“cubism（立体派）”。（必须承认，这个名字很迷人。）

贝叶斯推断提出，对于各式各样的命题究竟是真是假，我们每个人随时都有一套自己的可信度，在了解到新信息时这套可信度也会相应更新。所有版本的量子力学（实际上也可以说所有科学理论）都会以某种方式用到贝叶斯定理，而且在很多理解量子概率的方法中，贝叶斯定理起到了至关重要的作用。量子贝叶斯理论的不同之处在于，我们的量子可信度是个人化的，而不是普遍的。根据这种理论，电子的波函数并不是所有人都能在原则上达成一致意见的一了百了的事
198 情。与此相反，关于电子的波函数是什么样子，每个人都有自己的想法，并运用这个想法来预测观测结果。量子贝叶斯理论宣称，如果我们做了很多次实验，然后交流一下都观测到了什么，我们就会对各式各样的波函数都是什么样子达成一定程度的共识。但这些认识都是我

们个人信心的基本衡量标准，而不是这个世界的客观特征。例如我们看到电子在施特恩-格拉赫磁场中向上偏转，世界并没有改变，但是对于这个世界，我们有了一些新认识。

这种思考方式直接就能带来一个不可否认的优势：如果波函数并非物理实在，那就没有必要担心波函数的"坍缩"，即使坍缩据说是非定域性的。如果爱丽丝和鲍勃有两个纠缠起来的粒子，爱丽丝做了测量，那么根据量子力学的一般规律，鲍勃那个粒子的状态也立即改变了。量子贝叶斯理论向我们保证，我们不用担心，因为根本没有"鲍勃那个粒子的状态"这回事。发生变化的是跟着爱丽丝，爱丽丝也以之为依据做出预测的波函数，而且通过贝叶斯定理恰当的量子版本进行了更新。鲍勃的波函数一点儿也没变。量子贝叶斯理论安排的游戏规则，让鲍勃着手测量自己的粒子时，结果会与我们以爱丽丝的测量结果为基础做出的预测一致。但在这个思路中不需要设想，在鲍勃那里有什么物理量发生了变化。发生变化的只是不同人的认识水平，而归根结底，认识水平在人的脑子里，是局地性的，不会扩散到整个空间中。

用量子贝叶斯理论来思考量子力学，会在数学概率论的领域带来很有意思的发展，也能在量子信息论领域产生新的见解。但是，大部分物理学家仍然想知道，从这个视角来看，现实究竟是什么？[亚伯拉罕·佩斯（Abraham Pais）回忆说，爱因斯坦有一次问他，他是否"真的相信月亮只有在我们看着它的时候才存在"。]

没有清清楚楚的答案。就假设我们往施特恩-格拉赫磁场中发射

199 了一个电子，但选择不去看这个电子究竟是向上还是向下偏转了。尽管如此，对埃弗里特派来说，这种情形下仍然发生了退相干和分叉，至于说我们的某个分身究竟位于哪个分支，那是个事实问题。量子贝叶斯理论想说的就完全是另一回事：就没有自旋向上或向下偏转了这么回事。我们所有的只是，最后决定去查看的时候对于会看到什么结果有多大信心。就好像《黑客帝国》中的尼奥了解到的那样，没有汤勺。根据这种观点，在查看之前就在那担心“现实中”发生了什么，是大错特错，会带来各种困惑。

量子贝叶斯论者大部分时候不会去讨论这个世界的真实情形。至少也可以说，作为还在发展中的研究领域，量子贝叶斯论者选择不去老是停留在跟现实的本质特征有关的问题上，虽然我们其他人都非常关心这些问题。这个理论的基本成分是一组施事者，他们有自己的信心，也会逐渐积累经验。从这个角度看，量子力学是施事者表达其信心，并根据新的经验来更新自己信心的一种方法。施事者的概念绝对是这个理论的核心，这跟我们一直在讨论的量子力学的其他阐述形式大异其趣，因为在那些阐述中，观测者和万事万物一样，也只是物理系统。

量子贝叶斯论者有时候会把现实当成是我们在观测时才存在的对象。默明曾写道：“在很多各不相同的个人的外部世界之外，确实还有一个共同的外部世界。但是这个共同世界必须理解为根本层面上的共同建构，是我们所有人，利用我们最强大的人类发明：语言，将我们各不相同的个人经验累加在一起建构而成的。”这个思路并不是说不存在现实，而是说现实并不能被任何看似客观的第三人称视角捕捉

到。富克斯称这种观点为参与式现实主义：现实是从不同观测者所经历的一切中涌现出来的总体。 200

在量子力学领域的各种方法中，量子贝叶斯理论相对年轻，还有很多方面需要完善。这个理论可能会遇到不可逾越的障碍，人们对这些思路的兴趣也可能会消失。量子贝叶斯理论的见解也有可能会被解释为有时候会有用的一种用来讨论观测者个人经历的方式，与量子力学的另外一些完全现实主义的版本并列。最后还有一种可能，就是量子贝叶斯理论或与之相近的某种理论代表了真正地、革命地的思考这个世界的方式，让你我这样的施事者处于我们对现实的最佳描述的核心位置的一种方式。

就我个人来说，作为对多世界理论相当满意的人（虽然我也承认我们仍然有不少有待解决的问题），我感觉所有这么多努力似乎都是在致力于解决其实并不存在的问题。老实说，量子贝叶斯论者也跟埃弗里特派一样恼火，默明就曾经说："量子贝叶斯理论认为[分叉进入多个同时并存的世界]是将量子态具体化的归谬法。"这就是你的量子力学，彼之荒唐，正是我所有人生问题的答案。

在物理学基础的圈子里，到处都是很久以来都在苦苦思索这些问题的聪明人，但人们还没有就量子力学的最佳阐释方法达成共识。有个原因是人们是从不同背景出发，因此他们头脑中最关心的内容都有所不同。基础物理学领域——研究粒子理论、广义相对论、宇宙学和量子引力——的学者，如果肯屈尊在量子领域发表意见，往往会更中意埃弗里特诠释。个中原因是，多世界理论对所描述的基本物理对

201 象来说相当经得起推敲。如果给我一组粒子和场及其他，再加上这些对象如何相互作用的规则，那么这些元素直接就能适配埃弗里特的图景。其他方法往往更加吹毛求疵，要求我们从零开始，搞清楚这种理论对每一种新情况实际上都有什么解释。如果你是愿意承认我们并不真正了解粒子、场和时空的基本理论到底是什么的人，虽然听着就会让人感觉仿佛身体被掏空，但多世界理论是个天然适合歇脚的地方。戴维·华莱士曾经说道：“埃弗里特诠释（就其哲学上可以接受的范围而言）是目前唯一适合我们理解我们发现的量子物理的诠释策略。”

但是还有另外一个更多基于个人风格的原因。基本上我们所有人都会同意，在我们寻找科学解释时，应该追求简单、简洁的想法。简单和简洁并不意味着这种思路就是正确的——要用数据来决定——但是如果有很多个想法都在争相成为最高权威，然而又没有足够数据能让我们从这些想法中做出选择，那么给最简单、最简洁的理论分配的可信度略高，也是很自然的事情。

问题是，谁来决定什么是简单，什么是简洁？这两个词的含义有所不同。从某种意义上讲，埃弗里特量子力学绝对又简单又简洁。一个平稳演化的波函数，仅此而已。但是，这些简洁假定的结果——一棵由好多个宇宙组成的不断增生的树——可以说一点儿都算不上简单。

而玻姆力学是以一种有些随意的方式构建的。这里面既有粒子也有波，二者通过非定域性的指引方程相互作用，看起来一点儿都不简洁。然而，要是我们一直面对着量子力学基本的实验要求，那将粒子

和波函数都当作基本成分包括进来也是很自然就会想到的策略。物质
有时候表现得像波，有时候又像粒子，所以我们同时援引了波和粒子。
与此同时，GRW 理论给薛定谔方程临时加了一条修订，看起来很古 202
怪。但是，也可以说这是在物理上实现波函数好像坍缩了的表象的最
简单粗暴的方式。

物理学理论可以很简单，将理论与我们观测到的现实世界对应起来也可以很简单，但这两种简单之间，会形成大有用处的反差。就基本成分来说，多世界理论毫无疑问是最简单的。但是在理论本身讲述的内容（波函数、薛定谔方程）和我们在这个世界上看到的东西（粒子、场、时空、人、椅子、恒星、行星）之间，似乎有非常大的距离。其他方法在基本原则方面也许更加精雕细琢，但相对来讲，这些理论更容易解释我们所看到的一切。

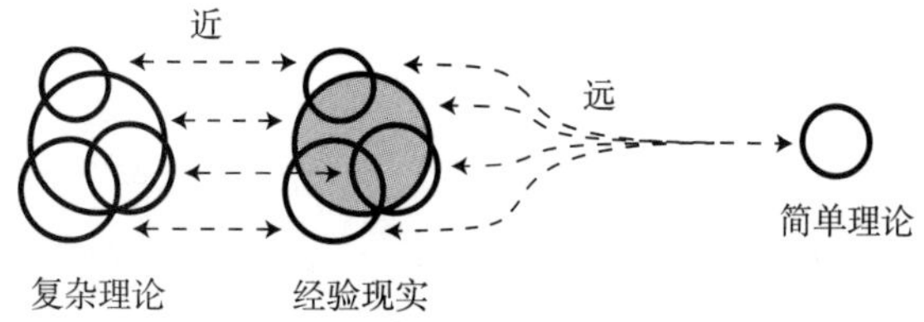

在基本概念上非常简单，与观测到的现象非常接近，这两个特点本身都是优点，但很难知道如何在两者之间找到平衡。个人风格就是这时候开始掺和进来的。我们考虑过的所有量子力学方法都面临着若隐若现的挑战，因为我们也在考虑将这些方法发展为理解物理世界的坚实基础。因此，对于各式各样的方法，这些问题中最终哪些会得到

解决，哪些会被证明直击要害，我们每一个人都必须做出个人判断。这也挺好。实际上，不同的人对于如何前进的判断有不同结论，也是不可或缺的。这让我们有机会让各种各样的想法都保持活力，最大限
203 度地增加了我们最后得到正确结果的可能性。

多世界理论所提供的关于量子力学的观点，不但核心概念简单、简洁，而且对于人们正在追寻的对量子场论和时空本性的理解，似乎也天生就能够适应。这足以让我相信，虽然每时每刻都有我的其他副本在不断产生，我也需要学会忍受这种烦恼，但如果结果表明，有别的方法能够更有效地回答我们最深层的问题，我也会开开心心地改弦
204 易辙。

第 10 章
人这一面

量子宇宙中的生活和思考

在漫长的人生中，我们每个人偶尔都会遇到必须做出的艰难决定。继续单身还是结个婚？出去跑个步还是再吃个甜甜圈？去读研究生还是走向现实世界？

要是两边都能选而不是只能选一个，不是挺好吗？量子力学提出了一种策略：在任何时候只要你需要，你都可以通过查阅量子随机数生成器来帮你做决定。实际上在苹果手机的应用商店里，就有一款叫作“宇宙撕裂者”（Universe Splitter）的应用可以做到。[就像美国作家戴夫·巴里（Dave Barry）说的那样：“我敢赌咒，这不是我编的。”]

假设你面对这样一个选择：“我的披萨上面是加意大利红肠还是香肠？”（并且假设你面临很多限制，所以最明显的答案——同一张披萨上两种都加——不能成为你的选项。）你可以打开“宇宙撕裂者”，然后会看到两个文本框，你可以分别输入“意大利红肠”和“香肠”。点击按钮之后，手机会通过互联网将信号发往瑞士的一个实验室，实验室会将一个光子射向一个分束器（实际上就是个部分镀银的

205 镜子，有些光子会被反射，有些光子可以穿过）。根据薛定谔方程，分束器会将光子的波函数转化为向左和向右的两个分量，各自走向不同的探测器。任何一个探测器只要发现了光子就会产生读数，与环境纠缠起来，迅速发生退相干，并让波函数一分为二。身在光子向左走的分支中的你的副本，就会看到手机屏幕亮起来，显示“意大利红肠”的信息；而在光子向右走的分支中，你的副本看到的是“香肠”。如果每一个你都真的按计划听取了手机的建议，那么就会有一个你点了意大利红肠的世界，还会有另一个你点了香肠的世界。但是很抱歉，这两个你无法事后沟通，交流对不同味道的看法。

即使是最久经阵仗的量子物理学家，也必须承认这听起来很荒唐。但是就我们对量子力学最好的理解来说，这是最直截了当的解读。

那么问题来了：我们应该怎么做呢？如果真实世界真的跟我们每天经历的世界有这么大的不同，那么这会对我们的生活方式有什么影响吗？

很大程度上，答案是：不会。对波函数某个分支上的个人来说，这种真实世界中的生活，会跟他们生活在一个量子事件真正随机的世界中没什么两样。但是，这些问题值得探讨。

让量子随机数生成器帮你做出艰难抉择也没啥问题，好歹能确保在至少一个波函数分支中你做出了最好的选择。但是现在假设我们没有这么做。那么，现在的自我分叉变成多个未来的自我，会影响我做出的选择吗？按教科书式观点来看，在我们观测量子系统时有一定可

能性发生了这个或那个结果，而在多世界理论中，所有结果都会发生，
只不过要以波函数振幅的平方为权重。所有额外那些世界的存在，无 206
论是就个人还是就道德伦理的意义上来说，是否会对我们应当如何行
事产生影响？

不难想象确实可能会有影响，但好好想想的话，最后会发现其重要性比我们可能想到的要小得多。试着想想声名狼藉的量子自杀实验，或是另一个与之相关的想法：量子永生。自从多世界理论出现以来，就有人在考虑这个想法了——据说休·埃弗里特本人都相信某种形式的量子永生——但是让这个想法流行起来的，还是物理学家马克斯·泰格马克（Max Tegmark）。

实验设置是这样子的：假设有一个致命装置，会由量子测量触发，比如说向“宇宙撕裂者”发信息查结果。我们再接着假设量子测量有50%的机会触发一把枪的扳机，顶着我脑袋射出一枚子弹，还有50%的机会是什么都不干。按照多世界理论，我们就会说存在波函数的两个分支，其一包含一个活着的我，另一包含一个死了的我。

假设就我们这个思想实验的目的来说，我们相信生命本身是纯粹的物理现象，因此我们可以不用考虑来世之类的事情。在我看来，任何版本的我都没有遭遇枪击中我了的那个分支——因为我在那个分支世界中的分身已经死了。但是在枪没有响的分支中，我的分身毫发无伤，可以继续存活下去。因此在某种意义上，就算我把这个可怕的过程重复无数遍，“我”都会永远活下去。更有甚者提出，我不应该反对真的去做这个实验（世界上其他人对我的感觉姑且不论）——在枪

响了的所有分支中“我”并非真的存在，而在唯一那个枪一直没响的分支中，我完好无损，健健康康。（泰格马克的原始想法没这么夸张。他只是指出，在多次实验中幸存下来的实验者，有充分理由接受埃弗
207 里特的说法。）这个结论与传统量子力学的随机形式形成了鲜明对比，后面这种理论中只有一个世界，而我在这个世界中能一直活下去的机会也会越来越渺茫。

我可不建议你跟家里做这样的实验。实际上，不用去管那些让你命丧黄泉的分支，背后的逻辑可不只是有点儿站不住脚。

设想一下在一个老式、经典、只有一个宇宙的世界中的生活。如果你认为自己生活在这样的宇宙中，你会不会介意有人在你身后偷偷朝你放冷枪，让你立马饮弹身亡？（我们同样把会有人因此感到苦恼的可能性放在一边。）我们当中大部分人都不会希望发生这样的事情。但按照上面的逻辑，你真的不应该“介意”—— 毕竟只要你死了，就没有这么个“你”来为自己身上发生的事儿苦恼了。

这里的分析忽略了一点，就是现在我们已经因为未来会死掉的前景感到苦恼了，尤其是这个未来近在眼前，而不是远在天边 —— 而我们现在还活得好好的，对什么都有感觉。这个视角也很合理，因为如何看待现在的生活，很大程度上取决于对我们剩下的人生有怎样的期待。我们当然可以反对把剩下的人生整个切掉，虽然若是真的切掉了，也不会还有我们在那感到苦恼了。有鉴于此，量子自杀实际上就跟我们的直觉马上会让我们感到的一样黯淡无光，无法接受。在我来讲，渴望未来会出现在波函数各个分支中的所有的我都能快乐长寿，

肯定是没问题的，就好像如果我认为只有一个世界，那么希望自己能够长寿也很合理一样。

这就回到了我们在第7章曾讨论过的一个问题：将波函数不同分支上的个人都看成是不同的人，即便都来自过去同一个前身，这一点非常重要。在多世界理论中，我们如何看待“我们的未来”和“我们的过去”非常不对称，个中原因则要归结到我们早期宇宙的低熵条件。任何个体都可以将自己的人生回溯到独一无二的一个人身上，但随着
时间向前流逝，我们会分叉变成多个人。没有哪个未来的自己可以被 208
选出来当成“真正的我”，同样，也没有哪个人是由所有那些未来的个人组成的。这些人各有分别，就像同卵双胞胎虽然来自同一个受精卵，但也是各自不同的人一样。

我们可以关心生活在另外那些分支上的我们自己身上发生了什么，但把他们当成“我们”毫无道理。假设你正要测量一个电子沿竖直轴线的自旋方向，而这个电子本身处于自旋向上和自旋向下等量叠加的状态。这时，随便有位慈善家走进实验室，提出跟你做这样一个交易：如果电子自旋向上，他就给你100万美元；如果自旋向下，你就给他1美元。聪明的话就接受这个交易，因为无论如何这都好像是有人要跟你打赌，其中赢得100万美元和输掉1美元的机会相等，虽说你未来的自我当中肯定会有一个要掏1美元出来。

但是现在假设在你的实验设置中你手脚特别快，刚好在那位慈善家闯进来之前，你已经看到结果是自旋向下。结果这位一心想达成交易的慈善家非常执着，解释说会有人给另一个分支中的那个你100万

美元，但现在这个分支中的你必须给他1美元。

你没有理由为此感到高兴（或是放弃1美元），虽然在另一个分支上的那个你也许会因此高兴万分。你不是他，他也不是你的一部分。在分叉之后，你们就是两个不同的人。无论是你的经历还是你得到的奖品，都不应该看成是在被不同分支上不同的你共享。不要玩量子俄罗斯轮盘赌，也不要接受咄咄逼人的慈善家的交易，因为你必败无疑。

如果涉及到你自己的福祉，上面的策略也许还算合情合理，但如果涉及的是其他人呢？知道还有别的世界存在，对我们关于道德伦理
209 行为的观念会有什么影响？

道德规范这事儿怎么想才对，本身就是个很有争议的话题，即使现实只有一个世界也是如此。但是，考虑一下这两大类道德理论：道义论和结果论，也会很有启发。道义论者认为，道德行为就是遵守正确的规则；行为无论会带来什么结果，都有内在的对错。不必奇怪，结果论者持有另一种观点：我们应该努力让我们的行为产生最有益的结果。功利主义者在某种意义上主张整体的福祉要最大化，就是典型的结果论者。也还有其他道德观点，但上述两类展现了基本要点。

可能还存在别的世界，似乎并不会影响道义论。如果你的道德理论的唯一要点就是行为无论会导致什么后果都有内在的对错，那么是否存在更多世界让所有这些后果都能发生，实际上也就无关紧要了。康德的“绝对命令”就是典型的道义论法则：“只有按照这一信条行事，你才能同时希望这信条能成为普遍法则。”这里如果用“在波函数的

所有分支中都适用的法则”代替“普遍法则”好像也没什么问题，不会改变关于什么行为才合理合法的任何实质性判断。

但结果论完全是另一回事。假设你是一位追求实效的功利主义者，相信有一个值叫作效用，衡量的是跟有意识的生物有关的福祉有多少，而且这个量可以在所有生物当中加起来，得到一个总效用，这样一来，道德上正确的行为方式就是能够让这个总效用最大化的方式。我们进一步假设，你断定整个宇宙的总效用是某个正数。（若非如此，你可能就会赞成以某种方式摧毁这个宇宙，这会带来一个很好的讲述超级恶棍如何起源的故事，但不会带来睦邻。）

这样就会得出以下结论：如果宇宙的总效用为正，而我们的目标是让总效用最大化，那么创造整个这个宇宙的新副本就是你有可能采 210
取的道德上最为英勇的行动。正确的做法就应该是，让宇宙的波函数使劲儿分叉，越多越好。我们可以设想建了一个量子效用最大化装置，可能就是不断让电子穿过，先测量其竖直轴线上的自旋，接着再测量其水平轴线上的自旋的这么个仪器。每当电子进行任意一种测量时，宇宙都一分为二，所有宇宙的总效用也都翻倍了。建造一台量子效用最大化装置并开启运行，你就会成为有史以来最道德高尚的人！

但这里面总归好像有点不对劲儿。开启量子效用最大化装置，对这个宇宙或任何其他宇宙中人们的生活都不会产生任何影响。他们甚至都不知道有这么一台机器。我们真的能肯定，这台机器在道德上会有值得赞叹的效果吗？

好在有一些办法可以让我们走出这团迷雾。其一是否认上面的假设：也许这种看重实效的功利主义并不是最好的道德理论。有一个悠久而光荣的传统，是说人们发明出新东西就能在名义上增加宇宙的总效用，但我们的道德直觉怎么看都不像这么回事。[美国哲学家罗伯特 · 诺齐克（Robert Nozick）假想了一个“效用妖怪”，这个假想生物非常善于体验快乐，因此任何人能做的最道德的事情就是尽可能让这只妖怪越快乐越好，而不用考虑别人可能会因此遭受痛苦。] 量子效用最大化装置不过是沿着这个思路去想的又一个例子。将效用在不同的人之间加起来的简单想法，并非总会带来我们最开始可能设想的结果。

但是还有另一种解决方案，跟多世界理论的概念契合得更为直接。我们说到怎么推导出玻恩定则的时候，讨论过在自身位置不确定——你知道宇宙的波函数，但是你不知道自己在哪个分支上——的情况下如何分配可信度的问题。答案是你对某个分支的可信度应该跟该分支的权重成正比，而波函数分支的权重，就是相应振幅的平方。在我们考虑埃弗里特量子力学中的世界时，这个“权重”至关重要。
211 不只是因为概率会依据这个“权重”分布，能量守恒也只有当我们将每个分支的能量都乘以相应权重时才会成立。

因此，我们应该对效用也如法炮制就顺理成章了。如果我们有一个具有给定总效用的宇宙，然后测量一个电子的自旋，使这个宇宙一分为二，那么分叉后的总效用应当就是每个分支的权重乘以相应效用之后的加总。再然后，我们测量自旋不太可能在实质上影响任何人的效用，因此总效用在我们的测量面前应该完全不变。我们的直觉所预期的正是这个结果。这也是我们从第6章提到过的概率的决策论方法出发就可以直接得出的结论。根据这种观点，多世界理论应该不会让我们对道德行为的看法有任何明显改观。

尽管如此，还是有可能炮制出一个系统，让多世界理论和那些坍缩理论之间在道德上的差异变得非常重要。就比如说有个量子实验会以同样的概率得到A结果或B结果，其中A非常好，B只是有一点点好，产生的影响也会均匀施加给世界上所有人。从单一世界观点来看，功利主义者（或者其实任何一个具备常识的人）都会赞成做这个实验，因为无论是非常好的A还是有一点点好的B都会提升这个世界的净效用。但是，假设你的道德准则只关心公平，你不在乎会发生什么，只要对所有人来说都公平就行。那么在坍缩理论中，你不知道会出现哪个结果，但随便哪个结果都是公平的，所以做这个实验仍然是个好主意。但是在多世界理论中，其中一个分支上的人会得到A结果，而另一个分支上的人会得到B结果，虽然这两个分支之间无法沟通，也无法以任何其他方式互动，但还是可以想象，这个局面会伤害你的道德情感，因此你根本不会做这个实验。我个人并不认为实际上生活在不 212
同世界的人之间的不平等对我们来说有那么大关系，但逻辑上的可能性总是有的。

除了这种人为的设计之外，多世界理论似乎并没有多少道德影响在里面。把分叉想成是“创造”一个全新的宇宙副本确实很生动，但并非完全正确。最好还是将分叉看成是将现在的宇宙分割成几乎一模一样的切片，其中每个切片的权重都比原来的宇宙要小。好好想想这个思路就会得出结论，认为我们的未来就跟我们生活在一个遵循玻恩定则的充满随机事件的宇宙中一模一样。虽说多世界理论乍一看非常违反直觉，但到头来，这个理论并不会真正改变我们的生活方式。

到现在为止我们都是把波函数分叉当成是跟我们毫不相干的事情来看的，因此我们只需要静观其变就行了。但是也值得问问，这个看法到底正不正确。我随便做个什么决定的时候，是不是就有不同的世界创造出来，而我在每个世界中的选择都不一样？有没有跟我能够做出的所有替代选择相对应的一个个真实世界，有没有实现了我生活中所有可能性的一个个宇宙？

“做决定”这个概念并没有写在物理学的基本定律中。在描述人类尺度的现象时，我们发现有些近似、涌现的概念很有用处，可以很方便地援引，“做决定”的概念就是其中之一。我们所说的“做决定”，是发生在我们大脑中的一系列神经化学过程。对这个概念高谈阔论完全没有问题，但这并不是超越、凌驾于遵循物理定律的普通物质之上的东西。

所以问题变成了：在你做决定的时候，大脑中发生的物理过程是
213 否导致了宇宙波函数分叉，在形成的每个分支中，你都做出了互不相同的决定？如果我是在玩扑克，但是虚张声势的时候不对，结果输光了所有筹码，我能不能想着还有另一个分支，我在那里玩得更保守，并借由这样的想法得到些许安慰呢？

不能。不会因为你做了什么决定，波函数就分叉了。主要原因是，我们所说的某件事情“导致”了另一件事情并不是这个意思（或者说

不应该是这个意思）。分叉是微观过程放大到宏观尺度的结果：处于量子叠加态的系统跟更大的系统纠缠起来，然后又跟环境纠缠起来，产生了退相干。但是，做决定完全是宏观现象。没有哪个决定是由你脑袋里的电子和原子做出的，你脑袋里的那些粒子只不过在遵循物理定律罢了。

在讨论宏观、人类尺度这个水平的对象时，决定和选择及相应后果都是很有用的概念。只要我们把讨论限定在适用范围内，那么认为选择确实存在并有其影响就完全没问题。也就是说，我们可以选择把一个人说成是一大堆服从薛定谔方程的粒子，但同样也可以把这些粒子说成是一个出于自愿的施事者，会做出影响这个世界的决定。但我们不能同时采用这两种表述。你的决定不会导致波函数分叉，因为“波函数分叉”是跟基础物理学层面有关的概念，而“你的决定”是跟人类日常的宏观层面有关的概念。

因此，你的决定跟波函数分叉完全没有丝毫关系。但还是可以问，
有没有你做出了不同决定的其他分支？确实可能有，但是理解因果关
系的正确方式是，“发生了一些微观过程，导致了分叉，在不同的分
支中，你最后做出了不同的决定”，而不是“你做了个决定，结果导致
宇宙波函数分叉了”。但至少，在你做决定的时候——即使是看起来 214
千钧一发、不容喘息的决定——几乎所有权重都会集中到某一个分
支上，而不是在很多个备选项之间平均分配。

神经元是我们大脑中的细胞，每一个都由一个中央体和一些附属物组成。这些附属物大部分都是树突，可以从周围的神经元接收信号，

但还有一个附属物是轴突，是一根较长的纤维，往外发出的信号就由其发送。带电的分子（离子）在神经元中积聚起来，直到触发一个电化学脉冲，沿着轴突下行，穿过突触抵达其他神经元的树突。很多个这样的事件联合起来，我们就有了形成“思想”的必要条件。（这里我们忽略了一些复杂的细节，希望神经科学家不会怪我。）

在很大程度上，这些过程完全可以看成是经典过程，至少也是基于决定论的过程。在所有化学反应中量子力学肯定也起到了一些作用，因为关于电子有多想从一个原子跳到另一个原子，或是两个原子有多想结合起来，设定这些规则的正是量子力学。但是如果聚集在一个地方的原子足够多，那么在描述这些原子总的行为表现时，就完全不必援引诸如纠缠、玻恩定则之类的量子概念——否则的话，你肯定得先学了薛定谔方程，操心着测量问题，才能去上高中的化学课。

因此，最好把“决定”看成是经典事件，而不是量子事件。尽管你自己可能并不知道自己最后会做出什么选择，结果还是早就刻写在你脑子里的代码中了。我们并不能完全肯定这个说法在多大程度上是对的，因为对于思考背后的物理过程，还有很多未解之谜。神经学上重要的化学反应的速率，也有可能会因为涉及到的不同原子之间的纠缠而稍微有所不同。如果事实证明是这种情况，那么在某种意义上，你的大脑就是一台量子计算机，虽说也会受到一些限制。

215 但同时，实事求是的埃弗里特派也会承认，总会有些波函数的分支中，量子系统似乎完成了一些非常不可能的事情。就比如第8章的爱丽丝提到的，会有那么一些分支里面我跑向一堵墙的时候刚好隧穿了过去，而不是给弹了回来。同样地，就算大脑在经典力学中的近似表明我会把所有筹码都押到牌桌上，但对一群神经元来说也有一个非常小的振幅会让我做一些非常不可能的事情，于是我舒舒服服地抱着双臂，作壁上观。但是，并不是我的决定导致了分叉。在我的阐述中，是分叉导致了我的决定。

根据我们对大脑中发生的化学过程的最简单的了解，我们的思考过程大部分都跟波函数的纠缠和分叉毫无关系。我们不应该设想，做出一个艰难的决定就能把世界撕裂成多个副本，每个副本中都有一个做出了不同选择的你。当然，要是你不想承担责任，只想把你的决策交给量子随机数生成器的话，这么想倒也不是不行。

与此类似，量子力学跟自由意志也没有任何关系。人们经常觉得自由意志是决定论（未来完全由宇宙现在的状态决定）的反面，因此认为二者可能有关也很正常。毕竟，如果未来早已注定，哪里还有我做选择的空间呢？在量子力学的教科书式表述中，测量结果完全是随机的，因此物理学并非决定论的。像钟表一样精确运行的牛顿经典力学早已将自由意志赶跑，但也许量子力学会在门上开出一条缝，让自由意志可以偷偷溜回来？

这里面的错误太多了，都让人不知从何说起。首先，“自由意志”和“决定论”并非截然对立，不能这么区分。决定论的反面应该是“非决定论”，而自由意志的反面应该是“无自由意志”。决定论很容易定义：给定系统目前的准确状态，物理定律就能精确决定以后的状 216
态。自由意志要麻烦点。我们经常会听到自由意志被定义成“有能力选择其他选项”之类。也就是说，我们在拿实际发生的事情（我们处于某种情景，我们做了一个决定，并照章行事）跟另一个假想的情景（我们让时光倒流，回到最初的情景，想知道我们是不是“可以”做出不同决定）作比较。玩这个游戏的时候，确切说明真实情形和假设情景之间有什么一直是固定不变的非常重要。是一切事情，一直到最微观的细节都绝对不变吗？还是说只是假设我们能看到的宏观信息保持不变，而允许我们看不到的微观细节有变化？

就假设说我们对这个问题非常认死理，在比较假设中重新运行的宇宙真的会发生什么时，是从完全相同的初始条件开始的，一直到所有基本粒子的精确状态都全部一模一样。那么在经典决定论的宇宙中结果会完全一样，因此你不可能“做出不同的决定”。但是，按照教科书式量子力学，会有随机性的因素掺和进来，因此从相同的初始条件出发，我们无法百分百肯定未来会得到完全一样的结果。

但这跟自由意志没啥关系。结果不一样并不意味着，对于自然规律我们凭个人意志表现出了某种超乎物理的影响，而只能说明有无法预知的量子随机数带来了不同。对于传统的“加强版”自由意志概念来说，重要的并不是我们是否臣服于大自然的决定论法则，而是我们是否臣服于任何形式的客观法则。我们无法预知未来，并不等于我们可以自由实现未来。就算在教科书式量子力学中，人类也仍然只是服从物理学定律的粒子和场的集合。

就这个问题来说，量子力学未必就是非决定论的。多世界理论就
217 是一个反例。你从现在的一个人演化成未来的好多个人，这个过程完

全是决定论的，任何地方都没有什么好选择的。

但是我们也可以考虑一种弱化版的自由意志概念，只涉及关于这个世界我们真正能够了解到的宏观认识，而不是以微观上的完美认识为基础来做这个思想实验。这样一来，另一种不可预知的情形就出现了。假设有一个人，我们（或他们，或随便谁）也知道这个人目前的精神状态，那么一般来讲他体内和大脑内会有很多种不同的原子和分子的微观排列方式能够符合这个宏观认识。有些排列可能会形成实际上不一样的神经过程，如果过去确实是这些排列，那最后我们的行为就会很不一样。这种情况下，要真实描述人类（或是其他有意识的施事者）在真实世界中的行为方式，就最好赋予他们意志——做出不同选择的能力。

认为人有行使意志的力量，是我们所有人在生活中谈到我们自己和别人时每每都有的观点。从实际角度讲，我们究竟能不能从对现在的完整认识出发预测未来并不重要，因为我们对现在并没有完整的认识，也永远不会有。这一事实让很多哲学家，其中最早可以追溯到英国的托马斯·霍布斯（Thomas Hobbes），提出了相容论，认为最根本的决定论法则与人类可以做选择的现实其实可以相容。大部分现代哲学家对于自由意志，都秉持相容论（当然这并不意味着这种看法就是对的）。自由意志是真实的，就跟桌子、温度和波函数的分支一样真实。

就量子力学来说，对自由意志的问题你究竟是认同相容论还是不相容论，都无关紧要。无论是哪种情形，量子不确定性都不应该影响你的立场。即使无法预测量子测量的结果，这个结果也是来自物理学定律，而不是你做出的任何个人选择。我们的行为并没有创造世界，
218 我们的行为是世界的一部分。

在讨论多世界理论人这一面的问题时，如果我避而不谈意识问题，那肯定是我的疏忽。很久以来都有人在说，必须要有人类意识才能理解量子力学，或是可能必须要有量子力学才能理解人类意识。这种看法很大程度上是因为人们的印象是，量子力学很神秘，意识也很神秘，因此也许两者之间有某种关联。

就目前来看，这么说也没错。也许量子力学和意识之间确实有某种关联，我们完全可以考虑这种假设。但就目前我们知道的一切来看，还没有充分证据能够证明确实如此。

我们先来看看，量子力学是否可以帮助我们理解意识。可以想象——虽然还远远谈不上确定——大脑中不同神经过程的速度以一种很有意思的方式取决于量子纠缠，因此无法仅凭经典推断就理解意识过程。但是，我们传统上认为，意识解释并不是简单的神经过程速度的问题。哲学家将意识的“简单问题”和意识的“难题”区分开来，前者是要弄清我们如何感知外物，如何对外物做出反应，以及如何思考外物，而后者是想知道我们对这个世界主观、第一人称的体验是怎么回事，以及身为我而非他人是什么体验。

量子力学似乎跟这个难题没有任何关系。不少人尝试过。比如罗杰·彭罗斯就跟麻醉学家斯图尔特·哈默洛夫（Stuart Hameroff）一起

提出了一个理论，认为大脑微管波函数的客观坍缩有助于解释我们为什么会体验到意识。这个假说在神经科学领域并没有被广为接受。更重要的是，人们并不知道为什么客观坍缩对意识来讲会很重要。完全可以想象，大脑中有一些涉及微管或别的什么完全不同的东西的精妙 219
的量子过程，会影响我们神经元放电的速度。但是，这对填平“神经元放电”和“我们主观、有自我意识的体验”之间的鸿沟毫无帮助。很多科学家和哲学家，包括我在内，都完全相信这个鸿沟可以填平。但是，神经化学过程速度的细微变化，似乎跟了解如何形成意识没有什么关系。（如果有关的话，这个影响就没有理由不能在非人类的电脑上重复出来了。）

关于意识的难题，埃弗里特量子力学所能说的，全都是其他所有认为世界完全是物理实在的世界观也会认同的。在埃弗里特理论中，关于意识有如下重要事实：

1. 意识源自大脑。
2. 大脑是连贯一体的物理系统。

仅此而已。（这里“连贯一体”的意思是，“由相互作用的部分组成”。在波函数没有相互作用的两个分支上的两个神经元集合，是两个彼此不同的大脑。）你要是愿意，也可以把“大脑”扩大到“神经系统”“有机体”乃至“信息处理系统”。重点在于，我们并不需要为了讨论量子力学的多世界理论而做出跟意识或个人身份有关的额外假设。这是典型的机械论，观测者和经验都没有任何特别作用。当然，有意识的观测者也跟着波函数其余部分一起分叉了，但是岩石、江河和云朵全都一样。在多世界理论中，理解意识问题的困难不多不少，完全跟没有量子力学的时候一模一样。

关于意识，还有很多重要内容科学家目前还并不了解。我们应该期待的正是这种情况，因为一般来讲人类的思想，尤其是意识，是极
220 为复杂的现象。我们还没有完全理解这些现象，但并不应该就放飞自我，提出全新的物理学基础定律来帮助我们脱身。我们对物理学定律的理解要深入得多，而且已经通过实验得到了非常好的验证，比我们对大脑功能及其与思想的关系的理解和验证都要好得多。也许有一天我们将不得不考虑为了成功解释意识而修改物理学定律，但那应该是最后的手段。

我们也可以把这个问题反过来问：如果量子力学不能用来解释意识，那么有没有可能意识会在解释量子力学时发挥关键作用？

很多事情都有可能。但对这个问题来说还是有点不够。考虑到标准教科书式量子力学对测量行为极为重视，我们自然想知道，有意识的思维和量子系统之间的相互作用究竟有没有什么特别之处。波函数坍缩有没有可能是因为对物理对象某些方面有意识的感知而引起的呢？

按照教科书式量子力学的看法，测量会导致波函数坍缩，但究竟什么是“测量”，却有些含混不清。哥本哈根诠释假定量子领域和经典领域大有区别，并把测量看成是经典的观测者和量子系统之间的相互作用。但是，这条分界线应该划在哪里，却很难确定。比如说，如

果我们用盖格计数器来观测一个放射源的辐射，那么我们自然会把这
个计数器看成是经典世界的一部分。但是我们没必要这么做，就算在
哥本哈根诠释中，我们也可以设想把盖格计数器看成是服从薛定谔方
程的量子系统。只有到测量结果被人类察觉到的时候，（按这种思考
方式）波函数才彻底坍缩，因为还从来没有报告说有哪个人处于不同 221
测量结果的叠加态。所以，我们有可能划下分界线的最后一个地方是
在“能够证实自己是否处于叠加态的观测者”和“所有其他事物”之
间。因为“我们并未处于叠加态”的感觉是意识的一部分，所以问问
是不是意识导致了坍缩好像也不算精神失常。

弗里茨·伦敦（Fritz London）和埃德蒙·鲍尔（Edmond Bauer）早在1939年就提出了这个想法，后来又得到了尤金·威格纳加持，他因为自己在对称性领域的研究获得了诺贝尔奖。用威格纳的话说就是：

> 量子力学据称能够提供的，只是意识的后续印象（也叫作“统觉”）之间的概率联系，而且，尽管其意识会受到影响的观测者与被观测到的物理对象之间的分割线可以向任何一方移动相当大的距离，但这个区分还是无法消除。认为现在量子力学的概念仍然会是未来物理学理论的永久特征，可能还有点言之过早；对外部世界的研究本身就会带来这样的结论：意识中包含的内容就是终极现实，而无论我们未来的概念可能会如何发展，这个结论都会非常引人注目。

对于意识在量子理论中的作用，威格纳自己后来改变了看法，但其他人继承了他的衣钵。一般来讲你不会在物理学会议上听到有多少人支持这个观点，但还是有些科学家在继续认真对待这个想法。

如果意识缺失在量子测量过程中发挥了作用，那么这到底是什么意思呢？最简单的办法就是假定意识符合二元论，也就是说“心灵”和“物质”是两个彼此不同但会相互作用的类别。主要思想就是，我
222 们的身体由粒子组成，而这些粒子的波函数服从薛定谔方程；但意识位于单独的、非物质的心灵中，其影响会让波函数在被感觉到的时候坍缩。二元论的全盛时期是笛卡尔（René Descartes）那时候，但现在已经没那么受欢迎了。这里面最根本的问题是“相互作用问题”：心灵和物质是如何相互作用的？就目前的认识来说，非物质的心灵在时间和空间中都没有大小，所以是怎么让波函数坍缩的呢？

不过也还有另一种策略，乍一看既没那么粗陋，听着还特别激动人心。这就是理想主义，哲学意义上的理想主义。我们说的不是“追求崇高理想”，而是说现实世界最根本的实质是精神特征，而非物理特征。理想主义可以跟物理主义或唯物主义对照来看，后者认为现实世界本质上由物质构成，心灵和意识是由此出现的集合现象。如果物理主义声称只有物理世界，而二元论声称既有物理领域也有精神领域，那么理想主义就是在声称只有精神领域。（逻辑上其他的可能性，也就是认为物理世界和精神世界都不存在，就没剩下多少立足之地了。）

对理想主义者来说，心灵是第一位的，而我们所认为的“物质”反映了我们对世界的想法。在某些版本的理想主义中，现实是从所有

个别心灵的集体努力中涌现出来的，但在另一些版本中，“精神”这样一个单一的概念既是个别心灵的基础，也是心灵带给我们的现实的基础。历史上有些最伟大的哲学家，既有东方很多传统文化中的，也有像伊曼纽尔·康德（Immanuel Kant）这样的西哲，一直赞成某种形式的理想主义。

不难看出，量子力学和理想主义看起来似乎非常契合。理想主义声称，心灵是现实最终的基础，而量子力学（就教科书式诠释而言）声称，像是位置和动量这样的特征直到被观测，大概就是被拥有心灵的什么对象感觉到时才会存在。 223

所有形式的理想主义都必须面对这样一个事实：除了还有争议的量子测量算是例外，现实世界似乎没有从有意识的心灵中得到任何特别帮助也能运转得相当良好。我们的心灵通过观测和实验去发现关于这个世界的事实，而不同的心灵所发现的这个世界的各方面特征最后总是会彼此完全一致。我们相当详细和成功地描述了宇宙历史的最初几分钟，那时候根本就还没有已知的心灵在那里思考这个宇宙。与此同时，神经科学领域的进展，让我们越来越能够将特定思维过程与发生在组成我们大脑的物质中的特定生化事件等同起来。要不是有量子力学和测量问题，我们关于现实世界的所有经验都会叫我们把物质放在第一位，心灵会从中涌现出来，而不是反其道而行之。

那么，量子测量过程的古怪之处是不是已经非常难搞，因此我们应该放弃物理主义，转而采取理想主义理念，认为心灵是现实最重要的基础？量子力学是不是真的意味着精神是第一位的？

不是。就算要解决量子测量问题，我们也完全不需要求助于意识的任何特殊作用。我们已经见过一些范例。多世界理论就是个很清楚的例子，只利用退相干和分叉的动力学过程就解决了波函数好像坍缩了的问题。我们还是可以考虑意识不知怎么地仍然掺和进来了的可能性，但也可以肯定并不是由我们现在能理解的任何东西强加给我们的。当然，在我们试着将量子力学的阐述形式与我们所看到的世界对应起来的时候，我们还是会经常说到意识体验，但也只有当我们想要解释
224 的对象就是这些体验本身的时候。

这些问题很难也非常微妙，这里也不是为理想主义和物理主义之间的争论做出完全公平、全面的裁决的地方。理想主义没那么容易被证伪，如果有人相信理想主义是对的，那么就很难找到可以明显改变他们心灵（或是神灵）的东西。但他们不能声称，是量子力学迫使我们变成这个样子的。关于这个世界，我们有非常简单、非常让人信服的模型，可以让我们相信现实的存在跟我们完全无关；我们没有必要
225 想着，是我们通过观察和思考，才让现实得以成为现实。

时空

第 11 章
为什么会有空间？

涌现与定域性

好，现在我们终于可以思考一下真实世界了。

等等啊，我看到你满脸问号。我还以为我们一直都在讨论真实世界呢。量子力学描述的难道不是真实世界吗？

当然是。但是，量子力学同样也可以描述我们这个真实世界之外的很多个世界。量子力学是特定物理系统的模型，从这个意义上讲，量子力学本身并不是单独的一种理论，而是一个框架，就跟经典力学一样，在这个框架中，我们可以讨论很多不同的物理系统。我们可以讨论单个粒子的量子力学，或是电磁场，或是一组粒子的自旋，又或是整个宇宙，都有自己的量子力学。现在，是时候关注一下我们这个真实世界的量子理论可能是什么样子的了。

从20世纪初开始，为真实世界找到正确的量子理论，就一直是一代又一代物理学家追求的目标。无论以什么标准来衡量，他们已经
229 取得的成功都不同凡响。其中一个重要见解是，认为大自然的基本构

成单元不是粒子，而是弥漫在整个空间中的场，从而产生了量子场论。

19世纪的时候，物理学家似乎对粒子和场都起着重要作用的世界观情有独钟：物质由粒子组成，而粒子之间相互作用的作用力由场描述。现在我们知道的更多了：就连我们了解、喜欢的粒子，实际上也是弥漫在我们周围空间中的场的振动。我们在物理实验中看到类似粒子的迹象时，反映的是这样一个事实：我们所见并非真实存在。在恰当情形下我们会看到粒子，但目前我们最好的理论说，场更加根本。

在物理学当中，万有引力是不大符合量子场论范式的一部分。你可能经常听到有人说"我们没有引力的量子理论"，但这么说有点儿太重了。关于万有引力，我们已经有一个非常好的经典理论：爱因斯坦的广义相对论，描述了时空的弯曲。广义相对论本身就是一种场论——描述了一个充满整个空间的场，这里指的是引力场。而对于将一种经典场论量子化从而得到一种量子场论的程序，我们也已经非常了解。将这些程序应用于基础物理学中已知的场论，最后就会得到所谓的核心理论。核心理论不仅能精确描述粒子物理学，只要引力场的强度不是太大，也可以精确描述引力。核心理论足以描述你日常生活中发生的所有现象，还能兼顾其他——桌子和椅子、变形虫和小猫、行星和恒星。

问题在于，核心理论未能覆盖日常生活之外的很多情形，包括引力变得极大的时候，比如说黑洞和大爆炸。也就是说，我们现有的量子引力理论在引力很弱的时候还够用，完全能够描述苹果为什么会从树上掉下来，或是月亮怎么绕着地球转。但这个理论还是有些局限，

230 如果引力变得非常强，或者是如果我们想把计算推得太远，这个理论机器就会失败。就我们所知，只有引力才有这种情况，对所有其他粒子和作用力来说，量子场论似乎能够轻松面对我们能想到的任何情形。

任何其他场论量子化起来都轻而易举，单单广义相对论难如登天，面对这种情况，我们可以尝试这样几种策略。其一就是继续努力思考，也许有很好的办法将广义相对论直接量子化，但需要用到我们迄今都还没在其他场论中用到过的一些新理论。还有个办法是假设广义相对论并不是用来量子化的恰当理论，也许我们应该从另外一种以前的经典引力理论开始，比如说弦论，然后使之量子化，希望能建立起包含万有引力和所有其他内容的量子理论。数十年来，物理学家一直在尝试这两种方法并取得了一些成功，但仍然有一大堆谜团尚待解开。

这里我们打算考虑一种不同的策略，从一开始就直接面对现实世界的量子性质。所有物理学家都知道，世界从根本上讲是量子的，但在我们实际搞物理研究的时候，还是会不由自主地受到我们经验和直觉的影响，而很久以来，我们的经验和直觉受到的都是经典原则的训练。有粒子，有场，会产生一些作用，我们也能观测到。就算明确说要转到量子力学领域，物理学家一般还是会从经典理论开始，然后使之量子化。但大自然不会这么做。从一开始，大自然就是量子的，埃弗里特坚持认为，经典物理学只是一种近似，只是在适当情境下才有用。

在前面的章节中辛辛苦苦了那么久，现在终于到了我们得到回报的时候了。我们有如下任务：抛弃所有经典的直觉，直接从量子开始，确定周围我们能看到的经典、近似的世界到底是怎么从宇宙、时空等

一切事物中涌现出来的。对于这些任务，多世界理论非常适合，而且是唯一适合这些任务的理论。 231

要想换掉多世界理论的话，通常需要额外的变量（比如玻姆力学），或是关于波函数如何自发坍缩的法则（比如GRW理论）。这些通常都是从我们对所考虑理论的经典限制的经验出发推导出来的，然而也正是这些经验，让我们在量子引力上到现在都还一事无成。相形之下，多世界理论就不需要任何人额外高屋建瓴。说到底，多世界理论并不是关于某种“物质”的理论，而只是根据薛定谔方程演化的量子态罢了。通常情况下这会给我们带来一些额外工作，因为我们必须说清楚为什么我们看到的世界全都是粒子和场。但在独特的量子引力情景中这是个优势，因为这些工作无论如何我们都是要做的。如果我们并不知道什么经典理论能够作为构建量子引力理论的正确起点，那么从量子力学角度出发的多世界理论也许是个正确方法。

在深入研究量子引力之前，我们先得打下一些基础。广义相对论是关于时空的动力学理论，因此本章中我们首先要问，为什么“空间”的概念如此重要。答案在于定域性的概念——事物如果在空间中彼此相邻，就会相互作用。下一章我们将看到，在空间中传播的量子场如何体现了这个定域性原则，并了解空白空间的一些性质。接下来的一章，我们会研究如何从量子波函数中得出空间。在最后一章我们会看到，如果引力特别强，就必须抛弃定域性，不能再将其当作中心原则。量子引力的奥秘，似乎跟定域性概念的优点和缺点全都密切相关。

对“定域性”的概念我们要特别小心在意才行，因为这个概念有

232 两种稍微有些不同的含义，也许可以分别叫作测量定域性和动力学定域性。“爱波罗”思想实验表明，量子测量当中似乎有些非定域性的内容。爱丽丝测量了一下自己手中电子的自旋，马上就会影响到天遥地远的鲍勃测量电子时会得到的结果，即使他自己并不知道。贝尔定理则意味着，任何理论，只要说测量会得出明确结果——基本上就是除了多世界理论之外所有的量子力学诠释方式——就都会有这种测量非定域性的特征。多世界理论在这个意义上是不是也是非定域性的，取决于我们选择如何去定义波函数的分支；我们既可以选择定域性的方式，这时候分叉只发生在附近；也可以选择非定域性，这时候分叉就是瞬间在整个空间中发生。

另一方面，动力学定域性指的是在没有进行测量也没有发生分叉时量子态的平稳演化。在这种情况下，物理学家希望一切都完全是定域性的，一个地方的扰动只会立即影响到附近的事物。在狭义相对论中，没有什么东西能够跑得比光还快，动力学定域性就是由这条规则规定的。在研究空间本身的性质和空间的涌现时，我们关心的也是这种动力学定域性。

有了这些之后，我们就可以撸起袖子，好好挖一挖这个问题了：我们能观测到的这个现实世界——我们所生活的这个世界，似乎是一大群在空间中有其位置的物体的集合，行为大体上都符合经典力学，但时不时会有量子跃迁——是如何从量子波函数中涌现出来的？埃弗里特量子力学据说讲述了一个有很多个世界的故事，但这种理论中的假设（波函数，平稳演化）压根儿就没提到“世界”。那么多世界都是从哪里来的，为什么看起来都近似符合经典力学？

在讨论退相干时我们曾指出，量子系统一旦跟周围更大的环境纠缠起来，我们就可以认为这个系统撕裂成了多个互相独立的副本，因为各个副本中无论发生什么事情，都不可能影响其他副本中发生的事 233
情。要是我们想追求完美的话，就可以说这是在告诉我们，我们可以认为退相干之后的波函数是在描述各自独立的多个世界——并不是说我们应该这么认为，更不是说我们必须这么认为。还能有更好的理解吗？

事实是，没有任何东西强迫我们把波函数看成是描述了很多个世界的对象，就算是退相干发生之后也是如此。我们还是可以把波函数作为一个整体来讨论。只不过，将波函数撕裂成很多个世界来看，确实会很有帮助。

多世界理论描述整个宇宙只用了一个数学对象，就是波函数。有很多种讨论波函数的方法都能让我们从物理学角度了解到正在发生的事情。比如说，有些情况下用位置来讨论可能会很管用，还有一些情况用动量来讨论会很有帮助。同样地，认为退相干之后的波函数描述了一组各不相同的世界，也经常会很管用。这么讨论也合情合理，因为某个分支上发生的事情并不会影响其他分支。但归根结底，这样讨论只是对我们来说很方便，并不是理论本身坚决要求必须这么做。从根本上讲，理论只关注作为整体的波函数。

打个比方，就想想你现在所在的这个房间里的所有物质吧。通过列举房间里所有原子的位置和速度，你可以描述这些物质——帮助我们得到此刻的经典近似。但这么干可有点儿匪夷所思。你根本就得不到这些信息，就算得到这些信息了你也没法用起来，而且你也根本不需要这么做。实际上你会把周围的东西都归里包堆分到一组能用上的概念里面：椅子、桌子、灯、地板，等等。跟把所有原子都列出来相比，这么描述可要简洁得多，但对于正在发生的事情，仍然能让我们得到很多了解。

类似地，把量子态描述成很多个世界也没有必要——只是在我们要处理无以复加的复杂状况时，能给我们一个非常管用的着力点。
234 就像第8章里的爱丽丝坚持认为的那样，世界不是基本的，而是涌现的。

我们这里说的涌现并不是指事件随着时间的推移而展开，就像一只小鸟破壳而出那样。我们说的涌现是描述世界的一种方式，并非足够全面，而是将现实世界划分为更容易厘清的板块。物理学基本定律中压根儿没有诸如房间、地板之类的概念，这些全都是涌现现象。就算我们缺乏对周围所有原子和分子的全面认识，这种方法也能有效描述正在发生的事情。说什么事情是涌现的，就是说这是对现实世界的近似描述的一部分，而这个描述只是在某个层面（通常是宏观层面）上有效，而且跟能在微观层面上精确描述现实世界的“基本”事物形成了鲜明对比。

在拉普拉斯妖的思想实验中，我们假设有一个超级智能体，知道所有的物理学定律，也知道这个世界的精确状态，同时还有无穷无尽的计算能力。对这只小妖精来说，过去、现在和将来的一切都完全是已知的。但我们没有谁是拉普拉斯妖。在现实中，对这个世界的状态，我们最多了解其中部分信息，计算能力也相当有限。我们当中没有谁，看着一杯咖啡就能看见所有分子中的所有原子；我们看到的是液体和杯子的一些粗略的宏观特征。但如果要好好聊聊这杯咖啡，或是预测这杯咖啡在各种情况下会发生什么，知道这些信息也就够了。一杯咖啡也是涌现现象。

同样的道理也可以用在埃弗里特量子力学中的多个世界上面。量子版的拉普拉斯妖对这个宇宙的量子态了解得巨细靡遗，因此永远也不会有把波函数划分为一组分支去描述一组世界的必要。但是，这么做非常方便也很管用，而且我们可以利用这种便利，因为这些个世界之间，永远也不会发生相互作用。

这并不是说这些世界不“真实”。“基本”和“涌现”是一个区别，“真实”和“非真实”是另一个完全不同的区别。桌子椅子和咖啡无疑都是真实的，因为这些对象描述了宇宙中的真实模型，将这个世界以 235
能够反映根本现实的方式组织起来的模型。埃弗里特理论中的那些世界也同样如此。在分割波函数时出于方便我们选择采用这种方法，但我们并不是随机分割。把波函数分成不同分支的方法有的对有的错，正确的划分方式留给我们的是遵守近似、经典的物理学定律的各自独立的世界。哪些方式能真正奏效，最终由自然界的基本规律决定，而不是靠人类的异想天开。

涌现并不是物理系统的普遍特征。只有存在一种描述系统的特殊方式，需要的信息比完整描述要少得多，但仍然能非常有效地告诉我们正在发生的情形，这样的时候才会发生涌现现象。这也是为什么按我们的方式分割现实世界，去描述桌子椅子和波函数的分支，对我们来说是有意义的。

想想环绕太阳的一颗行星。像是地球这样的一颗行星大概含有 10^{50} 个粒子。如果想精确描述地球的状态，就算是从经典力学的角度来说，也需要列出所有粒子的位置和动量，无论我们把超级计算机想象得有多神通广大，都肯定做不到。好在如果我们只关心这颗行星的轨道，那么这当中绝大部分信息都完全没有必要。实际上，我们可以将地球理想化，当成是位于地球质心的一个点，总动量也跟地球一样。这个理想化的点的状态可以用一个位置、一个动量来说明，要计算其轨迹，需要的信息也非常少（只需要6个数字，位置和动量各3个，而不是需要 6×10^{50} 个数字来对应每个粒子的位置和动量）。这就是涌
236 现：用比巨细靡遗的描述需要包含的信息少得多的信息量来捕捉系统重要特征的一种方式[1]。

我们常常在说，涌现描述对我们来讲用起来有多么“方便”，但是你可别就这么上当了，认为这里面有什么人类中心主义的东西。就算没有人类在那对桌椅和行星高谈阔论，这些物件也还是会存在。“方便”是客观物理属性的简略表达：有这样一个描述系统的模型，只需要描绘系统的完整信息的一小部分，就足以精确描述整个系统。

涌现不是自动发生的。涌现非常特别，也非常宝贵，当涌现现象发生时，会让情形大为简化。假设我们知道地球上全部 10^{50} 个粒子的

1. 但是，“涌现”一词的定义有些众说纷纭，有些含义跟我们这里用到的差不多刚好相反。我们的定义在文献中有时候也叫作“弱涌现”，跟“强涌现”恰成对照，后者指的是整体不能还原为各部分的总和。

位置，但不知道任何粒子的动量。我们有了大量信息——能得到的所有信息量中的整整一半——但仍然完全无法预测地球接下来会去哪。严格来讲，就算知道了地球上除了一个粒子之外所有粒子的动量，如果对这个粒子的确切动量一无所知，我们也无法说出地球接下来的动向；因为有可能这一个粒子拥有的动量，就足以跟其他所有粒子动量的总和相当。

物理学中这种情况很普遍。如果想精准预测一个由多个部分组成的系统接下来的动向，我们需要记录所有组成部分的信息。就算只是缺失了一小块，我们也会变得一无所知。涌现刚好是在相反的情形下
发生：我们可以扔掉绝大部分信息，只留下一小部分（只要你能弄清 237
楚是留下哪部分），但关于即将发生的事情，仍然能说个子丑寅卯。

对由很多粒子组成的物体的质心来说，涌现描述中我们需要的信息就跟我们一开始的信息（位置和动量）一模一样，只是少了很多。但是，涌现还能更加简约，涌现描述可以跟我们一开始的描述完全不同。

想想我们房间中的空气。假设我们把空间分成了很多个很小的格子，比如说边长均为1毫米。每个格子中仍然含有大量分子。但是，我们不去记录每个分子的状态，而是记录一些平均物理量，比如说每个格子的密度、压力和温度。结果表明，如果我们想准确预测空气的动向，所需要的全部信息就是这些。涌现理论描述的是另一种对象，一种流体，而不是分子的集合，但流体描述就足以很精确地描述空气。把空气看成流体需要的数据比把空气看成粒子的集合要少得多，流体

描述就是涌现的。

埃弗里特理论中的多个世界也是如此。要做出有效预测，我们不需要追踪整个波函数，只需要看单个世界中发生的事情就够了。我们可以用经典力学来处理在各个世界中发生的事情，这就已经是很好的近似了，只不过在偶尔跟微观系统纠缠起来形成叠加态的时候，需要量子力学来介入一下。这就是为什么牛顿的万有引力定律和运动定律就足以让我们把火箭送上月球，而不需要知道宇宙的完整量子态；波函数中我们所在的这个分支，描述了一个涌现的、基本符合经典力学的世界。

在多世界理论的假设中，并没有提及描述各自独立的那些世界的波函数分支。不过在粒子和作用力的核心理论中，也没有提到桌椅和
238 空气。戴维 · 华莱士将哲学家丹尼尔 · 丹尼特（Daniel Dennett）的表述移植到了量子力学语境中，说每个世界都是抓住了基本动力学中的“真实模型”的一个涌现出来的特写。真实模型让我们得以准确讨论这个世界，而无需诉诸全面的微观描述。让所有涌现出来的模型，尤其是埃弗里特理论中的世界真实到不容置疑的，就是这种描述方式。

你一旦开始相信，把波函数的分支看成是涌现出来的世界非常管用，你可能就会想，为什么一定得是这组世界。为什么最后我们看到的宏观对象在空间中都有定义非常明确的位置，而不是处于多个不同位置的叠加态？“空间”似乎是一个非常核心的概念，这到底是为什么？量子力学入门课本有时候给我们的印象是，如果物体非常大，就不可避免会出现经典行为，但这是一派胡言。设想有个波函数能够描

述处于各种奇怪的叠加态的宏观物体，完全没有任何问题。真正的答案更有意味。

我们可以从空间的特殊性质开始，通过比较我们对位置和动量的不同思考方式来找到切入点。艾萨克·牛顿最早写下经典力学方程时，位置明显享受了特殊待遇，而速度和动量都是推导出来的物理量。位置是“你在空间中的所在”，而速度是“你在空间中移动的快慢”，动量则是质量乘以速度。空间似乎是最重要的。

但更深入的研究表明，位置和动量这两个概念的地位，比最早出现的时候表现出来的要更加平等。也许我们不应该感到奇怪，毕竟是位置和动量这两个物理量一起定义了经典系统的状态。实际上，在经典力学的哈密顿表述中，位置和动量的地位非常明显是完全对等的。[239]这是不是反映了表面上并不明显的某种根本的对称性？

在我们的日常经验中，位置和动量似乎大有不同。数学家会叫作“所有可能位置的空间”的，就是我们其他人所说的“空间”，也就是我们生活的三维世界。然而，“所有可能动量的空间”，或者叫“动量空间”，虽然也是三维的，却似乎是个抽象概念。没有人认为我们生活在那样一个空间中。为什么呢？

让空间特殊起来的特征是定域性。不同物体之间的相互作用，只有这些物体在空间中彼此邻近时才会发生。两个台球在空间中同一个位置碰到一块时才会互相弹开。如果粒子只是具有相同（或相反）的动量，并不会发生上面这些事情；如果这些粒子不在同一个位置，就会井水不犯河水，继续各奔东西。这并不是物理学定律的必要特征——我们可以想象，并非这种情形的世界也是有可能存在的——但在我们这个世界中，这种特性似乎颠扑不破。

台球反弹的例子很经典力学，但对量子力学也可以有同样的讨论。最基本的量子力学阐述形式同样认为位置和动量平起平坐。我们可以通过给粒子的所有可能位置都配上复数振幅来表示这个粒子的波函数，也同样可以通过给粒子的所有可能动量配上复数振幅来表示。在讨论不确定性原理时我们就已经看到，描述同一个根本的量子态的这两种方式是等价的，是以不同方式表达了相同的信息。

这一论断意义颇有些深远。我们说过，确定动量的波函数看起来像是正弦波。但这是用位置来说的，我们自然而然就会倾向于这样子去表述。如果用动量来说的话，同一个量子态看起来就会像位于那个特定动量的尖峰。位置确定的量子态就会看起来像是延展到所有可能
240 动量上的正弦波。这些事实让我们开始意识到，真正有关系的是“量子态”这个抽象概念，而不是作为波函数在位置或动量方面的具体体现。

但在我们这个特别的世界中，只有系统彼此邻近的时候才会发生相互作用，因此位置和动量之间的对称又一次被打破了。这就是动力学定域性在起作用。多世界理论认为，量子态才是最根本的，其他一切都是涌现现象，因此从这个角度来看，我们真的应该倒转过来：“空间中的位置”是会让相互作用看起来好像满足定域性的变量。空间不是最根本的，而只是用来表述最根本的量子波函数中发生了什么的一

种方式。

这个观点可以帮助我们了解，为什么埃弗里特理论中的波函数可以自然而然地被划分为一组近似、经典的世界。这就是所谓的优先基问题。宇宙的波函数总体上描述了所有类型的叠加态，包括宏观对象处于非常不同的位置的叠加态，多世界理论就是以这一事实为基础的。但我们从来没见过椅子、保龄球或是行星处于叠加态；在我们的经验中，这些对象似乎总是有确定的位置，运动也非常符合经典力学的运动定律。为什么我们看到的状态从来不会演变成宏观叠加态？我们可以把波函数写成很多各不相同的世界的综合体，但是为什么一定要分割成这些世界呢？

20世纪80年代研究人员算是通过退相干得出了答案，虽然很多细节都还有待敲定。要理解这些，去看看那个现成的思想实验会很有帮助，就是薛定谔的猫。我们有个密封起来的盒子，里面有只猫，还
有个装着催眠气体的容器。薛定谔最早的剧情里还有毒药，但我们干 241
嘛要想着把这只猫杀死呢？（他女儿露丝曾经说：“我觉得我爸就是不喜欢猫。”）

我们的实验人员装了一根弹簧好把容器拉开，放出催眠气体，让猫睡觉，但只有探测器，比如说一个盖格计数器，检测到有个粒子辐射出来，嘀嗒一声的时候才会触发这一切。探测器旁边放着一个放射源。我们知道这个放射源发射粒子的频率，所以对任何给定时长，我们都能算出计数器嘀嗒一声让弹簧弹起的概率。

放射源发射粒子的过程从根本上讲也是个量子过程。我们非正式地描述为偶发、随机的粒子发射事件，实际上是放射源中原子核的波函数的平稳演化。所有原子核都会从完全未衰变的状态，逐渐演化成“未衰变”+“衰变”的叠加态，其中后面这部分的比重在逐渐增加。粒子发射看起来是随机的，是因为探测器并非直接测量波函数。探测器只会看到“未衰变”或“衰变”，就好像竖直方向的施特恩-格拉赫磁场也永远都只能看到自旋向上或自旋向下一样。

这个思想实验的重点是，把微观的量子叠加态放大到显然属于宏观的情形中去。只要探测器嘀嗒一声，这件事就发生了。什么催眠气体啦、猫啦，全都只是为了让这个把量子叠加态放大到宏观世界的过程更加生动。（“纠缠”这个词，用德语说就是Verschränkung，最早就是薛定谔在讨论他这只猫的时候用到量子力学里面的，出自他跟爱因斯坦的书信往还。）

薛定谔的实验是在对测量问题的教科书式阐释的语境中提出的，根据这种阐释，波函数真的被观测到的时候就会坍缩。所以他说，那就假设我们让这个盒子一直保持封闭，直到波函数演化为“至少有一个原子核衰变了”和“还没有原子核衰变”的等量叠加态之前，都不
242 去观测里面的情形。这样一来，探测器、催眠气体和猫的波函数同样也会演化成两个状态的等量叠加，其一为“探测器嘀嗒了，气体放了出来，猫睡着了”；其二为“探测器还没嘀嗒，气体仍然在容器里，猫还精神着呢”。薛定谔问道，你肯定不会真的以为，在我们打开盒子之前，盒子里是一只睡着的猫和一只清醒的猫的叠加态吧？

这一点他说对了。只要对量子力学有埃弗里特式的视角，我们就会接受波函数平稳演化成了两种可能性的等量叠加，一种可能性是猫睡着了，另一种是猫还醒着。但退相干理论告诉我们，猫也跟自己周围的环境纠缠在一起，而环境中有盒子里的所有空气分子和光子。实际分叉形成各自独立的世界的过程，几乎是在探测器嘀嗒一声之后马上发生的。到实验人员前来打开盒子的时候，波函数已经形成了两个分支而不是仍然叠加在一起，每个分支里都有一只猫、一位实验人员。

这解决了薛定谔一开始提出的问题，但又带来了另一个问题。为什么打开盒子的时候，我们看到的退相干之后的特定量子态要么是一只醒着的猫，要么是一只睡着的猫？为什么我们不会看到两者的某种叠加？对猫这个物理系统来说，“醒着”和“睡着”一起代表的只是一 243
种可能的基，就像“自旋向上”和“自旋向下”之于电子一样。为什么这个基比其他所有基都更可取呢？

这里有重要关系的物理过程，是环境中的物质——气体分子、光子——跟我们考虑的物理系统之间的相互作用。特定的某个粒子是否真的跟这只猫有相互作用，取决于这只猫在哪儿。特定光子很可能会被一只醒着的、在盒子里走来走去的猫吸收，但是完全错过在盒子底面上呼呼大睡的猫。

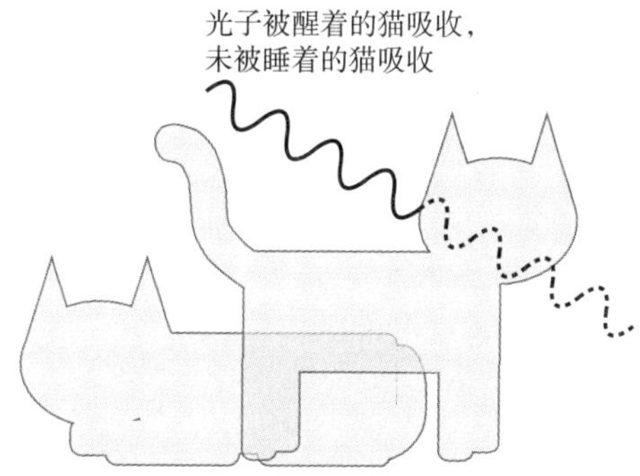

也就是说，“醒着”/“睡着”这个基的特别之处在于，每个状态都描述了空间中有明确定义的布局。而我们说物理上的相互作用是定域性的，就是相对于空间这个物理量来说的。粒子如果和猫发生物理上的接触，我们就说这个粒子撞上了猫。猫的波函数的两个部分，一个“醒着”一个“睡着”，分别会跟环境中的不同粒子接触，于是分叉形成了不同的世界。

对于为什么我们会看到现在看到的这个特定世界，这就是初步的答案：有些状态所描述的对象在空间中是连续的，这样的状态就是优先基状态，因为这样的对象一直在跟周围环境相互作用。我们也经常
244 称之为指针状态，因为在这种状态下，宏观测量设备的指针会指向特定的数值，而不是处于叠加。表现良好的经典近似之所以行得通，就是因为指针基，因此也是指针基清晰界定了涌现出来的那些世界。是退相干现象，最终将最朴素、最简单的埃弗里特量子力学与我们看到
245 的这个特殊的、混乱不堪的世界联系在一起。

第 12 章
充满震颤的世界

量子场论

“超距作用”这个表述，往往还带着爱因斯坦用来修饰这个短语的形容词“瘆人”，在讨论量子纠缠和“爱波罗”佯谬时经常会被提到。但这个想法还要古老得多——至少可以追溯到艾萨克·牛顿和他的万有引力理论。

就算牛顿只是将经典力学的基本构架拼凑在一起，他也仍然会有望成为历史上最伟大的物理学家。但他做到的远远不止于此，还包括发明微积分之类微不足道的小事，这些成就让最伟大物理学家的桂冠更是非他莫属。尽管如此，看到牛顿戴着华丽假发的照片时，大部分人会想到的还是他的引力理论。

牛顿的引力理论可以总结为著名的平方反比定律：两个物体之间的万有引力与两者的质量成正比，与两者间距离的平方成反比。因此，如果你把月球移到离地球两倍远的地方，那么地球和月球之间的万有引力就只有现在的四分之一。运用这么一条简单的规则，牛顿得以证明行星环绕太阳的运动自然就会呈椭圆形，证实了约翰内斯·开普勒

（Johannes Kepler）多年前提出的经验关系。

但是，牛顿从来没有对自己的理论真正满意过，原因就在于这个理论当中有超距作用。两个物体之间的作用力取决于两者各自所在的位置，而其中一个物体移动时，引力的方向在整个宇宙中都会瞬间改变。两者之间并没有什么媒介在调节这样的变化，却就这么发生了。这让牛顿很恼火——不是因为不合逻辑或是跟观测结果对不上，而是就因为看着好像有什么不对。也许会有人说，瘆人哪。

> 无法想象，没有生命、没有理性的物质，没有别的什么非物质的东西居间作为调节，也没有相互接触，居然就能控制和影响别的物质……万有引力必定是由一个一直按照某些定律行事的施事者导致的，但这个施事者到底是物质的还是非物质的，我还是留给读者诸君去考虑好了。

确实有一个“施事者”能让万有引力以这种方式起作用，而这个施事者也完全是物质的——这就是引力场。这个概念最早由皮埃尔-西蒙·拉普拉斯提出，借此他得以改写了牛顿的万有引力理论，让这种作用力由引力势能场承载，而不是就这么神秘地跨过了无穷远的距离。但是，作用力的变化仍然是瞬间发生在整个空间中。直到爱因斯坦提出广义相对论，才证明引力场的变化，就跟电磁场的变化一样，在空间中是以光速传播的。广义相对论用“度规”场取代了拉普拉斯的势能场，前者是数学上描述时空弯曲的一种很复杂的方式，但有一个引力场弥漫在整个空间中的概念还是完好无损。

由场承载着作用力，这个想法在概念上很吸引人，因为这是定域 248
性思想的实例化。在地球运动的时候，地球引力的方向并不是在整个宇宙中都瞬间改变了，而是先在地球所在的地方改变，然后这个地方的场会拉拽附近的场，附近的场再接着拉拽稍微远一点的场，以此类推，形成以光速向外传播的波。

现代物理学把这个概念扩展到宇宙中的万事万物。核心理论是从一组场论开始，然后将这些场论量子化。就连电子和夸克这样的粒子，实际上也是量子场中的震颤。这本身就是一个很精彩的故事，但我们这一章的目标没有那么宏大：我们想了解量子场论中的“真空”，也就是跟空白空间对应的量子态。（关于包含实际粒子的量子态的简要讨论，我放在了本书附录中。）稍后我们会讨论空间本身的量子涌现，但现在我们还是先墨守成规，想想在预先存在的空间中将经典场论量子化所能得到的量子场论会是什么样子。

我们将从中了解到的一个结论是，量子纠缠在量子场论中扮演的角色，甚至比在量子化的粒子理论中更加重要。如果我们重点关注的是粒子，那么量子纠缠也许很重要也许不重要，要看具体的物理环境而定。我们可以假设有两个电子纠缠在一起的这么个状态，但是两个电子完全没有发生纠缠的状态同样会有很多。而在量子场论中，基本上任何在物理上有意义的状态都是以纠缠的程度非常高为特征的。就连空白空间，你可能会觉得非常简单，在量子场论中也会被描述为各种震颤纠缠起来形成的错综复杂的集合。

量子力学最早的开端，是普朗克和爱因斯坦指出电磁波有类似粒

249 子的性质的时候，随后玻尔、德布罗意和薛定谔也提出，粒子也有类似波的特性。但这里实际上有两种不同的“波动性”，我们需要小心强调一下两者之间的区别。其一来自我们从经典的粒子理论过度到量子版的粒子理论，得到一组粒子的量子波函数时；另一种则来自我们一开始就有一种经典的场论的时候，甚至根本都还没有开始涉及量子力学。经典的电磁学理论和爱因斯坦的引力理论就是后面这种情况。经典的电磁学理论和广义相对论都是场论（因此也都是波的理论），但本身也都完全是经典的。

在量子场论中，我们从经典的场论开始，然后来搭建其量子版本。我们得到的波函数告诉我们的不是在某个位置看到某个粒子的概率，而是看到场在空间中处于某种布局的概率。你愿意的话，也可以叫作波的波函数。

将经典理论量子化的方式有很多种，但最直接的是我们已经采取的这种。假设有一个粒子集合，我们可能会问：“这些粒子都会出现在哪儿？”对每个粒子来说答案都很简单，就是“空间中的任何地点”。如果只有一个粒子，那么波函数会给空间中所有的点都分配一个振幅。但如果我们有好几个粒子，并不是每个粒子都有单独的波函数，而是会有一个大的波函数，为所有粒子同时所在位置的每一种可能组合都分配一个振幅。纠缠就是这么发生的：对应粒子集合的每一种布局都有一个振幅，将其平方就能得到观测到这些粒子处于这种布局的概率。

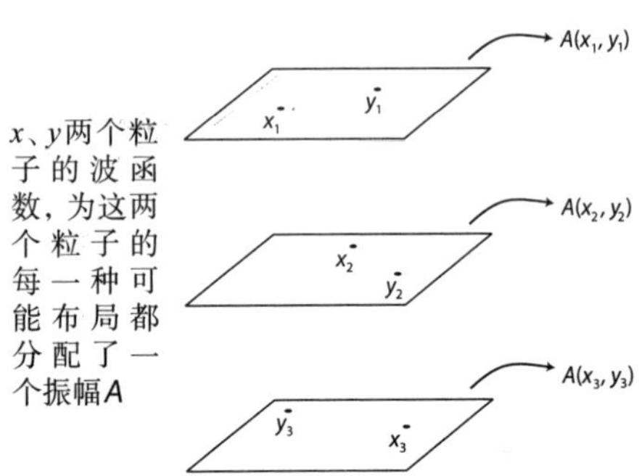

对场来说同样如此，只是要将“粒子的可能布局”替换成“场的可能布局”，而现在我们说的“布局”，意思是整个空间中所有地点场 250
的取值。对于这个场，波函数考虑了所有可能的布局，并为每一种布局都分配了一个振幅。如果假设我们可以同时观测这个场在所有位置的取值，那么得到场的某种布局的概率就等于分配给这种布局的振幅的平方。

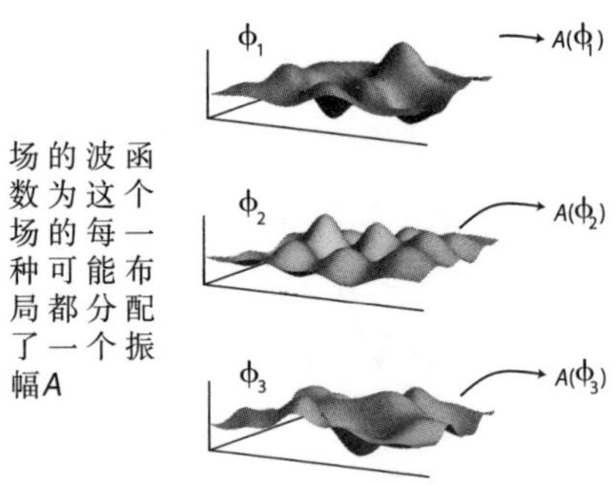

这就是经典的场论跟量子波函数之间的区别。经典的场是空间的函数，包含很多个场的经典理论描述的是多个空间的函数，只是互相 251

叠加在一起。量子场论中的波函数不是空间的函数，而是所有经典场的所有布局的集合的函数。（核心理论中包括了引力场、电磁场以及各种亚原子粒子的场等。）这头巨兽非常可怕，但物理学家已经学会如何去了解它，甚至对它爱护有加。

所有这些都有一个隐含的假设，就是量子力学的多世界理论。我们没有提到退相干和分叉，但我们一直理所当然地认为，我们真正需要的只是一个量子波函数，以及薛定谔方程的某个合适的版本，剩下的就任其自生自灭了。而这些正是埃弗里特理论。（有时人们在说到“薛定谔方程”的时候，具体指的是薛定谔自己最早写下的版本，只适用于非相对论性的点状粒子，但要给相对论性的量子场或其他任何有哈密顿量的系统找到适用的薛定谔方程也并非难事。）其他版本的量子力学，通常都需要一些额外变量或规则，来说明波函数会如何自发坍缩。转向场论的时候，就没有办法很快知道这些额外成分应该是什么了。

如果量子场论将世界描述为经典场布局的波函数，那看起来就好像是波动性之上的波动性了。如果我们问，可能还会得到多少更有波动性的东西，答案［套用《摇滚万岁》中奈杰尔·塔夫内尔（Nigel Tufnel）的话说］可能就是“不会再波动了”。然而如果我们去观测量子场，比如说在日内瓦的大型强子对撞机的探测器中，我们看到的还是代表点状对象路径的单独轨迹，而不是弥漫的波状云。反正我们是又绕回了粒子身上，尽管这些粒子是怎么波动怎么来。

252 个中原因跟我们在原子中会看到电子的离散能级的原因一模一

样。独自在空间中移动的电子完全可以具有任何能量，在原子核的吸引力作用范围下的电子却像是困在了一个格子中一样。波函数在远离原子的地方降为零，我们可以想成是两头都被绑住了，就好像一根两头都被绑住的弦，在两端之间还是可以自由运动的。这时候，绑住的弦就只能进行一些离散的震颤，电子的波函数也一样，只有一些离散的能级。只要说一个系统的波函数太大、太远或太极端的布局都是零，好像被“绑住”了一样，这个系统就会表现为一组离散的能级。

回到场论，我们来考虑一个非常简单的布局，一个正弦波，伸展到整个空间中。我们把这样一个布局叫作场的一个模，这样去思考会很方便，因为场的任何布局都可以看成是很多不同波长的模的某种组合。正弦波里面有能量，可以想象如果波越来越高，其中的能量也会迅速增加。我们想构建这个场的量子波函数。场的能量会随着波的高度一起增加，因此在波的高度增加时波函数得迅速降低，这样才不会让能量非常高的波有很大概率出现。实际上，波函数在能量很高的地方被绑住了（变成了零）。

结果就跟震动的弦，还有原子中的电子一样，对量子场的震颤来说，也是有一些离散的能级。实际上，这个场的每一个模都可以处于能量最低的状态，然后还有能量第二低、第三低的状态等。总体上能量最小的波函数就是所有模都处于能量能达到的最小值的状态的时候，这是个独一无二的状态，我们称之为真空。量子场论家说到真空的时候，他们说的可不是能把你地板上的尘土吸走的那种真空吸尘器，也不是没有任何物质的星际太空区域。他们说的是“量子场论中能量最低的状态”。

你可能会觉得，量子真空肯定空空如也，无聊透顶，但实际上这个地方可狂野得很。原子中的电子有一个能量最低的状态，这个电子也可以处于这个状态，但如果我们把这个状态看成电子位置的波函数，那么这个函数还是可以有很有意思的形状。同样地，对量子场论的真空状态来说，如果我们想知道这个场的各个部分，那这个真空状态仍然可以有很有意思的布局。

下一个能级还可以更加有趣，因为我们是从每个模的能量第二低的状态得出的这个能级。这让我们有了一些自由，可以有主要都是波长很短的模的状态，也可以有主要都是波长很长的模的状态，还可以是任意混合。所有这些状态的共同点是，每一个模都处于"第一激发态"，能量只比最低状态高那么一点点。

综合起来看，量子场论第一激发态的波函数看起来就跟一个粒子的波函数一模一样，只不过这个粒子的波函数是用动量而非位置的函数来表示的。通常会有来自不同波长的贡献，在粒子的波函数中我们诠释为不同的动量。最重要的是，这种状态在我们观测的时候会表现得像粒子一样：如果我们在某个位置测量到一点能量（解读为"我刚在那看到一个粒子"），那么你过一会儿再看的话，就非常有可能会在附近观测到同样大小的能量，即使波函数一开始是展开的。最后你看到的是在场中传播的局地化震颤，留在实验探测器上的轨迹就跟粒子会留下的一模一样。如果看起来像粒子，闹出来的动静也像粒子，那称之为粒子也就名正言顺了。

可不可以有这样一个量子场论波函数，由一些处于最低能量状态的模和一些处于第一激发态的模联合组成？当然可以——这就是零粒子状态和一个粒子的状态的某种叠加，给出的状态中粒子数量并不确定。 254

你很可能也已经猜到了，量子场论能量第三低的波函数看起来就跟两个粒子的波函数一样。对于代表三个粒子、四个粒子或随便多少个粒子的量子场状态，都可以以此类推。我们观测薛定谔的猫的时候会看到这只猫要么醒着要么睡着，不会看到这两种状态的任何叠加，我们测量轻微震颤的量子场的时候也是一样，只会观测到粒子的各种集合。用上一章的话来说就是，只要场的波动不是太狂野，量子场论的“指针状态”就会像是一定数量的粒子的集合。我们实际去观察这个世界的时候，看到的就是这样的情形。

除此之外，量子场论还可以描述粒子数量不同的状态之间的变换，就好像电子可以在原子的不同能级之间上下跳跃一样。通常在以粒子为基础的量子力学中，粒子的数量是固定的，但量子场论描述起粒子的衰变、湮灭和在碰撞中的产生来毫无压力。这是个加分项，因为这样的事情随时都在发生。

量子场论将粒子和波这两个表面看来水火不容的概念捆绑在一起，堪称物理学历史上统一进程的伟大胜利。一旦当我们认识到，将电磁场量子化就会得到粒子性的光子，那如果说别的粒子，比如说电子和夸克，也同样来自场的量子化，也许就不会觉得奇怪了。电子是电场中的震颤，各种夸克是各种夸克场中的震颤，如此等等。

量子力学入门有时候会拿粒子和波对比，就好像两者是同一枚硬币不分伯仲的两面，但归根结底，粒子和场之间的对决并不是公平决斗。场更加根本，关于宇宙由什么构成，我们目前最好的理解是由场
255 带来的。粒子只不过是我们在适当条件下观测场的时候看到的对象罢了。有时候环境没有那么合适，比如说在质子或中子里边，虽然我们经常说到夸克和胶子，就好像都是一个个粒子一样，还是不如看成弥散的场来得更准确。物理学家保罗·戴维斯（Paul Davies）有篇文章的题目就叫作《粒子并不存在》，修辞上只能说略有夸大罢了。

在这里，我们感兴趣的是量子现实的基本范式，而不是粒子及其质量和相互作用的特定模式。我们关心量子纠缠，关心涌现现象，也关心经典世界是如何从波函数的分叉中产生的。让人高兴的是，对于这些目标，我们把注意力集中到量子场论中的真空——也就是空白空间，没有任何粒子在里面飞来飞去——物理学就可以了。

为了把量子场论真空到底有多有趣说清楚，我们来关注一下其中最明显的一个特征，就是真空中的能量。人们很容易认为，真空能从定义上讲肯定是零。但是我们一直都很谨慎，没有那么说。我们说的是，真空是“能量最低的状态”，但未必是“能量为零的状态”。实际上，真空能可以是任意值，这是自然界的一个常数，宇宙的一个参数，不由任何其他可以测量的参数决定。对量子场论来说，你必须自己去测一测，看看这个真空能到底是多少。

我们也测量了真空能，至少可以说，我们认为我们测量过了。测量真空能并不容易，你又没法直接把一杯空白空间放在天平上，然后

看看到底有多重。测量真空能的办法是，找找真空能产生的引力效应。
按照广义相对论，能量会带来时空弯曲，因此也会产生万有引力。空
白空间的能量是一种特殊的形式：每立方厘米空间中的真空能有一个
精确的常数值，在整个宇宙中都保持不变，就算时空扩张或卷曲也不
会有影响。爱因斯坦管真空能叫宇宙学常数，至于其数值究竟是零还 256
是另外的什么数，很久以来宇宙学家都莫衷一是。

这番争论似乎终于在1998年尘埃落定，那一年，天文学家发现宇宙不但是在膨胀，而且是在加速膨胀。如果观察一个遥远的星系，测量其退行速度，就会发现这个速度在逐渐增加。如果宇宙当中只包含普通的物质和辐射，而这两者的引力效应都是把物体拉到一起，减慢膨胀速度，所以如果是这样的话，上面的发现就太出人意料了。正的真空能产生的引力效应与此相反，会推动宇宙分崩离析，导致加速膨胀。两个天文学家团队测量了河外超新星的距离和速度，期望能够观测到宇宙的减速膨胀，但结果他们的发现是，宇宙在加速膨胀。这个意想不到的结果让人大感挫败，但2011年的诺贝尔奖算是在一定程度上弥补了这种挫败感。（争论只是“看似”平息了，因为仍有可能宇宙加速膨胀是由真空能之外别的什么东西引起的。但是到目前为止，无论是从理论还是观测角度来说，这都是最主流的解释。）

你可能觉得就是这个结果了。空白空间有能量，我们测过了，到处都是可可和纸杯蛋糕。

但是，我们还可以问另外一个问题：我们应该期望真空能是多少？这个问题很有趣，因为这只是自然界的一个常数，也许我们根本

就没有资格期望结果是特定的某个数值。我们能做的，只是快速粗略地估算一下，我们也许可以猜真空能应该有多大。答案让人虎躯一震。

估算真空能的传统方法是，先算出经典力学的宇宙学常数可能有多大，再计算量子效应对这个数值会有多大影响。这个方法其实不大对，大自然才不管人类喜欢从经典力学开始，再把量子力学建立在经
257 典力学的基础上。大自然从一开始就是量子的。但是，既然我们只需要得到一个极为粗略的估计，那也许这么做也不是不行。

结果还真是不行。量子对真空能的贡献是无穷大。这个问题在量子场论中屡见不鲜，通过逐渐把量子效应考虑进来，我们做的很多计算最终给我们的都是无意义、无穷大的答案。

但是，这些无穷大我们不能太当回事。这些无穷大归根结底来自这样一个事实：量子场可以看成是以不同波长震颤的所有模的组合，波长可以从长到不可思议一直到为零。如果我们假设（但并没有特别好的理由）每个模的经典最低能量都是零，那么真实世界中的真空能就等于所有模的全部附加量子能量之和。把所有这些模的量子能量全都加起来，就会得到无穷大的真空能。从物理上讲，真实情况恐怕未必如此。毕竟在距离非常短的时候，我们应该预计时空本身就会分崩离析，时空的概念不再管用，因为量子引力这时候已经大到无法忽视了。如果只把波长大于比如说普朗克长度的贡献包括进来，也许还更加现实一点。我们说这是强行截止——在研究量子场论的时候只把波长比某个距离长的模包括进来。

但很不幸，这样也没有完全解决这个问题。如果通过强行在普朗克尺度上截止，只计入波长更长的量子场对真空能的贡献，那么我们确实会得到一个有限的答案，不再是无穷大。但是，这个答案是我们实际观测结果的10^{122}倍。这么驴唇不对马嘴的结果也叫宇宙学常数问题，也经常有人说这是所有物理学领域中理论和观测差异最大的问题。

从严格意义上讲，宇宙学常数问题并非真的是理论和观测结果之间的矛盾。我们并没有任何能够靠得住的理论，预测真空能应该是多少。我们大谬不然的估算来自两个靠不住的假设：经典力学对真空能 258
的贡献是零，以及我们在普朗克尺度上强行截止。还是有这样一种可能：我们一开始的经典贡献跟量子贡献几乎一样大小，但是符号相反，因此加在一起就会观测到数值非常小的“物理”真空能。但我们完全不知道为什么应该如此。

问题并不在于理论与观测结果相冲突，而是我们的粗略估计太离谱。大部分人都认为这是个线索，表明还有什么神秘、未知的因素在起作用。既然我们估算的能量完全是量子效应，而我们要借助其引力效应才能测量出其存在与否，那么很有可能在我们得出完全有效的量子引力理论之前，都无法解决这个问题。

关于量子场论的流行讨论往往说真空里面充满了“量子涨落”，甚至说“粒子会在空白空间中倏忽明灭”。这么说确实挺带感，但其中错的成分比对的多。

在量子场论真空描述的空白空间中，没有任何东西在涨落，量子态绝对稳定。粒子倏忽明灭的画面完全不符合真实情况，因为实际上这个状态在任何时候都一模一样，从无变化。毫无疑问，空白空间的能量从根本上讲是由量子效应贡献的，而且实际上并没有任何东西在涨落，因此说能量来自“涨落”会很误导人。整个系统都安安静静地待在能量最低的量子态。

那为什么物理学家一直在说量子涨落呢？在其他领域我们也注意
259 到同样的现象：我们人类总是只愿相信眼见为实，虽然量子力学一直在叫我们更上一层楼。隐变量理论就是屈服于人类的这种冲动，相信现实并不是平稳演化的波函数，而是别的。

埃弗里特量子力学就很清楚：空白空间描述的是一种静止不变的量子态，任何时候都不会发生任何事情。但是，如果我们观察得足够细致，测量某个很小的区域内量子场的取值时，我们看到的就会像是随机的一团乱麻。过一会儿再看的话，又会看到另一团随机的乱麻。所以我们很容易认为，就算我们没在观察的时候，空白空间里也有什么东西在动来动去，这个结论简直呼之欲出。但事实并非如此。实际上，我们看到的是不确定性原理的一种表现：观测量子态时，我们看到的通常都会跟我们观测之前的状态全然不同。

要讲清楚这一点，可以假设我们做了一个更加可行的实验。我们没去测量所有点的量子场取值，而是测量了量子场论中真空状态的粒子总数。在思想实验的理想世界中，我们可以设想一次就测量了整个空间。因为本来就设想我们处在能量最低的状态，所以如果说我们完全可以肯定，在任何地方都探测不到任何粒子，你应该不会觉得惊讶。

只是一片空白空间而已。但在现实世界中，我们只能限定在特定空间区域做实验，比如说实验室内，然后问能测到多少个粒子。这样的话我们应该期待什么结果？

这个问题听起来并不难。如果任何地方都没有任何粒子，那在实验室里肯定也不会看到任何粒子对不对？可惜不对。量子场论可不是这么玩儿的。即使是真空状态，如果我们的实验探针被局限在很有限
的区域内，总归还是有很小的概率观测到一个或多个粒子。一般来讲 260
这个概率非常非常小——在实际的实验设计中我们甚至根本不用操心，但仍然有这样的可能性。反之亦然：对有的量子态我们在局部实验中永远都看不到粒子，但这种状态总体上的能量反而比真空状态更多。

你大概很想知道，那些粒子真的存在吗？怎么会整个宇宙中一个粒子都没有，在观察某个特定位置的时候却有可能看到粒子？

但我们讨论的不是关于粒子的理论，而是关于场的理论。粒子是我们以特定方式去观测这个理论时看到的现象。不应该问：“究竟有多少个粒子？”而是应该问：“以这种方式观测一种量子态的时候，可能会得到什么观测结果？”对于“整个宇宙中有多少个粒子”的观测，跟对于“这个房间里有多少个粒子”的观测完全不一样，差别大到就好像对于位置和动量来说，没有哪个量子态能同时对两个问题都有确定的答案。我们看到的量子数并非绝对现实，而是取决于我们怎么观察这个状态。

就此我们可以直接得出量子场论的一个重要性质：场在空间不同

区域的各个部分彼此纠缠。

假设我们在空间中某个地方画出一个假想的平面，把宇宙分成了两个区域。方便起见，就把这两个区域分别叫作“左边”和“右边”好了。根据经典力学，由于场无处不在，要构建任何一种场的布局，我们都必须把场在左边和右边的行为表现全都明确指出来。如果在边界两侧场的取值不一致，这个场总体上的廓线就会有个非常不连续的地方。这种情形倒是也可以想象，但场的取值在点与点之间变化时需要
261 能量，在某个点取值不连续意味着在那里需要巨大的能量。这也是为什么常见的场的布局往往变化都很平滑，而不是突然之间会有剧烈变化。

从量子力学的角度来说，经典陈述“场的取值在边界处倾向于一致”就变成了“左边的场和右边的场往往彼此高度纠缠”。我们也可以考虑两个区域没有纠缠的量子态，但在边界上就会需要无限的能量。

这个推理过程还可以进一步延伸。假设把所有空间都分割成大小相等的格子。从经典力学来看，场在每个格子中都会有些行为，但为了避免能量密度无穷大，格子之间在边界处的取值必须一致。因此在量子场论中，在一个格子中发生的事情必须跟附近格子中的事情高度纠缠。

还没完。如果说一个格子跟附近的格子纠缠，这些格子又会分别跟自己附近的格子纠缠，那么就有理由认为，我们最开始那个格子里的场应该不只是跟自己附近的格子纠缠，也会跟一个格子之外的格子纠缠。（逻辑上未必如此，但在这里好像还挺合理，而且好好算一下的话也能确认上面的说法成立。）与一个格子之外的格子之间的纠缠

会比跟直接相邻的格子之间少得多，但仍然还是会有一些的。而且实际上，这个模式可以一直延续到整个空间中：任何一个格子中的场都跟宇宙中所有其他格子中的场纠缠，虽然在我们考虑的格子相距越来越远的时候，纠缠的程度也会变得越来越低。

这个结论可能看起来有点儿牵强，因为毕竟，无限大的宇宙中有无穷多个格子。在一个很小的区域内，比如说1立方厘米空间中的场，真的会跟宇宙中所有其他一立方厘米大小的空间中的场都互相纠缠吗？

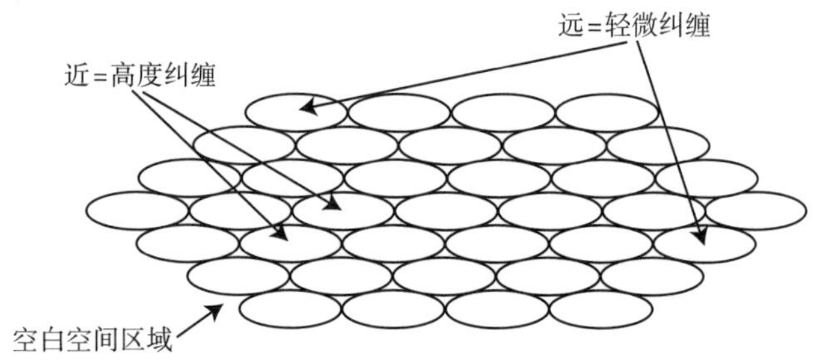

真的会。在场论中，就算是1立方厘米（或任何其他尺寸）的场都包含无数个自由度。还记得吧，我们在第4章定义过的自由度，是指具体说明系统的一个状态，比如"位置"或"自旋"时所需要的数字。[262] 在场论中，任何有限区域都有无数个自由度：对空间中的任意一点，场在该点的取值都是个单独的自由度。而空间中有无数个点，就算很小的区域内也是如此。

在量子力学中，一个系统所有可能的波函数的空间叫作这个系统的希尔伯特空间。因此，在量子场论中描述任何区域的希尔伯特空间都有无限维，因为这个区域有无数个自由度。我们会看到，在关于现实的正确理论中，这一点可能不会仍然成立，所以有理由认为量子引力在一个区域中的自由度是有限的。但没有引力的量子场论允许任何小格子都有无限种可能。

这些自由度与空间中其他地方的自由度纠缠的程度很高。为了说清楚到底有多高，我们假设从真空状态开始，取1立方厘米的格子，然后戳一下里边的量子场。这里“戳”的意思是我们能想到的只影响这个局部区域的量子场的任何方式，比如测量或别的什么相互作用。我们知道，测量一个量子态会使之变成另一个量子态（实际上是变成新的波函数各个分支中的多个不同量子态）。你是否认为，只是戳一
263 下指定格子中的量子态，就可能会马上改变格子外面的量子态？

如果你知道点相对论，你大概会回答“不是”——任何效应想要传播到远处的区域都需要时间。但是接下来你又想起了“爱波罗”思想实验，爱丽丝测量一下自己电子的自旋就能马上影响鲍勃的电子的量子态，而无论他俩离得有多远。纠缠就是个中关键所在。我们刚才说过，量子场论中的真空状态是高度纠缠的状态，因此每个格子都跟其他所有格子互相纠缠。慢慢你会开始琢磨，戳一下某个格子里的场到底有没有可能让其他地方的状态发生巨大变化，即使相隔遥远。

确实能。戳一下空间中一小块区域中的量子场，真的有可能让整个宇宙的量子态变成任何状态。用行话说这个结果叫作雷-施利德定理，但也经常有人称之为泰姬陵定理。这是因为这个定理意味着我不用离开房间就能做个实验，得到的结果表明现在月球上突然之间出现

了一座泰姬陵（或别的随便什么建筑，在宇宙中别的随便什么地方。）

别太激动。我们并不能有意为之强制造出泰姬陵，或确定能从无到有创造出什么特定的东西。在“爱波罗”的例子中，爱丽丝可以测量自己电子的自旋，但不能保证测量会得到什么结果。雷-施利德定理表明，如果在本地测量量子场，就有机会得到跟泰姬陵突然出现在月球上有关的结果。但无论我们有多努力，真正得到这个结果的概率都非常非常非常小，几乎所有时候，局部测量几乎都不会改变很遥远的地方。跟量子力学中很多非比寻常的结果一样，这种担心不切实际，形同杞人忧天。

在某些圈子里，茶余饭后的流行话题之一是：“我们应该对雷-施利德定理感到意外吗？”我们可以通过在地下室里做个实验来把整个
宇宙的状态真的变成任何状态，这种可能性当然会让人大感意外。但 264
意外归意外，也就到此为止了。而另一面的意见是，只要你理解了纠缠，认识到这些事情严格来讲虽有可能，但可能性低到无以复加，因此真的没什么关系，就完全没必要一惊一乍。泰然观之，月球上有座泰姬陵的可能性一直都在，就在量子态的某个非常小的部分里。我们的实验只不过是以刚好合适的方式令波函数分叉，把这种可能性单拎了出来。

我觉得，感到意外也没什么。但更重要的是，我们应该认识到真空有多丰富，有多复杂。在量子场论中，就连空白空间，都隐藏着大
千世界。 265

第 13 章
在空白空间里呼吸

在量子力学中寻找万有引力

量子场论能够成功解释人类到现在做过的所有实验。说到描述现实，量子场论是我们现在最好的方式。因此非常容易想到，未来的物理学理论将建立在量子场论无所不包的范式中，要不然也是稍微变化一下的量子场论。

但是，万有引力，至少在非常强时，似乎并不能用量子场论很好地描述。因此本章我们将尝试，是否可以从不同角度来解决问题，取得进展。

物理学家喜欢在费曼后面学舌，互相提醒说没有人真正懂得量子力学。同时，很久以来物理学家也一直都在哀叹，说没有人懂得量子引力。也许，不懂和不懂之间是有关联的。万有引力描述的是时空本身的状态，而不是在时空中运动的粒子和场，因此在我们试着用量子力学的语言来表述万有引力时，有着非比寻常的困难。如果我们认为自己也并非完全理解了量子力学的话，这种局面也许倒并不值得大惊
266 小怪。说不定，好好想想量子力学基础——尤其是多世界理论的观

点，也就是认为世界只是一个波函数，其他一切都是从波函数中涌现出来的——能为时空如何从量子基础中涌现带来新的认识。

这项我们自我认定的任务也是一项逆向工程。我们不会试图把经典的广义相对论量子化，而是会试着在量子力学中直接找到万有引力。也就是说，我们会从量子理论的基本要素——波函数，薛定谔方程，量子纠缠——出发，去了解在什么条件下我们得到的波函数涌现出来的分支，会看起来像是在弯曲时空中传播的量子场。

本书到现在为止讨论过的几乎所有内容都要么是已经被透彻理解、得到公认的学说（比如量子力学的基本要素），要么至少也是看似合理、相当拿得出手的假说（比如多世界理论）。现在我们已经来到已知世界的边缘，即将冒险挺进没有地图的疆域。任何猜测性的想法，只要对理解量子时空和宇宙学来说也许很重要，都会在我们的关注之列。但这些想法也有可能并不重要。只有在经过数年甚至是数十年的进一步研究之后，我们才能带着几分信心揭开答案。务必把这些想法当成激起进一步思考的催化剂，并密切关注未来讨论的走向，但是也要时刻记得，在我们已知世界的最前沿跟难题死磕，本来就胜负难料。

爱因斯坦曾经若有所思地对一位同事说："我在量子理论上费的脑细胞比相对论还多。"但让他成为智识领域超级巨擘的，还是他对相对论的贡献。

跟"量子力学"一样，"相对论"并不是指哪种具体的物理理论，

268 而是一个可以用来构建理论的框架。“相对论性的”理论对于时间和空间的本质都有一个共同看法，都认为物理世界是由事件描述的，而事件发生在单一、统一的“时空”中。虽然在相对论之前，在牛顿式的物理学中同样可以讨论时空：有三维空间，还有一维时间，要确定某个事件在宇宙中的位置，需要同时明确指出该事件在空间中的地点，以及发生在什么时间。但在爱因斯坦之前，并没有多少人想到要把时间和空间结合成一个单一的四维概念。而相对论出现以后，这就成了理所当然的步骤。

有两大思想都被冠以“相对论”之名，也就是狭义相对论和广义相对论。狭义相对论出现于1905年，基本思想是所有人在空白空间中测到的光速都应该是一样的。将这种见解与坚持认为不存在绝对的运动框架的观点结合起来，我们就会直接得出，时间和空间是“相对”的。时空是普适的，所有人都会有一致意见，但如何将时空分割为“时间”和“空间”，就会言人人殊了。

狭义相对论是一个包含了很多具体物理学理论的框架，所有这些理论都可以叫作“相对论性的”。19世纪60年代由詹姆斯·克拉克·麦克斯韦提出的经典电磁学就是一种相对论性的理论，尽管其提出还早在相对论之前；更好理解电磁学中的对称性的需求，就是最早提出相对论的动因之一。（有时候人们会误以为“非相对论性”就是“经典”，但“经典”还是理解为“非量子”的意思更好。）量子力学和狭义相对论百分之百互相兼容。用于现代粒子物理学的量子场论，就其核心思想来说，就是相对论性的。

相对论的另一重大思想出现在十年后。1915年，爱因斯坦提出了广义相对论，即关于万有引力和弯曲时空的理论。其中最关键的见解是，四维时空并非只是静态背景，一任物理学饶有意味的各个部分在这个背景下发生；时空有自己的生命。时空可以弯曲，可以变形，这些都是对存在物质和能量的反应。我们从小学的平面几何都是欧几里 269
德描述的，其中一开始互相平行的直线会永远保持平行，三角形的内角和也始终是180度。爱因斯坦意识到，时空的几何是非欧几何，那些需要奉为圭臬的事实在非欧几何中不再成立。比如说，一开始互相平行的光线在穿过空白空间时，就可以聚焦到一处。这种几何上的变形效应，就是我们认识到的"万有引力"。广义相对论带来了无数烧脑的结果，比如宇宙的膨胀和黑洞的存在，不过物理学家花了很长时间，才意识到这些结果的意义。

狭义相对论是一个框架，而广义相对论是一种具体的理论。牛顿的定律决定了经典系统的发展，薛定谔的方程也控制着量子波函数的演化；同样地，爱因斯坦推导出的方程支配着时空弯曲。跟薛定谔方程一样，真正看到爱因斯坦的方程写下来是什么样子也会很有意思，虽说我们不必费心去了解个中细节：

$$R_{\mu\nu} - (1/2)Rg_{\mu\nu} = 8\pi GT_{\mu\nu}$$

爱因斯坦方程背后的数学很吓人，但基本思路很简单，约翰·惠勒的总结可谓精妙：物质告诉时空如何弯曲，而时空告诉物质如何运动。方程左侧衡量了时空的曲率，而右侧描述的是跟能量有关的物理量，包括动量、压力和质量。

广义相对论是经典的。时空的几何结构独一无二，其演化以决定论为基础，原则上可以测量到任意精度都不会被扰乱。量子力学一出现，人们就会很自然地想到可以试试把广义相对论“量子化”，得到
270 万有引力的量子理论。然而知易行难。相对论的特殊之处在于，这是关于时空的理论，而非关于时空之中的物质的理论。其他量子理论描述的波函数都是在给观测到事物位于空间中确定位置、时间中确定时刻的结果分配概率，而量子引力必须是关于时空本身的量子理论。这就带来了一些问题。

自然，爱因斯坦也是最早认识到这个问题的人之一。1936年他就思考过，即便是设想如何才能将量子力学原理应用于时空本身的性质都很有难度：

> 也许海森伯方法的成功，表明应该用一种纯代数的方法来描述自然，也就是从物理学中去掉连续函数。这样一来，原则上我们也必须放弃时空的连续性。人类的聪明才智总有一天会找到沿着这样的道路前进的方法，这并非完全无法想象。然而就现在看来，这样的规划就好像是想在空白空间里呼吸一样。

这里爱因斯坦是在考虑海森伯对量子理论的理解方式，我们应该还记得，这种理解方式用量子跃迁来明确描述量子过程，并不打算让整个过程中的微观细节都丰满起来。如果换用更加薛定谔式的观点，也就是用波函数来看，同样的问题仍然存在。很可能我们需要一个波函数，给时空可能存在的不同几何结构分配振幅。但是比如我们设想，

这么一个波函数有两个分支描述了不同的时空几何结构，没有哪种方式能够明确指出两个分支上的这两起事件如何对应于时空中的“同一个”点。也就是说，在两种不同的几何结构之间，没有一对一的映射。

我们来想想二维的球面和圆环面。假设你有个朋友在球面上选了 271
一个点，然后让你在圆环面上找出“同一个”点。你会无从下手，理由也很充分：做不到。

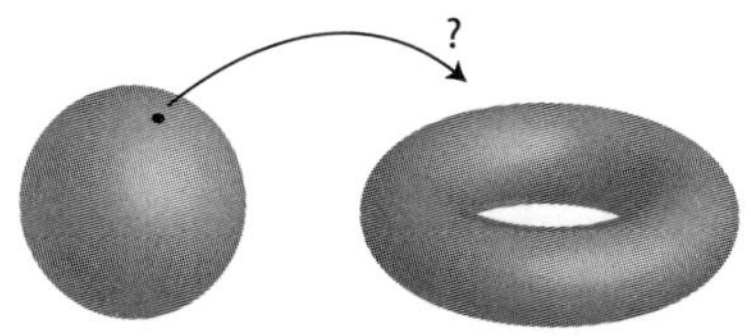

很明显，在量子引力中，时空不会像在其他物理学理论中那样起到核心作用。并没有一个单一的时空，而是有很多不同的时空几何叠加起来。我们没法问在空间中某个点找到某个电子的概率可能会有多大，因为没有客观的方式能够确定我们说的到底是哪个点。

因此，量子引力的出现也带来了一系列概念上的问题，使之与其他量子力学理论截然不同。这些问题对我们这个宇宙的本质也许会有重要影响，比如说在宇宙开端时发生了什么，或者就是宇宙到底有没有开端。我们甚至还可以问，空间和时间本身到底是基本要素，还是从什么更深层次的要素中涌现的。

数十年来，由于物理学家专注于其他事情，量子引力领域就和量子力学基础一样相对来说被忽视了。当然也不是完全无视，休·埃弗里特提出多世界理论的灵感就部分来自对关于整个宇宙的量子理论的思考，万有引力也在其中起到了重要作用；而他的导师约翰·惠勒，
272 想这个问题也想了很多年。但是，就算把概念上的问题放在一边，在将引力量子化方面取得重要进展也还是有其他障碍。

一大障碍是难以得到直接的实验数据。引力是一种极其微弱的作用力。两个电子之间的电磁斥力大概是两者间引力的10^{43}倍。在任何只涉及几个粒子的实际实验中，我们预计可以观测到量子效应，但是跟别的影响比起来，引力完全可以忽略。我们也可以设想建造一个足够强大的粒子加速器，能够让粒子以普朗克能级撞个粉碎，这时候量子引力应该会变得很重要。但很不幸，如果我们只是通过放大现有仪器中的技术来做到这一点，造成的加速器直径需要有很多光年那么长。这可不是现在能建成的项目。

除了上面提到的概念上的问题之外，这个理论本身也还有一些技术问题。广义相对论是经典场论，涉及到的场叫作度规场。（爱因斯坦方程中的符号$g_{\mu\nu}$就代表度规，其他物理量都取决于这一项。）“度规”（metric）这个词起源于希腊语中的metron，意思是“用来测量的事物”，而度规场允许我们做的正是测量。给出时空中的一条路径，度规场就能告诉我们这条路径的长度。度规实际上是更新了勾股定理，在欧几里德的平面几何中勾股定理是成立的，但在时空弯曲的情形下必须加以一般化。知道了每条曲线的长度，就足以确定所有点的时空几何结构。

就算是在狭义相对论中，甚至牛顿物理学中，时空也有度规。但
这个度规很严格、很平坦，没有任何变化——时空曲率在任何地方
都是零。广义相对论的重要区别是，让度规场变成了动态的，会受到
物质和能量的影响。我们也可以尝试将度规场量子化，就跟对其他场
的操作一样。量子化引力场中的小小涟漪看起来就像叫作引力子的粒
子，就跟电磁场中的小小涟漪看起来像光子一样。还没有人曾经探测 273
到引力子，很可能永远也不会有人探测到，因为引力实在是微弱得无
以复加。但是，只要我们认可广义相对论和量子力学的基本原理，就
必须承认引力子是存在的。

接下来我们就可以问，如果引力子互相散射开来，或是与别的粒子四下散射开来会出现什么情形。但很让人悲从中来，这个理论就算真的是预测了什么，内容也毫无意义。要算出任何有意义的特定数值，都需要输入无数个参数，因此这个理论无法做出预测。我们可以把注意力局限在“有效”的引力场论上，这样就可以只去关注波长很长、能量很低的波。这让我们得以计算太阳系中的引力场，甚至是量子引力中的引力场。但是，如果我们想要一个能解释一切的理论，或至少也是适用于所有有可能出现的能量值的引力理论，我们就卡壳了。需要一些更能让人耳目一新的东西。

当代最流行的量子引力方法是弦论，也就是用一维的“弦”，也可以看成小圈或小片段，来替代粒子。（别问弦是由什么组成的——所有的一切都是由弦这种东西组成的。）弦本身小得不能再小，所以我们从远处观察的时候，这些弦看起来就像粒子一样。

弦论最早提出来是为了帮助理解强相互作用，但并没有起到这个作用。有一个问题是，这个理论总是会预测存在一种粒子，看起来像是引力子，行为表现也跟引力子一模一样。这个结果一开始让人大伤脑筋，但很快物理学家就开始想："嗯，引力确实存在啊。说不定弦论是一种量子引力理论呢？"结果表明还真是这样，而且还有个额外的好处：这个理论预测的所有物理量都是有限的，也不需要输入无数个参数。1984年，迈克尔·格林（Michael Green）和约翰·施瓦茨（John Schwarz）证明弦论在数学上没有矛盾之后，这种理论一下子变得大
274 受欢迎。

今天在探索量子引力的方法中，弦论远胜其他理论，大受追捧，虽然其他理论也仍有其追随者。第二受欢迎的理论是圈量子引力，来自通过巧妙选择变量来将广义相对论直接量子化的一种方式——考虑矢量在历经空间中的封闭环路时会如何转动，而不是去研究每一点的时空曲率。（如果空间是平坦的，矢量就完全不会转动，但如果空间是弯曲的，矢量可能就会转动很多。）弦论渴望将所有作用力和物质都一网打尽，而圈量子引力只专注于引力本身。但很不幸，收集到跟量子引力相关的实验数据的困难对所有方法来说都同样艰巨，因此我们完全不知道，究竟哪种方法有可能正确（如果有的话）。

尽管在处理量子引力的技术问题时取得了一些成功，但对概念方面的问题，弦论并没有带来多少见解。实际上在量子引力圈子中，比较不同方法的方式之一就是，问问对于概念方面的问题我们会怎么考虑。弦论学家很可能会认为，只要我们处理好所有的技术问题，概念上的问题最终就会迎刃而解。想法有所不同的人可能就会被推到圈量

子引力或别的替代方法上面去。在无法用数据来指明方向的时候，不同观点往往就会越来越顽固不化。

弦论、圈量子引力和其他思想都有一个共同模式：一开始都有一组经典变量，然后将其量子化。从本书一直遵循的视角来看，这个模式有些落后。大自然从一开始就是量子的，由一个波函数描述，而这个波函数按照适当版本的薛定谔方程演化。像是“空间”“场”和“粒子”之类的概念，都是在恰当的经典限制下讨论波函数的有效方式。我们不想从空间和场开始然后再量子化，而是想从真正的量子波函数开始，再从中提取出空间和场。 275

怎么在波函数中找到“空间”呢？我们想找到我们所知道的类似于空间的波函数的特征，尤其是跟定义距离的度规所对应的内容。所以我们先想想，在普通的量子场论中距离是怎么出现的。为简单起见，我们先只考虑空间中的距离，至于说时间怎么加进来，我们稍后讨论。

在量子场论中，在上一章我们已经看到，有个地方显而易见出现了距离：在空白空间中，不同区域的场全都互相纠缠，其中远处的区域比近处的区域纠缠的程度要低一些。跟“空间”不一样，无论量子波函数有多抽象，“纠缠”的概念始终都是有效的。所以，也许我们可以在这里探寻一番，看看不同状态纠缠的情况，并据此定义距离。我们需要的是量子子系统实际纠缠程度的量化衡量方式。让人高兴的是，这样的衡量方法是有的，那就是熵。

约翰·冯·诺依曼展示了如何在量子力学中引入与经典定义类似

的熵的概念。就跟路德维希·玻尔兹曼阐释的一样，我们从一组可以用多种方式混合在一起的组分开始，比如说流体中的原子和分子。这样一来，熵就是在不改变系统宏观外观的情况下计量这些组分有多少种排列方式的一种方法。熵跟无知程度有关：高熵状态就是，如果我们只知道一个系统的可观测特征，那么对系统的微观细节我们会所知甚少的那种状态。

与此相比，冯·诺依曼的熵本质上纯然是量子力学的，而且来自纠缠。考虑一个分成了两部分的量子系统。可以是两个电子，或是位于空间中两个不同区域的量子场。系统作为整体，和一般情况下一样，
276 也是由一个波函数描述。即使对测量结果我们只能预测其概率，系统也还是处于某种确定的量子态。但是，只要这两部分互相纠缠，那么对整个系统来说就只有一个波函数了，而不是每个部分各有一个互相独立的波函数。也就是说，各个部分并非自身就处于某种确定的量子态。

冯·诺依曼证明，实际上，互相纠缠的子系统自身没有确定的波函数这一事实，就跟有一个波函数但我们并不知道这个波函数是什么的情况很类似。也就是说，量子子系统跟有很多种可能的状态从宏观上看起来都一样的经典情形极为相似。这样的不确定性可以量化为我们现在所谓的纠缠熵。量子子系统的纠缠熵越高，这个子系统与外界纠缠的程度就越高。

假设有两个量子比特，其一属于爱丽丝，其二属于鲍勃。有可能这两个量子比特并没有纠缠，因此各自都有自己的波函数，比如说自

旋向上和自旋向下的等量叠加。这时候，两个量子比特的纠缠熵就都是零。即使我们只能预测测量结果的概率，每个子系统还是都处于一个确定的量子态。

但是现在假设这两个量子比特纠缠在一起，处于“均自旋向上”和“均自旋向下”的等量叠加状态。因为跟鲍勃的量子比特纠缠在一起，爱丽丝的量子比特并没有自己的波函数。实际上，鲍勃可以测量一下自己那个量子比特的自旋，让波函数分叉，这样一来现在就有了两个爱丽丝，各自有一个处于不同自旋状态的量子比特。但是，这两个爱丽丝都不知道自己的量子比特是什么状态，也就是说爱丽丝处于无知状态，她最多能说她的量子比特自旋向上和自旋向下的概率是一半一半。请注意其间的细微差别：爱丽丝的量子比特并非处于爱丽丝无法知道测量结果的量子叠加态，而是在每个分支上都处于一个会给出确定的测量结果的状态，只是爱丽丝不知道究竟是哪个状态罢了。因此，我们说爱丽丝的量子比特有非零的熵。冯·诺依曼的想法是，我们应该在鲍勃测量自己的量子比特之前就认为爱丽丝的量子比特 277
有非零的熵，因为毕竟爱丽丝根本不知道鲍勃到底有没有测量。这就是纠缠熵。

我们来看看纠缠熵在量子场论中是什么样子。先暂时忘掉万有引力，假设有块空白空间区域，处于真空状态，由一个边界明确界定，将区域以内和区域以外严格分开。空白空间的结构其实非常丰富，充满了量子自由度，这些自由度我们都可以看成是震颤的场的模。这个区域之内的模会跟区域之外的模纠缠，因此这个区域相应地会有一个熵，虽然总体上的状态只是真空而已。

我们甚至都能算出来这个熵是多少。答案是无穷大。很多在物理上明显相关的问题似乎都会得到无穷大的答案，因为场可以有无数种震颤方式，这是量子场论中很常见的复杂情形。但是就跟上一章我们在计算真空能的时候做过的一样，我们可以问问，如果强行截止会怎么样，也就是说只允许比特定波长长的模存在的话会怎么样。结果算出来的熵是有限的，而且顺理成章，跟区域边界的面积成正比。个中理由不难想见：场在空间某个部分的震颤会跟所有区域都纠缠起来，但大部分纠缠都集中在邻近的区域。一个空白空间区域总的熵取决于穿过边界的纠缠的量，而这个量跟边界的大小，也就是面积，成正比。

这是量子场论耐人寻味的一个特征。在空白空间中选定一个区域，那么这个区域的熵会跟边界面积成正比。这就把一个几何量，也就是一个区域的面积，跟一个"物质"量，也就是该区域内包含的熵，联系了起来。这一切似乎都跟爱因斯坦的方程隐隐约约有那么几分相似
278 之处，因为爱因斯坦的方程也是将几何量（时空弯曲）与物质量（能量）联系了起来。这中间有什么关联吗？

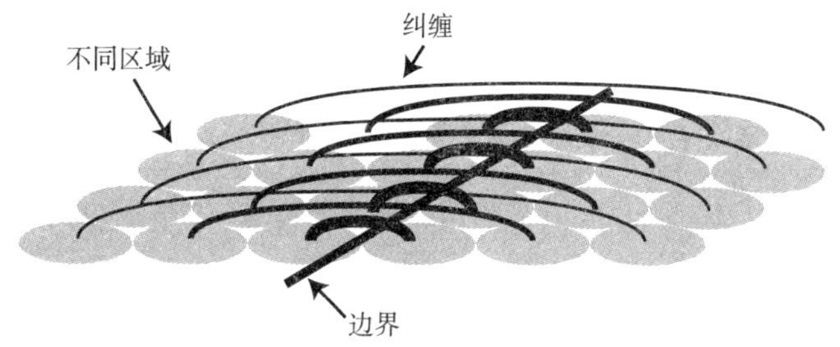

马里兰大学有位年富力强的物理学家特德·雅各布森（Ted Jacobson）于1995年发表的一篇引起了广泛争议的论文指出，这个

可以有。在没有引力的普通量子场论中，真空状态下的熵与面积成正比，但在高能状态下就未必如此了。雅各布森设想，引力有其特别之处：在把引力考虑进去的时候，某个区域的熵始终与该区域边界的面积成正比。在量子场论中我们可完全没想到会是这样，但说不定万有引力一加进来就变成这样了。我们可以假设就是这样，然后看看会发生什么。

然后发生的事情简直一级棒。雅各布森假设，一个表面的面积与该表面包围的区域所含的熵成正比。面积是一个几何量，如果不了解表面所在空间的几何结构，就无法计算这个表面的面积。雅各布森指出，我们可以把一个非常小的表面的面积跟出现在爱因斯坦方程左侧的同一个几何量联系起来。同时，熵也跟我们介绍了关于（广义上的）“物质”，也就是存在于时空中的那些东西的一些情况。熵的概念最早出自热力学，跟离开系统的热量有关。而热量也是能量的一种形式。雅各布森指出，这个熵也应该跟出现在爱因斯坦方程右侧的能量项直接相关。通过这些操作，他得以推导出爱因斯坦的广义相对论方程，而不是像爱因斯坦一样直接假设这个方程成立。 279

为更直接地得出同样的结论，我们来考虑平坦时空中的一小块区域。这个区域会有一些熵，因为区域内的模与区域外的模彼此纠缠。现在假设我们稍微改变了一下量子态，降低该区域与外界的纠缠程度，因此这个区域的熵也就减少了。在雅各布森的理论中，我们这个区域的边界面积也随之变化，缩小了一点点。雅各布森证明，时空几何对量子态变化的这种反应，跟爱因斯坦将时空弯曲与能量联系起来的广义相对论方程是等价的。

我们对现在称之为“熵”引力或“热力学”引力的思路大感兴趣，就是从这里开始的。塔努·帕德马纳班（Thanu Padmanabhan，2009）和埃里克·弗尔林德（Erik Verlinde，2010）对此也有重要贡献。时空在广义相对论中的表现，可以简单地看成是系统倾向于向熵更高的布局演化的自然趋势。

这种看法相当激进。爱因斯坦是从能量的角度思考，这是跟宇宙中物质的特定布局相对应的一个确定的物理量。雅各布森等人则指出，我们从熵——从系统为数众多的细小组分之间的相互作用中涌现出来的集体现象——的角度思考，也能得出同样的结论。在我们探索最根本的量子引力理论的过程中，这一简单的视角转换也许会为我们指出一条通衢大道。

雅各布森并不是自己提出了一种量子引力理论，而是指出了推导经典的广义相对论中爱因斯坦方程的一种新方法，其中量子场是能量的来源。像是“面积”“空间区域”这些词的出现应该能让我们意识到，上面的讨论也是把时空当成一种有形、经典的对象来看的。但是，考
280 虑到纠缠熵在雅各布森的推导中起到的核心作用，我们自然会问，是否可以将其中的基本思想应用于从一开始就在根本上更加量子的一种方法，其中空间本身都是从波函数中涌现出来的？

在多世界理论中，波函数只不过是存在于希尔伯特空间的超高维数学结构中的抽象的矢量。通常要得到一个波函数，我们都是从经典的对象开始然后将其量子化，这样我们直接就能知道波函数理应代表什么，也就是构建波函数的基础是什么。但是现在我们的条件可没

那么有利。我们只有状态本身和薛定谔方程。我们抽象地讨论着“自由度”，但这些自由度并不是任何很容易识别的经典对象的量子化版本，而是量子力学的基本要素，时空和其他一切事物都从中涌现。约翰·惠勒以前经常说到“这来自比特”的思想，指出物理世界是（以某种方式）从信息中产生的。如今量子自由度的纠缠成了主要焦点，我们也就更喜欢说“这来自量子比特”了。

如果回顾一下薛定谔方程，我们会看到波函数随时间变化的速率是由哈密顿量决定的。我们知道，哈密顿量是描述系统中含有多少能量的一种方式，也是了解系统所有动力学特征的一种简洁方式。在现实世界中，哈密顿量有个标准特性就是动力学定域性——子系统只有在彼此相邻时才会相互作用，互相远离时并不会。影响可以在空间中传播，但速度必须小于等于光速。因此，特定时刻发生的事件能够马上影响到的，只是该事件所在位置发生的事情。

对于我们自我认定要解决的这个问题——空间如何从抽象的量子波函数中涌现——我们无法像前面那么方便，从单独的各个部分开始，来看看各部分如何相互作用。在这里我们知道“时间”的意思——就是薛定谔方程里边那个字母t——但我们没有粒子，没有
场，甚至也没有三维世界中的地点。在空白空间里我们无法呼吸，需 281
要知道在哪里才能找到氧气。

好在逆向工程在这里进行得非常顺利。我们不需要从系统单独的各个部分开始再来看各部分如何相互作用，而是可以另辟蹊径：给定作为整体的系统（理论上的量子波函数）及其哈密顿量，有没有很好

的办法将其分割为多个子系统？就好像我们从小到大都是买的切片面包，突然有一天有人给了你一整条没有切开的。我们可以想出来很多种切开这条面包的方法，但是，有没有哪种方法明显是最好的呢？

有。如果我们相信，定域性是现实世界的重要特征的话。我们可以一点一点、一比特一比特地慢慢解决这个问题，或是一量子比特一量子比特地解决，怎么都行。

一般的量子态都可以看成是一组基本状态的叠加，这些基本状态都有确定的能量，而且是不变的。（就好像一个自旋电子的一般状态可以看成是一个确定自旋向上的电子和一个确定自旋向下的电子的叠加一样。）对每一种有可能存在的能量确定的状态，哈密顿量都可以告诉我们实际的能量是多少。给定可能能量的列表之后，我们就可以问是否有某种方式，可以将波函数划分为“局部”相互作用的子系统。实际上对于随机的能量列表，没有任何方法能将波函数划分为满足定域性的子系统，但对于合适的哈密顿量，刚好会有这么一种办法。要求物理学看起来满足定域性，我们就能知道如何将我们的量子系统分解为一组自由度。

也就是说，我们不需要从现实世界的一组基本砌块开始，再一块块砌起来搭建出这个世界。我们可以从这个世界开始，看看是否有什么办法可以把这个世界看成一组最基本的砌块。有了合适的哈密顿量就会有这样的办法，而我们所有的实验数据，以及我们对这个世界的所有经验都表明，我们确实有合适的哈密顿量。想象出物理学定律完
282 全不满足定域性同时也仍有可能存在的世界也轻而易举，但很难想象

在这样的世界中生命会是什么样子，乃至到底有没有可能出现生命。物理相互作用的定域性，给这个宇宙带来了秩序。

首先我们可以看看，空间本身是怎么从波函数中涌现出来的。我们说有一种独一无二的方式可以将我们的系统分割为多个自由度，而且这些自由度都在跟邻近的其他自由度局部相互作用时，我们真正想说的只不过是，每个自由度都只跟少量其他自由度相互作用。“局部”和“最靠近”的概念并非一开始就强行插入，而是因为这些相互作用非常特殊才显现出来。这个问题的思考方式并不是“自由度只有在相互邻近的时候才相互作用”，而是：“如果两个自由度直接相互作用，我们就将其定义为‘近’；如果两个自由度并没有直接相互作用，我们就定义为‘远’。”一长串抽象的自由度编织成一张网络，其中每一个自由度都只跟少数别的自由度相连。这张网络形成了一个骨架，空间就是根据这个骨架构建出来的。

这只是个开始，而我们还想做得更多。如果有人问你两座城市相距多远，他们想知道的肯定比“远”和“近”更加具体。他们想要一个实际的距离，也就是时空中的度规通常让我们能够计量的内容。在我们将抽象的波函数分成多个自由度时，我们还没有构建出完整的几何结构，而只是得到了远和近的概念。

我们还可以做得更好。回想一下雅各布森从量子场论的真空状态推导出爱因斯坦方程时所凭借的直觉：空间中一块区域的纠缠熵正比于该区域边界的面积。但现在我们是在用抽象的自由度来描述量子态，所以我们并不知道“面积”应该是什么意思。但我们确实知道不同自

由度之间的纠缠，而对于自由度的任意集合，我们都能算出这个集合
283 的熵。

所以我们可以再来一次逆向工程，把一个自由度集合的“面积”定义为跟这个集合的纠缠熵成正比。实际上我们可以断言，对自由度所有可能出现的子集，上面的定义都成立，让我们这张网络中能想到、能画出来的所有表面都配备一个面积。让人高兴的是，数学家很久以前就已经发现，知道一块区域中所有可能表面的面积，就足以完全确定这个区域的几何结构，这完全等价于知道所有地方的度规。也就是说，以下两点的结合：(1) 知道我们的自由度如何纠缠；(2) 假定自由度的任意集合的熵都定义了该集合周围边界的面积，就足以完全确定我们涌现出来的空间的几何结构。

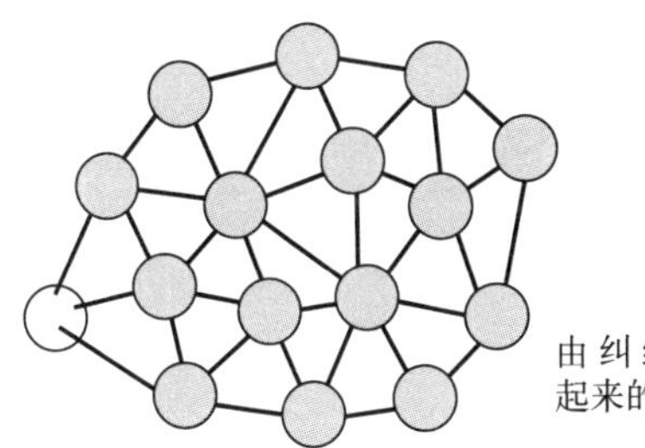

由纠缠“连接”起来的自由度

这个结构我们也可以用完全等价但稍微没那么正式的语言来描述。在我们的时空中选取两个自由度，两者之间通常会有一些纠缠。如果这两个自由度都是处于真空状态的量子场的震颤的模，我们就会完全知道两者纠缠的程度有多高：如果两者相邻就会很高，如果离得很远就会很低。现在我们换一种方式来思考。如果自由度高度纠缠，

我们就定义二者距离很近，而两者相距越远，纠缠的程度也会越低。这样，从量子态的纠缠结构中就涌现出了空间的度规。

就算对物理学家来说，这么思考也有点不寻常，因为我们早就习
惯于认为粒子在空间中运动，并认为空间本身是理所应当的存在。但 284
是从“爱波罗”思想实验中我们也已经了解到，两个粒子无论相距多远都可以完全纠缠，纠缠和距离之间并没有必然联系。然而，这里我们讨论的不是粒子，而是构成空间本身的最基本的砌块——自由度。这些自由度并非以过去的任何方式纠缠在一起，而是以一种非常特殊的结构串连在一起[1]。

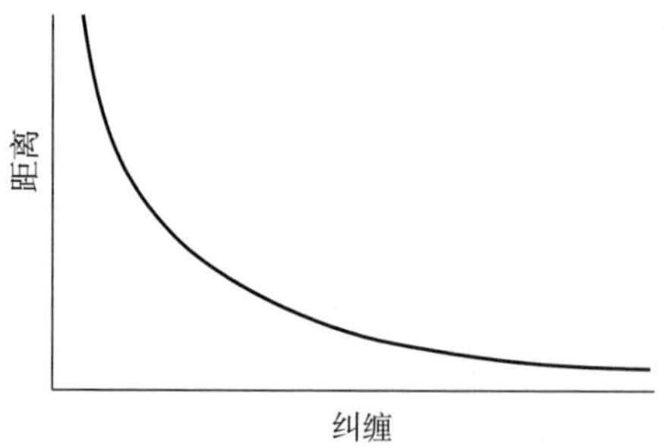

现在我们可以对熵和面积玩一玩雅各布森的那一套了。知道我们网络中所有表面的面积可以告诉我们几何结构，而知道每个区域的熵能够告诉我们跟该区域所含能量有关的一些信息。我自己也亲身参与

1. 2013年，胡安·马尔达西那（Juan Maldacena）和伦纳德·萨斯坎德（Leonard Susskind）提出，我们应该把纠缠粒子看成是由时空中的一个微观（因此不可能穿过的）虫洞连接起来的。这个想法叫作“ER=EPR猜想”，源于1935年的两篇著名论文：其一是爱因斯坦和内森·罗森写的，提出了虫洞的概念；其二当然就是爱因斯坦、罗森和鲍里斯·波多尔斯基写的讨论量子纠缠的那篇了。这个想法能够取得多大成功，现在还说不清楚。

过这种方法，成果是2016年到2018年跟我的合作者曹春骏（Charles Cao）和斯皮里宗·米哈拉基斯（Spyridon Michalakis）一起发表的几篇论文。汤姆·班克斯（Tom Banks）、威利·菲施勒（Willy Fischler）、史蒂夫·吉丁斯（Steve Giddings）等物理学家也研究过一些密切相关的思路，他们很愿意深入思考时空并非根本，而是从波函数中涌现的想法。

我们还没到能够直接说“对，涌现出来的这个空间几何结构在时
285 间中会刚好以描述遵循爱因斯坦的广义相对论方程的时空的方式演化”的地步。这是终极目标，但我们还没到那一步。我们能做的，就是具体列出现实世界里发生的一切都能够满足的各项要求。每个要求看起来都会很合理——比如“物理学在很远的距离上看起来就像一种有效的量子场论”——但其中很多都还没有得到证明。到现在为止，最严格的结果只有在引力场相对较弱时才能得到。现在我们还没有能力描述黑洞和大爆炸，虽然已经有了一些很有前景的想法。

这就是理论物理学家的人生。并不是所有问题的答案我们都有，但也要不忘初心，牢记使命：从抽象的量子波函数开始，我们有了描述空间如何涌现的路线图，也有由量子纠缠确定的几何结构，而这个几何结构似乎很符合广义相对论的动力学法则。这个假说中也涌进了太多注意事项和假设，甚至很难知道该打哪儿说起。但是，有一种可能性似乎非常真实：理解这个宇宙的方法并不在于将引力量子化，而在于在量子力学中找到引力。

你可能也已经注意到了，上面的讨论中有点儿不大均衡。我们一

直在问时空怎么才能从量子引力的纠缠中涌现出来。但说实在的，我们也一直只在讨论空间如何涌现，时间则被我们当成了自然就会随之一起出现的对象。很有可能这种方法完全合情合理。虽然相对论认为空间和时间的地位都一样，量子力学一般来讲却并非如此。特别是在薛定谔方程中，时间和空间受到了区别对待：这个方程描述的就是量子态如何在时间中演化。“空间”也许是这个方程的一部分，也有可能不是，取决于我们要研究的是什么系统，但时间是根本要素。很有可能，在相对论中我们耳熟能详的时间和空间之间的对称性并非量子 286
引力的本质特征，而是从经典近似中涌现出来的。

不过我们还是非常想知道，时间会不会和空间一样，也有可能是涌现的，而不是根本的，另外就是量子纠缠是否与此有关。这两个问题的答案都是肯定的，虽然细节还有待勾勒。

如果对薛定谔方程信以为真，可能会觉得时间就在那里，是一种根本要素。实际上我们马上就可以得出结论，对几乎所有量子态来说，宇宙无论是朝过去还是朝未来，都会永远延续下去。你可能会觉得这跟我们老挂在嘴边的“大爆炸是宇宙的开端”相矛盾，但我们并不是真的能够确定，这个老生常谈就是真的。这是来自经典的广义相对论的预测，而非量子引力。如果量子引力按照薛定谔方程的某个版本起作用，那么对几乎所有的量子态来说，时间都会从过去的负无穷一直延续到未来的正无穷。大爆炸可能只是一个转换期，前面还有无数个已成过往云烟的宇宙。

在这些陈述中我们必须说“几乎所有”，是因为这里有一个特例。

薛定谔方程声称，波函数的变化速度是由量子系统含有的能量多寡决定的。那如果我们假设有个系统的能量刚好是零，会怎样呢？那样的话方程就只是在说，这个系统完全不会演化，时间在这个故事中消失了。

你可能会觉得，宇宙的能量刚好是零，这太不可思议了，但广义相对论指出，你可别那么肯定。当然，我们周围似乎到处都有含有能量的东西——恒星、行星、星际辐射、暗物质、暗能量，等等。但是如果我们过一遍数学计算，就会发现引力场本身对宇宙能量也有贡献，而且通常都是负的。在封闭宇宙——也就是自己把自己绕了一圈形成了一个紧凑的几何体，就像三维的球面或者圆环面一样，而不是无
287 限延伸的那样一个宇宙——中，引力场的能量会跟所有其他事物的正的能量刚好互相抵消。封闭宇宙中无论有什么，总能量都刚好是零。

这是个经典的陈述，但量子力学中也有一个类比，是约翰·惠勒和布赖斯·德威特提出来的。惠勒-德威特方程直接宣称，宇宙的量子态根本不会作为时间的函数，随着时间而演化。

这个说法听起来荒诞不经，至少也是公然违背了我们的观察经验。宇宙怎么看都是在演化。人们给这个难题贴了个绝妙的标签，叫作量子引力中的时间问题，而这就是时间从什么地方涌现出来的可能性也许能派上用场的地方。如果宇宙的量子态遵循惠勒-德威特方程（似乎有这个可能，但还远远称不上确定），时间就必须是涌现的，而不是根本的。

1983年，唐·佩奇（Don Page）和威廉·伍特斯（William Wootters）提出了一种也许能成功的方法。假设有个量子系统由两部分组成：一个时钟，以及宇宙中其他所有东西。同时也假设时钟和系统其余部分都像平常一样在时间中演化。接下来我们以规则的时间间隔拍摄宇宙量子态的快照，比如说每秒一张或者每普朗克时间一张。在任意一张快照中，量子态都描述了时钟的读数为某个特定时间，以及系统剩下的部分在该时刻所处的布局。这就给我们带来了系统的瞬时量子态的一个集合。

量子态的好处是我们将其直接加在一起（叠加）就可以形成一个新的量子态。那么我们就把所有这些快照都加在一起，形成一个新量子态。这个新量子态不会在时间中演化，只是施施然存在着，因为完全是我们手工构建的。时钟上也不会有特定的读数；时钟子系统处于我们抓取快照的所有时间点的叠加态。听起来可不大像我们这个世界。

但重点是，在所有快照的叠加中，时钟的状态跟系统其余部分的状态纠缠在一起。如果我们测量时钟，看到其读数为某个确定的时刻，那么宇宙其余部分就会处于我们一开始那个随着时间演化的系统刚 288
好在那个时刻被拍到的状态。

$$
\begin{aligned}
\psi = & (\text{系统}@\ t=0,\ \text{时钟}=0) \\
& +(\text{系统}@\ t=1,\ \text{时钟}=1) \\
& +(\text{系统}@\ t=2,\ \text{时钟}=2) \\
& +\cdots
\end{aligned}
$$

也就是说，这个叠加态并没有“真正”的时间，完全是静态的。但是量子纠缠让时钟读数和宇宙其余部分正在发生的事情之间产生了关联。宇宙其余部分的状态，正是如果一开始那个状态在时间中演化的话会处于的状态。我们已经用“时钟在整个量子叠加态的这部分中的读数”取代了作为基本概念的“时间”。这样一来，借助量子纠缠的魔法，时间从一个没有变化的状态中涌现了出来。

究竟是宇宙的能量真的是零，因此时间是涌现的；还是说宇宙的能量是别的某个数值，因此时间是根本要素，这一切都还没有定论。就现在的认识水平来说，保持开放，对两种可能性都不吝探索一番，
289 似乎才算合乎情理。

第 14 章
超越空间和时间

全息原理，黑洞，以及定域性的极限

斯蒂芬·霍金在2018年去世之前，是当之无愧的当世最著名的科学家。这不仅因为霍金是个富有魅力和影响力的公众人物，也不止因为他的人生故事鼓舞人心，还因为他的科学成就本身就出类拔萃。

霍金最大的成就是证明，如果将量子力学效应也考虑进去，那么就像他很喜欢说的那样，黑洞“也没那么黑”。黑洞实际上会向太空释放稳定的粒子流，从黑洞中带走能量，让黑洞的尺寸慢慢缩小。这一认识既带来了影响深远的见解（黑洞有熵），也带来了意料之外的谜团（黑洞形成继而蒸发殆尽之后，信息去哪儿了？）。

黑洞有辐射这个事实让人大感意外，而这个结论的相关推论，是关于量子引力的性质我们能拥有的最好也是唯一的线索。霍金并不是先构建了一个完整的量子引力理论，再用这个理论证明黑洞有辐射，[291]而是利用了一个合情合理的近似，把时空本身看成是经典的，时空里面还有动态的量子场。反正我们是希望这个近似合乎情理，但霍金的结论中有些令人费解的性质还是让我们不得不三思一番。霍金关于这个问题的最早的论文发表45年之后，努力理解黑洞辐射仍然算得上是当代理论物理学最热门的论题。

虽然这项任务还远远没有完成，但有一个结论似乎已经很清楚：我们在上一章简单描画出来的图景，也就是空间从一组最为邻近、互相纠缠的自由度中涌现出来的思路，很可能并非全貌。这是个非常好的说法，也有可能是构建量子引力理论的正确起点，但在很大程度上依赖于定域性的概念——在空间中某一点发生的事情，能够立即影响到的只能是紧挨着的点。就我们现在对黑洞的了解来说，情况似乎表明大自然比上面描述的更加微妙。某些情况下这个世界看起来就像是一组自由度的集合，只会跟最邻近的其他自由度相互作用，但如果引力很强，这种简单情形就不再成立了。自由度不再分散在整个空间中，而是会聚集在一个表面上，“空间”则只是这个表面之下所包含信息的全息投影。

在我们的日常生活中，定域性无疑扮演了重要角色，但似乎空间中在某些确定地点发生的一组事件并不能完全捕捉到现实世界的根本性质。在这里我们要做的，仍然是量子力学的多世界方法要完成的一些工作。量子力学的其他阐释形式都认为空间是事先给定的，然后就在给定的空间中推演；波函数优先的埃弗里特理念则允许我们接受这样的观念：如果空间是一个有用的概念，那么根据我们如何观察，空间可以显得极为不同。物理学家仍然在跟这个思路可能带来的结果缠斗不休，但这个思路也已经引领我们来到了一些很有意思的地方。

在广义相对论中，黑洞是一个时空弯曲得特别厉害的区域，以至于什么都不可能从中逃出生天，就连光都不行。划定黑洞内外界限的黑洞边缘，就是事件视界。根据经典的相对论，事件视界的面积只会增加，不会减小；物质和能量落进去时黑洞会变大，但不可能有质量跑到黑洞外面去。

所有人都认为上面的描述天经地义，直到1974年，霍金宣布量子力学改变了一切。在存在量子场的情况下，黑洞本身会向周围环境辐射粒子。这些粒子也有黑体光谱，因此每个黑洞都有温度；质量越大的黑洞温度越低，而非常小的黑洞温度也会高得不可思议。威斯敏斯特教堂霍金的墓碑上，就刻着黑洞辐射的温度公式。

黑洞辐射出来的粒子会带走能量，因此也会让黑洞损失质量，最终蒸发殆尽。虽说要是能在望远镜里看到霍金辐射当然会很不错，但在我们已经知道的任何黑洞上都不可能观测到这种情形。一个质量跟太阳相当的黑洞，霍金温度大概是0.000,000,06 K。这样的信号就算有，也一定会被其他信号源淹没，比如大爆炸遗留下来的温度约为2.7 K的微波背景辐射。这样一个黑洞就算不再因为添加新的物质和能量进去而增大，也要花10^{67} 年乃至更久才能完全蒸发干净。

要解释黑洞为什么会发出辐射，有个标准说法。这个说法我讲过，霍金讲过，人人都讲过。这个说法是这样的：根据量子场论，真空是一个不断冒泡的炖锅，粒子在其中一会儿出现一会儿消失，而且一般都是成对出现，每一对都由一个粒子和一个反粒子组成。通常我们都不会注意到这些粒子对，但在黑洞的事件视界附近，其中一个粒子可

293 能会掉进黑洞再也出不来，然后另一个就逃到了外面的世界中。对于远处的观测者来说，逃出来的粒子具有正能量，因此要收支平衡的话掉进去的粒子肯定具有负能量，于是黑洞在吸收了这些负能量粒子之后，质量就降低了。

在我们波函数优先的埃弗里特视角中，有一种更准确的方式来描述上面的情形。出彩的比喻往往能带来物理上的直观认识，粒子倏忽明灭的说法毫无疑问也是这样一个比喻。但实际上我们拥有的是黑洞附近的场的量子波函数。这个波函数并非处于静态，而是会演化成别的样子，在这里就是变成一个小一点的黑洞加上一些从黑洞中出来走向四面八方的粒子。这跟下面的情形有几分类似：原子中的电子有些额外的能量，于是通过发射光子掉到了低一些的能级。区别在于原子最后会达到一个能量最低的状态然后就不变了，而黑洞（就我们现在的了解来说）只会一直衰变下去，直到最后一秒火光一闪爆裂开来，化成一堆高能粒子。

黑洞如何辐射和蒸发的故事是霍金用传统的量子场论方法推导出来的，只不过是在广义相对论的弯曲时空中，而不是粒子物理学家习惯的无引力环境。这并不是真正的量子引力结果，因为时空本身被看成是经典的，而不是量子波函数的一部分。但这幅景象当中似乎没有任何地方真的需要对量子引力有深入了解才行。就物理学家现在的认识水平来说，霍金辐射是绝对会有的现象。也就是说，无论什么时候我们真的搞定了量子引力，都应该能够重现霍金的结果。

这就带来了一个问题，在理论物理圈子里大家都如雷贯耳，就是黑洞信息佯谬。回想一下，多世界版本的量子力学是一个以决定论为基础的理论。随机只是表面现象，来自自身位置的不确定性，也就是 294
波函数分叉时我们不知道自己在哪个分支上。但在霍金的计算中，黑洞辐射似乎并不是决定论的，而是真正随机，甚至在没有任何分叉的时候也是如此。从一个所描述的物质会坍缩形成一个黑洞的确定的量子态出发，无法算出黑洞会辐射蒸发为哪个确定的量子态。描述初始状态的信息似乎丢失了。

假设我们拿起一本书 —— 比如说你现在正在读的这本 —— 然后扔进火堆，烧个干干净净。（别担心，你随时都能再买几本回来。）书里面包含的信息看起来好像在火焰中消失了。但是如果我们开启物理学家思想实验的外挂，就会认识到这些信息只是表面上消失了。原则上，如果我们捕捉到了火焰中所有的光、热、尘、灰，对物理学定律也有完整的认识，我们就可以精确重建进入火焰的任何东西，包括书页上的所有词句。现实世界中永远不会发生这一幕，但物理学声称可以想象。

大部分物理学家认为黑洞也应该是这个样子：扔进去一本书，书页上包含的信息应该秘密编码在黑洞发射出来的辐射里面。但是根据霍金推导出来的黑洞辐射，情况并不是这样，而是书中的信息好像真的被破坏了。

当然有这种可能：这个推断是对的，信息确实被破坏了，黑洞蒸发也跟普通的火焰燃烧毫无共同之处。这并不像我们曾以任何方式进行过的实验。但大部分物理学家都认为信息是守恒的，一定会以某种方式逃出生天。他们也怀疑，把信息提取出来的秘诀就在对量子引力的更好理解中。

然而说来容易做来难。我们一开始之所以会认为黑洞是黑的，就
295 是因为要从黑洞中逃出来的话你必须跑得比光速还快。霍金辐射避开了这个困难，因为辐射实际上刚好是在事件视界外面而不是里面产生的。但我们扔进去的任何书本，确实带着书上的所有信息一头扎进了黑洞内部。你可能会想，书穿过事件视界时信息会不会以某种方式复制到了向外发出的辐射中，然后就这样离开了黑洞。但很不幸，这个想法跟量子力学的基本原则相矛盾。有个结论叫作不可克隆原理，说的是只要复制量子信息，那份初始信息就一定会被破坏。

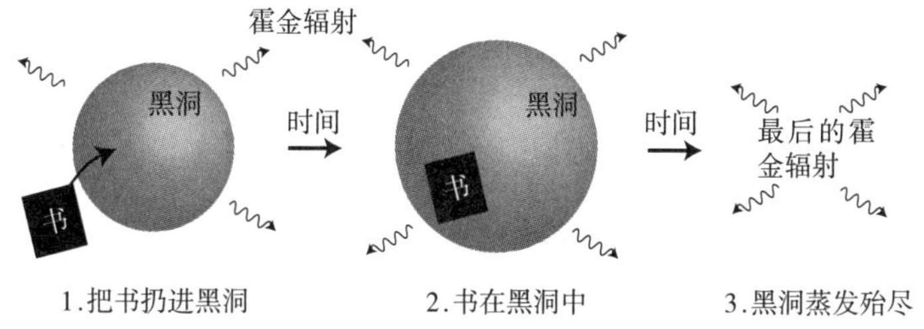

1.把书扔进黑洞　2.书在黑洞中　3.黑洞蒸发殆尽

似乎还有另一种可能，就是这本书一直往下掉，但最后落到黑洞最里面那个奇点的时候，书中的信息以某种方式转移到了事件视界上往外发出的辐射中。但这种情形似乎需要信息传递得比光速还快，或者换个说法，就是需要满足动力学非定域性——时空中某一点发生的事情会立即影响到一段距离之外的情形。按照量子场论的一般规则，这种非定域性的事情完全不可能发生。这个线索表明，如果量子引力

变得非常重要，这些规则可能都得好好斧正一番[1]。 296

霍金的黑洞辐射假说并非向壁虚构，而是来自对雅各布·贝肯斯坦（Jacob Bekenstein）的一个提法的回应。当时贝肯斯坦还是普林斯顿大学约翰·惠勒的又一名研究生，他提出，黑洞应该有熵。

推动贝肯斯坦提出这个想法的是这样一个事实：根据经典的广义相对论，黑洞事件视界的面积永远不会减小。这听起来跟热力学第二定律也太像了，根据后者，封闭系统的熵永远不会降低。受到其间相似之处的启发，物理学家在热力学定律和黑洞的行为表现之间精心建立起一个类比关系，说黑洞的质量就好比热力学系统的能量，而事件视界的面积就好比是熵。

贝肯斯坦指出，这可不只是个类比而已。事件视界的面积不只是好比是熵，而是根本就是黑洞的熵，至少也是跟黑洞的熵成正比。霍金等人一开始对这个提法嗤之以鼻——如果黑洞像传统的热力学系统一样有熵，那就应该也有温度，并且也应该会发出辐射！霍金一心想证明这个听起来荒诞不经的想法是错的，结果却证明了这些全都成立。今天，我们就把黑洞的熵叫作贝肯斯坦-霍金熵。

这个结果之所以会掀起轩然大波，原因之一是按照经典力学，黑

---

1. 落进黑洞的物体真的一直深深掉进了黑洞内部，这个说法也并非所有人都一致同意。2012年有一组物理学家指出，如果信息能够从正在蒸发的黑洞中逃出来同时又不违背量子力学的基本原则，那么事件视界上一定会发生一些很剧烈的现象，这里并不像我们通常假设的那样是安静、空白的时空，而是会爆发出一团高能粒子，叫作火墙。对于火墙假说，物理学家仍在争讼不已，意见非常分裂。

洞看起来可一点儿都不像会有熵的样子。黑洞只是一块空白空间区域。只有在系统由原子或别的非常细小的组分组成的时候才会有熵，因为
297 这样的组分有非常多互不相同的重排方式让系统在宏观上看起来都是同样的外观。对黑洞来说，这样的组分得是什么？答案只能来自量子力学。

我们很自然地就会推测，黑洞的贝肯斯坦-霍金熵是一种纠缠熵。黑洞里面有一些自由度，都跟外部世界纠缠在一起。这些自由度是什么？

首先我们可能会猜，这些自由度只是黑洞内部量子场的震颤模。但这里面有几个问题。首先，对于量子场论中某个区域的熵有多大，正确答案是“无穷大”。我们可以通过选择忽略波长非常短的模来把这个答案压到一个有限的数字，但这需要对我们考虑的量子场震颤的能量随意加上一个截止值。但是，贝肯斯坦-霍金熵是个有限的数值，仅此而已。其次，量子场论中的纠缠熵应该取决于究竟涉及了多少种场——电子、夸克、中微子等。但霍金推导出来的黑洞熵公式完全没有提到这些内容。

如果没法直接让内部的量子场具有黑洞熵，那么替代办法就是假设时空本身就是由量子自由度形成的，而贝肯斯坦-霍金公式计量的就是黑洞内部的自由度与外部自由度之间的纠缠。要是听起来晕晕乎乎，那是因为确实很晕乎。我们并不是多么确定这些时空自由度是什么，也不知道这些自由度会如何相互作用。但是量子力学的一般原则还是应该考虑进来。如果黑洞有熵，而这熵来自纠缠，那么肯定有自

由度能跟世界其余部分以多种多样的方式纠缠起来，即便经典理论中的黑洞全都没有任何特征。

如果这种说法是对的，那么黑洞中的自由度并不是无穷大，但也
确实会非常大。我们的银河系中心有一个超大质量黑洞，跟我们叫作 298
人马座A*的射电源有关。通过观测恒星环绕这个黑洞的运动，我们可以测出其质量约为太阳的400万倍。这个质量对应的熵约为10^{90}，比整个可观测宇宙中所有已知粒子的熵还要大。量子系统的自由度至少要跟自己的熵一样大，因为熵正好来自跟外界纠缠在一起的那些自由度。因此，这个黑洞中肯定至少有10^{90}个自由度。

虽然我们倾向于关注我们在这个宇宙中眼见为实的那些东西——物质，辐射，等等——这个宇宙几乎所有的量子自由度却都是看不见的，而这些自由度的全部作为也就只是将时空编织起来。在大致等于成年人大小的一块空间中，自由度肯定至少为10^{70}；我们知道这一点是因为，大致能够填满这个体积的黑洞的熵就是这么大。但一个成人体内只有大概10^{28}个粒子。我们可以把一个粒子看成是一个“开启”了的自由度，而所有其他自由度都悄无声息地“关闭”在真空状态。从量子场论的角度来说，一个人和一颗恒星的核心部分都跟空白空间没有太大区别。

兴许，黑洞的熵与其面积成正比，正是我们应该期待的结论。在量子场论中，空间某个区域所拥有的熵本来就会与其边界面积成正比，而黑洞也只不过是空间中的一个区域而已。但这里面还是隐藏着一个问题。处于真空状态的空间某个区域所含有的熵是会跟该区域的边界

面积成正比，但黑洞并非处于真空状态，黑洞所在的地方，时空弯曲得可厉害了。

299 黑洞有一个非常特别的性质，就是代表了在任何给定大小的空间区域中我们所能拥有的熵最高的状态。这个富有争议的结论最早是贝肯斯坦注意到的，后来拉斐尔·布索（Raphael Bousso）又完善了一番。如果你从处于真空状态的一个区域开始，然后试图增加这个区域的熵，那么其能量也必须随之升高。（既然是从真空开始，能量没法有别的变化，只能往上走。）我们不断把熵加进去，能量也会一直升高。到最后这个固定大小的区域中的能量太多，就只能坍缩为黑洞了。这就是极限：在一个区域中你能放进去的熵不可能比那儿有个黑洞拥有的熵更多。

这个结论与普通的、没有引力的量子场论中我们可以预期的结果截然不同。在那样的量子场论中，一个区域中能放进去的熵是无限的，因为这个区域能够拥有的能量也没有上限。这表明，就算是在大小确定的区域中，在量子场论看来也有无数个自由度。

引力似乎带来了区别。能够放进给定区域中的能量和熵都有一个最大值，这似乎表明这个区域的自由度也是有限的。而这些自由度不知怎么的就以恰到好处的方式纠缠在一起，编织成了时空的几何结构。不只是黑洞：我们设想能够放进时空中每个区域的熵都有个最大值（就是同样大小的黑洞所能拥有的熵），因此自由度也是有限的。就算对整个宇宙来说这个结论也同样成立，因为有真空能，空间在加速膨胀，这就意味着我们周围有一个视界勾画出了我们宇宙可观测的范围。

空间中的这块可观测区域有一个确定的最大熵，因此要描述我们现在能看到以及未来会看到的一切，都只需要有限的自由度。

如果这个方向是对的，那么这个结论马上会对量子力学的多世界图景带来深远影响。量子自由度有限意味着作为整体的系统（在这里 300
就是空间中任意选定的区域）的希尔伯特空间的维数也有限。这继而又说明，波函数的分支数量也是有限而非无限的。这也是为什么在第8章，爱丽丝会对波函数中是否有无数个“世界”三缄其口。在很多简单的量子力学模型中，包括一组固定数目的粒子在空间中平稳运动的情形，或是任何普通的量子场论中，希尔伯特空间都有无限维，因此也可能会有无数个世界。但引力似乎以重要方式改变了这一切。引力使这其中的大部分世界都无法存在，因为这些世界所描述的集中在一个区域里的能量太多了。

在真实的宇宙中万有引力当然存在，因此也许埃弗里特量子力学只描述了有限个世界。对于希尔伯特空间的维数，爱丽丝提到的数字是$2^{10^{122}}$。

现在我们可以揭晓这个数字是从哪儿来的了：先计算我们的可观测宇宙的熵如果达到最大值会是多大，再回头来算希尔伯特空间要有多大才能容纳这么大的熵。（可观测宇宙的大小是由真空能决定的，因此10^{122}这个指数是普朗克能级与宇宙学常数的比值，在第12章的讨论中我们应该已经很熟悉了。）我们对量子引力基本原理的信心还不够坚定，还无法绝对肯定只有有限个埃弗里特世界，但这一切看起来合情合理，而且也肯定会让事情变得简单得多。

黑洞的熵有个最大值，这个性质对量子引力也有重要影响。在经典的广义相对论中，黑洞的内部区域，也就是事件视界和奇点之间，
301 并没有什么特别之处。那里有一个引力场，但是在一个掉进去的观测者看来，那里跟空白空间没什么两样。按照我们在上一章提到过的说法，量子版的“空白空间”就有点像是“以某种方式纠缠起来的时空自由度的集合，其纠缠方式使得三维的几何结构从这些自由度中涌现出来”。这么讲的言外之意是，自由度多少算是均匀散布在我们正在研究的这整个空间中。如果确实如此，这种情况下熵最高的状态就应该是所有这些自由度都跟外面的世界纠缠在一起。这样一来，黑洞的熵就应该跟这个区域的体积成正比，而不是边界面积。怎么回事？

有一条线索来自黑洞信息佯谬。黑洞信息佯谬中的问题是，没有什么显而易见的方式能够把信息从掉进黑洞的一本书中转移到从事件视界发出的霍金辐射中，至少如果信号不能跑得比光还快就办不到。那么像这样异想天开行不行：说不定关于黑洞状态的所有信息——包括黑洞“内部”和事件视界——都可以看成是栖居在事件视界上，而不是埋藏在内部。从某种意义上说，黑洞状态“栖居”在二维表面上，而不是在三维空间中延展。

这个思路部分以查尔斯·索恩（Charles Thorn）1978年的一篇文章为基础，最早由杰拉德·特·胡夫特（Gerard't Hooft）和伦纳德·萨斯坎德（Leonard Susskind）于20世纪90年代提出，叫作全息原理。在常见的全息成像技术中，光线照射在二维表面上会显示出好像是三维的图像。按照全息原理，黑洞似乎是三维的内部空间反映了编码在事件视界二维表面上的信息。如果真是这样，也许从黑洞中获

取信息放进向外发出的辐射中也没那么难，因为信息一开始就一直在事件视界上。

至于说全息原理对现实世界中的黑洞到底意味着什么，物理学家还在众说纷纭。这究竟只是一种计算自由度有多少个的方式呢，还是 302
说我们应该认为事件视界上真的有一种二维理论，描述了黑洞物理学？不知道。但是在另外一个背景之下，全息原理非常精确，就是所谓AdS/CFT对偶，由胡安·马尔达西那（Juan Maldacena）于1997年提出。其中AdS代表“反德西特空间”，这是一种假设的时空，不含任何物质，只有负的真空能（跟我们这个真实世界的真空能为正刚好相反）；CFT代表“共形场论”，是一种特殊的量子场，可以定义在反德西特空间无穷远的边界上。按照马尔达西那的说法，这两个理论相互之间实际上是等价的。这个结论简直是想挑事儿，有这么几个原因。首先，反德西特空间理论包含引力，而共形场论是一种普通的场论，里边完全没有引力；其次，时空边界比时空本身少一个维度。比如说如果我们考虑的是四维的反德西特空间理论，那么就等价于三维的共形场论。说到全息原理能起到的作用，没有比这更清晰的例子了。

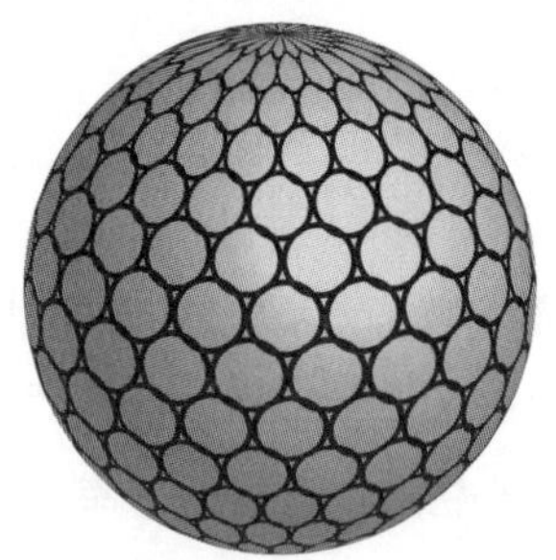

黑洞信息全息编码在事件视界上

深入研究AdS/CFT对偶的各种细节需要另外再写一本书。但还是有必要提及，现在对时空几何结构和量子纠缠之间的关系的研究大部分都是在这个背景下进行的。新生龙（Shinsei Ryu）、高柳匡（Tadashi Takayanagi）、马克·凡·拉姆斯东克（Mark Van Raamsdonk）
303 和布赖恩·斯温格尔（Brian Swingle）等人于21世纪初指出，共形场论边界上的纠缠和反德西特空间内部形成的几何结构之间有直接关联。在量子引力模型中，AdS/CFT对偶的定义相对明确，因此在过去这些年，理解这种关联一直是物理学家孜孜以求的目标。

但是，这并不是真实世界。AdS/CFT对偶的所有乐趣都来自把内部的事情跟边界上的事情关联起来，而前者有引力，后者没有引力。但边界的存在对反德西特空间来说还是很特别，因为其中的真空能是负值。我们这个宇宙的真空能似乎是正的，不是负的。

有个老掉牙的笑话，说的是有个醉汉在路灯下面找钥匙。有人问他是不是确定钥匙丢在这儿了，醉汉答道：“不是呢，我把钥匙丢在别的什么地方了，但是这里的光线要好得多呀。”在量子引力理论的角逐中，AdS/CFT对偶就是世界上最明亮的路灯。通过研究这个理论，我们发现了很多对理论物理学家来说很有用、很迷人的概念，但还没有找到将这些认识直接用来解释苹果为什么会从树上掉下来，或是引力在我们周围空间中起作用的其他表现的方法。继续探求下去也会很有价值，但重要的是也得不忘初心：理解我们真正在其中栖居的这个世界。

全息原理的意义对真实世界的黑洞来说要比对AdS/CFT对偶理论中想象出来的世界模糊得多。我们是在说，经典的广义相对论称黑洞内部显得空空如也是完全错了，实际上掉进黑洞的观测者在撞到事件视界的时候会拍在一个全息表面上吗？不是——至少，大部分全息原理的支持者都不会这么说。实际上他们想说的是另外一个与此相关也同样让人吃惊的想法，即黑洞互补性。这个想法由萨斯坎德等人提出，用这个名字是特意为了让人想起玻尔对量子测量的看法。 304

互补性原理的黑洞版说，比起简单宣称“黑洞内部看起来就像普通的空白空间”或是“黑洞的所有信息都编码在事件视界上”来，情况要稍微复杂一点。实际上两个陈述都是对的，但我们不能同时说这两句话。或者就像物理学家更喜欢说的那样，这两个表述对任何一个观测者来说都不可能显得同时成立。对于穿过事件视界掉进黑洞的观测者来说，一切看起来都像正常的空白空间一样，而对于在远处观察黑洞的观测者来说，所有信息都散布在视界上。

虽然这样的表现从根本上讲属于量子力学，但在经典力学中确实也有这样的先例。想想在经典的广义相对论中，如果我们把一本书（或是一颗恒星，或随便什么东西）扔进黑洞会发生什么。从那本书的角度来看，自己只不过是穿过视界进入了黑洞内部。但事件视界附近的时空弯曲效应实在是太厉害了，因此外部观测者会看到的并不是这番景象。他们会看到这本书在接近事件视界的时候慢了下来，一边走一边变得越来越红，也越来越黯淡。他们永远不会看到这本书穿过视界。对远处的人来说，物体在接近视界的时候会好像在时间中冻结了一般，而不是一头扎进去。因此天体物理学家提出了一种思路叫作膜范式，据此我们可以设想视界上有一层实体膜，具有某些可计算的物理属性，比如温度和电导率，这样就能为黑洞的物理属性建立模型。

膜范式一开始被看成天体物理学家简化涉及到黑洞的计算的简便方式，但互补性原理宣称，在外部观测者看来，黑洞真的就像经典理论中在视界应该在的位置震颤的量子膜一样。

如果你更愿意把时空当成根本要素，那么这些陈述可能完全没有
305 意义。时空有其几何结构，此外别无他物。但从量子力学角度来看完全可以有别的东西；有宇宙的波函数，而不同观测者对此会得出不同的观察结果。这跟我们说对某个状态能看到多少个粒子取决于我们如何观测这个状态，有异曲同工之妙。

这个世界是在希尔伯特空间中演化的量子态，而物理空间会从中涌现出来。如果我们观察的方式有所不同，单个量子态可能会展现出不同的位置和定域性概念，这也许并不应该让人惊讶。根据黑洞互补性原理，并没有“时空的几何结构如何”，或是“自由度在哪”之类的事；你要么就问是什么量子态，要么就问特定观测者会看到什么。

上一章我们说自由度分布在一个填满了空间的网络中并互相纠缠，从而定义了涌现出来的几何结构，而现在我们说的听起来似乎有所不同。但上一章的图景仅仅适用于引力很微弱的时候，而黑洞的引力绝对算不上微弱。按照本章呈现的观点，仍然有理论上的自由度聚集起来形成时空，但“这些自由度在什么地方”取决于如何去观察。空间本身并非根本，只是从特定视角出发能派上用场的表述方式罢了。

希望最后这几章已经成功表明，量子力学的多世界理论对长期悬而未决的量子引力问题也许有重要意义。老实说，很多致力于这些问

题的物理学家并不认为自己在运用多世界方法，虽然认真追究起来他们确实是在这么做。他们用的肯定不是量子力学的隐变量方法、客观坍缩方法或认识论方法。涉及到如何将宇宙本身量子化这个问题的时候，跟其他方法比起来，多世界理论似乎最为直接。 306

我们描绘出来的这幅图景，说自由度之间的纠缠不知怎么的一起定义了我们这个近似、经典的时空的几何结构，方向真的对吗？没有谁真的知道。根据我们目前的认识水平，似乎很清楚的是，时间和空间都可以从一个抽象的量子态中以需要的方式涌现出来——所有的要素都在这儿，如果希望再埋头研究几年就能带来一幅更清晰的图景，应该也不算痴人说梦。如果我们要求自己摒弃经典的成见，将量子力学的经验奉为圭臬，也许最后我们会了解到，如何让我们这个宇宙从波函数中涌现出来。 307

后记
万物皆量子

爱因斯坦对多世界理论会有什么看法？很有可能他会很反感，至少在第一次见到的时候会有这个可能。但他也必定会承认，多世界思想中有些方面跟他关于自然界会如何运作的想法非常契合。

爱因斯坦于1955年在普林斯顿大学去世，那时埃弗里特正在艰苦奋战，让自己的想法逐渐成型。爱因斯坦坚持定域性原则，也对量子纠缠所隐隐表明的瘆人的超距作用感到不安。从这个意义上说，他很有可能会因多世界理论和全息原理大惊失色，因为这些思想都把空间本身当成是涌现的，而不是根本的。将现实世界描述为巨大的希尔伯特空间中的一个矢量，而不是以前四维时空中的物质和能量，这种提法爱因斯坦恐怕也不会觉得很对自己胃口。但是，埃弗里特让我们对宇宙的最佳描述回归到以确定的、决定论的演化为特征的描述，还重申了现实说到底是可知的这一原则，所以爱因斯坦也很有可能会为
309 此感到欣慰。

爱因斯坦在晚年讲述了自己小时候的一个故事。

> 我才四五岁的时候就经历过这样的奇迹，就是我父亲

> 给我看一个指南针的时候。那个指针表现得非常坚定，跟可以在无意识的概念世界中找到立足之地的那一类事件（功效来自直接“接触”）毫无共同之处。我还记得——至少我相信自己还记得——这段经历给我留下了深刻而持久的印象。

这些事情背后，一定深深隐藏着什么。

在我看来，这种动力是爱因斯坦对量子力学的全部担忧的核心。他也许会对非决定论和非定域性喋喋不休，但真正让他烦恼的是，他觉得量子力学的哥本哈根诠释用来取代清晰严谨的优秀科学理论的范式模糊不清，没有严格定义的“测量”概念也在其中扮演了核心角色。他总是在寻找深藏在表面之下的东西，能够使飘忽、神秘的概念重新变得可以理解的原理。他几乎从来没觉得，隐藏起来的也许会是波函数的其他分支。

当然，爱因斯坦也许会怎么想，其实并不重要。科学理论的兴衰取决于理论本身的价值，而不是我们是否能召唤出过去的伟大思想的亡灵来点头认可。

但是，如果只是为了提点一下过去的论战与今天的研究之间的联系，留意一下这些伟大的思想也很有好处。本书讨论的这些问题，直接源于20世纪20年代爱因斯坦和玻尔等人的讨论。索尔维会议之后，物理学界普遍较为认同玻尔的看法，而量子力学的哥本哈根诠释也站稳了脚跟。事实已经证明，这种诠释是预测实验结果、构思新技术的 310

极为成功的工具。但要说这就是关于这个世界的根本理论，这种诠释还相当不够格。

我已经说明，为什么多世界理论是量子力学最有前景的阐述形式。但对于支持其他方法的人，我也深怀敬意，并经常和他们深入交流。会让我忧心忡忡的是职业物理学家对量子力学基础方面的工作不屑一顾，认为这些问题不值得认真对待。读完本书之后，无论你会不会认为自己是埃弗里特派，我都希望你同意，一锤定音地让量子力学走上正轨极为重要。

我对进展保持乐观。关于量子力学基础的现代研究，并非只是一堆鸡皮鹤发的物理学家在完成了白天真正的工作之后，一边抽烟喝茶一边高谈阔论的奇思妙想。最近我们对量子理论的理解取得的很多进步，都或是直接或是间接地受到了技术创新的推动：量子计算，量子加密，还有更一般的量子信息。我们已经来到这样一个临界点，如今在量子领域和经典领域之间，已经不再可能划出一道清晰的界限。万物皆量子。这种情形已经迫使物理学家对量子力学基础稍微认真了一些，也带来了也许会有助于解释时间和空间本身如何涌现的新见解。

我想，在不久的将来，我们就会在这些难题上取得重大进展。我也很愿意相信，波函数其他分支上其他版本的我当中，大部分都会跟
311 我深有同感。

附录
虚粒子的故事

对大部分致力于量子场论的理论物理学家来说，我们在第12章讨论的量子场论似乎都有点儿难登大雅之堂。我们所关心的只是真空状态，也就是填充空间的一组量子场的能量最低的布局。但这只是无数个状态中间的一个。大部分物理学家关心的是所有其他状态——看起来像是有很多粒子在移动、在相互作用的状态。

就算在了解了更多，也应该谈论电子的波函数的时候，我们也还是会很自然地说起“电子的位置”这种话；同样地，完全知道世界由场组成的物理学家也喜欢把粒子一直挂在嘴边。他们甚至会自称“粒子物理学家”而毫无羞赧之色。这种冲动可以理解：无论表象之下实际情形如何，我们看到的都是粒子。

好在这样也没啥问题，只要我们知道我们在做什么。很多时候，我们可以当作真正存在的就是一组在空间中来来去去的粒子，互相撞来撞去，时而被创造，时而被毁灭，时而突然闪现，时而又突然消失。
在恰当情形下，量子场的表现可以用很多粒子一再重复的相互作用来 313
精确模拟。如果量子态描述了一些数量确定的类粒子的场的震颤，这些震颤相互之间距离很远而且没心没肺地完全不知道其他震颤的存在，那么这样描述也会显得很自然。但如果我们按规则行事，就算有大量的场彼此叠加着震颤的时候，也就是你一定会觉得其中场的性质最为重要的时候，我们也还是可以从粒子的角度计算出实际发生的情况。

这正是理查德·费曼及其著名工具费曼图的本质看法。费曼最早提出费曼图的时候，是希望建立一种以粒子为基础的能够替代量子场论的方法，但结果表明事与愿违。在量子场论的总体范式中，费曼图既是奇妙、生动的比喻工具，也是极为方便的计算方法。

费曼图只是一种火柴棍卡通图，代表着粒子的运动和相互作用。时间为横轴，左边是起点，一组初始粒子从这里进入，混在一起，同时各种粒子或是出现或是消失，最后出现一组新粒子。物理学家不仅用这些图来描述那些允许发生的过程，也用来精确计算这些过程实际发生的可能性。如果你想问，比如说希格斯玻色子可能会衰变成什么粒子以及衰变有多快，你可以拿一大堆费曼图来计算，每张图都代表了对最终答案的一定贡献。同样，如果你想知道电子和正电子有多大可能会散射开来，费曼图也可以大显身手。

这里有一张很简单的费曼图。这张图要这么看：一个电子和一个正电子（直线）从左边进来，相遇，然后湮灭为一个光子（波浪线）；这个光子自个儿跑了一阵，然后又变回电子/正电子对。物理学家可
314 以在每一张图上加一个数字，用来表明该图对“一个电子和一个正电子散射开来”的总体过程有多大贡献，而对于加上去的精确数字，我们有明确规则。

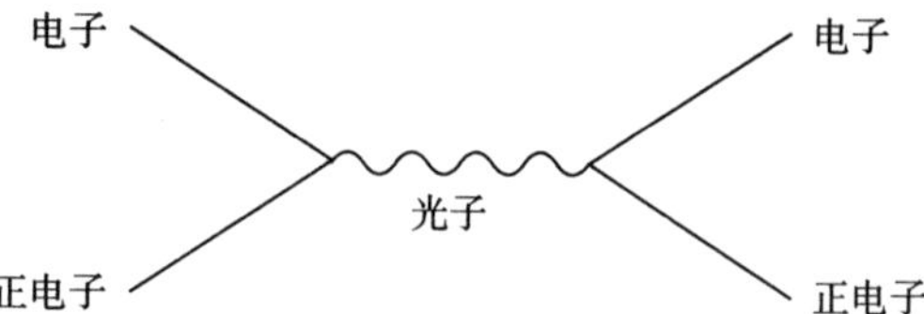

我们用费曼图展现的，只是一种说法。并不是真的说，有一个电子和一个正电子变成了一个光子，然后又变了回来。至少，真正的光子以光速运动，然而电子/正电子对（无论是单个粒子还是这对粒子的质心）都不会以光速运动。

真实情形是，无论是电子场还是正电子场都一直在跟电磁场相互作用；任何带电的场（比如电子场或正电子场）的振动，都必然同时有电磁场的轻微振动相伴随。如果这两个场的振动（我们阐释为电子和正电子）互相接近甚至重叠，所有场就会互相推来挤去，让一开始的粒子以某个方向散射出去。费曼的看法是，我们可以通过假设有一群粒子以特定方式飞来飞去，来计算场论中发生的实际情形。

用这种方法计算起来极为便利，致力于此的粒子物理学家随时都在用费曼图，不仅日有所思，有时候还夜有所梦。但在运用这个方法时，也需要在概念上做出一些妥协。限制在费曼图中的粒子既非从左边进来也不会从右边出去，并不遵循粒子通常要遵守的那些规则。比 315
如说，这些粒子并不具备通常粒子所具有的能量或质量。这些粒子有自己的一套规则，但并不是我们常见的那一套。

这并不奇怪，因为费曼图中的“粒子”根本不是粒子，而是方便起见的数学幽灵。为了提醒自己记住这一点，我们将其标记为“虚”粒子。虚粒子只是计算量子场行为表现的一种方式，假装通常的粒子变成了具有原本不可能具有的能量的古怪粒子，然后在这些粒子之间抛来抛去。真正的光子质量严格为零，但虚光子的质量绝对可以是任意值。我们所谓的“虚粒子”，是指一组量子场的波函数中的轻微变形。有时候这些虚粒子也叫作“波动”，或者就叫“模”（指场中具有特定波长的震颤）。但所有人都会称之为粒子，而且全都完全可以用费曼图中的直线表示出来，所以我们可以这么叫。

我们给散射开来的一个电子和一个正电子画的那张费曼图，并不是我们能画出来的唯一一张，实际上应该说只是无数张当中的一张。游戏规则告诉我们，凡是有同样的入射和出射粒子的可能的图，我们全都应该加总起来。我们可以按照复杂程度递增的顺序把这样的图都列举出来，越靠后的图包含的虚粒子就越多。

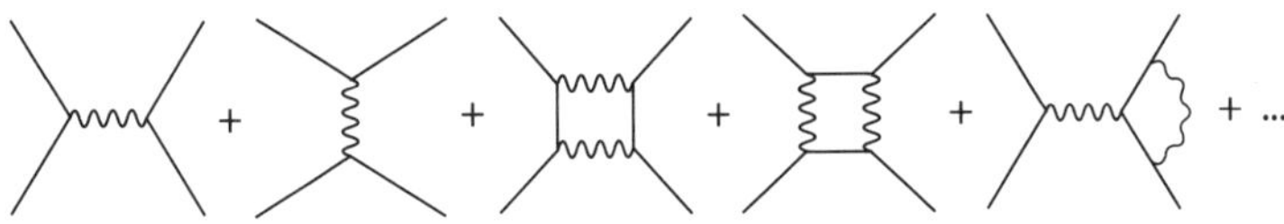

最后我们得到的数字是一个振幅，于是我们将其平方，得到这样
316 的过程发生的概率。利用费曼图，我们可以计算两个粒子散射开来的
概率，也可以计算一个粒子衰变为多个粒子，或是一些粒子变成别的
粒子的概率。

有个问题显而易见：如果说有无数张图，那怎样才能全都加起来

得出合理结果？答案就是，随着这些图变得越来越复杂，每张图对总量的贡献也会越来越小。虽然费曼图有无数张，但所有那些非常复杂的图全加在一块儿，也只是一个非常小的数字。实际上在真正计算时，我们往往只需要计算这个无穷序列中的头几张，就能得到相当精确的答案。

但是，在得到准确结果的过程中还有个很微妙的地方。我们来看这么一张带圈的图，也就是说我们可以把代表一组粒子的直线画成一个圈的图。这里是一个电子和一个正电子交换了两个光子的情形：

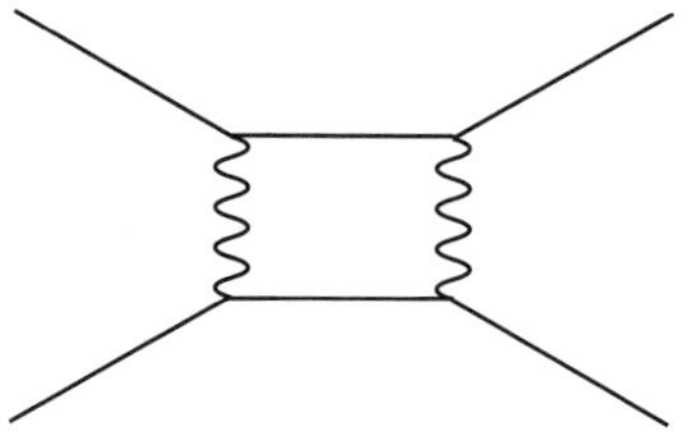

每条线都代表具备一定能量的一个粒子。线条交汇到一起时能量是守恒的，比如说，如果一个粒子进来变成了两个粒子，那后面这两个粒子的能量之和必须等于前面那个粒子。但能量如何分配完全随意，只要总和保持不变就行。实际上，由于虚粒子的古怪逻辑，某个粒子的能量甚至可以是负值，于是另一个粒子的能量可以比一开始那个粒子的能量还多。

这就意味着在我们计算由含有闭圈的费曼图描述的过程时，任意高的能量可以沿着圈中任意一条线前进。但是，如果我们算一下这样 317

的图对最终答案有多大贡献，结果会变成无穷大。折磨着量子场论的臭名昭著的无穷大问题就出自这里。显然，某种相互作用发生的概率最多也就是1，所以无穷大的答案意味着我们肯定是走错了方向。

费曼等人绞尽脑汁，终于找到了对付这个无穷大问题的办法，叫作重整化。如果有很多相互作用的量子场，我们不能先直接将这些场分开处理，再把相互作用加进去。这些场必然一直在互相影响。就算只是电子场中有个小小的震颤，一般我们可能会看成一个电子，电磁场中也必然会有与之伴随的震颤，实际上在其他所有与这个电子有相互作用的场中也都会有。这就像是在放了好多台钢琴的展销厅按下一台钢琴上的一个键，其他钢琴也会开始跟着前面这台一起轻轻地嗡嗡作响，带来这个音的微弱回声。用费曼图来说，这就意味着就算是穿过空间的一个单独的粒子，实际上周围也有一团虚粒子云相伴随。

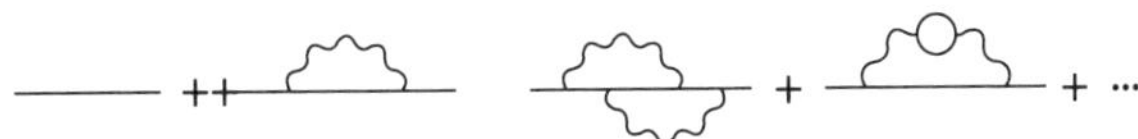

因此，区分“裸”场和“实体”场会很有帮助，其中前者是指在所有相互作用都被直接关闭了的虚构世界中存在的场，而后者是伴随着与之相互作用的其他场的场。在费曼图中简单机械地得到的无穷大问题，只是试图研究裸场的结果，而我们实际观测到的是实体场。从其一转向其二所需要的调整，有时候被随意描述为“减去无穷大得到有
318 限大小的答案”，但这么说很容易混淆视听。没有哪个物理量会是无穷大，也永远都不会变成无穷大；量子场论的先驱们殚精竭虑想要“藏起来”的无穷大结果，只不过是有相互作用的场跟无相互作用的

场之间的巨大区别的人为产物。(我们想在量子场论中估算真空能的时候，遇到的也是这类问题。)

尽管如此，重整化还是带来了重要的物理学见解。如果我们想测量粒子的某些属性，比如说粒子的质量或电荷，我们就会通过观察这个粒子如何与其他粒子相互作用来探测。量子场论告诉我们，我们看到的粒子并非简单的点状对象，而是每个粒子都被一团由别的虚粒子组成的云包围着，或者说得更准确点，是被与之相互作用的其他量子场所包围。跟一团云的相互作用和跟一个粒子的相互作用可不一样。两个高速相撞的粒子会深入对方的云团，看到相对紧凑密集的震颤，而慢慢路过的粒子只会视对方为(相对)较大、蓬松的球。因此，粒子表现出来的质量或电荷取决于我们用来观察这个粒子的探针的能量。这并非煞有介事的歌舞表演：这是实验预测，在粒子物理学的实验数据中，我们已经清楚地看到过这样的结果。

直到看到诺贝尔奖得主肯尼思 · 威尔逊(Kenneth Wilson)20世纪70年代初做出的工作，人们才真正认识到思考重整化的最佳方式。威尔逊意识到，费曼图计算中所有的无穷大结果都来自能量非常高的虚粒子，对应着距离非常短的物理过程。但是能量高、距离短的情形正是我们最没有把握究竟发生了什么的地方。能量非常高的过程也许会涉及全新的场，对应的质量也非常大，我们还从来没在实验中得到过。而且，时空本身在极短距离内，也许就在普朗克尺度上，也可能会崩溃。319

因此威尔逊论证道，如果我们就稍微诚实一点，老实承认对于能量非常高的情形我们并不知道发生了什么，会怎样呢？与其在带圈的费曼图中允许虚粒子能量上升到无穷大，还不如在理论中纳入一个明确的截止值：高于某个能量的时候我们就不再假装自己知道是个什么情形了。这个截止值在某种意义上是随意选定的，但如果放在我们通过实验已经得到充分认识的能量和我们还没能一窥究竟的能量的分界线上，好像也挺顺理成章。如果我们期待新粒子或其他现象在这个量级上出现，但并不真的知道这些粒子或现象会是什么，那么选择一个确定的截止值在物理学上也有充分理由。

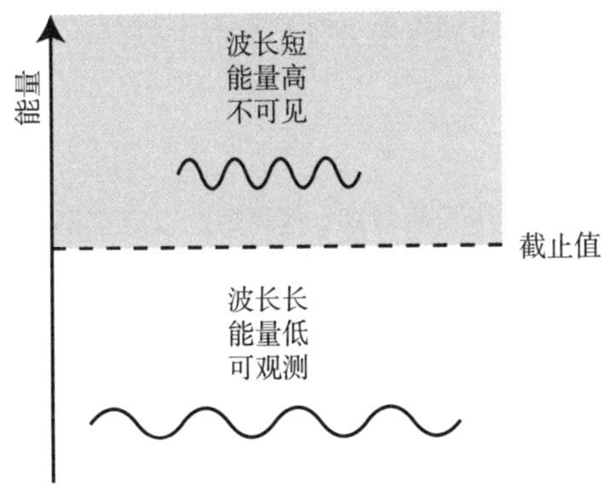

当然，在能量很高的地方也许会发生一些很有意思的事情，所以通过纳入截止值我们实际上是在承认，我们得不到完全正确的答案。但威尔逊证明，我们得到的一般来讲已经够好了。我们可以准确描述任何新的高能现象可能会如何影响我们实际看到的低能世界，以及影响会有多大。在以这种方式承认我们的无知之后，留给我们的就是有效场论了——并不认定自身是任何对象的精确描述，但是跟我们已
320 经得到的实验数据都能成功拟合的一种场论。现代量子场论家承认，他们最好的模型实际上全都是有效场论。

这就给我们留下了一个好坏消息参半的局面。好消息是，利用有效场论的法力，关于粒子在低能状态下的行为表现我们能够说出很多，即使对于高能状态下的情形我们并非全都知道（也有可能是一无所知）。要做出可靠、真实的陈述，我们并不需要知道所有的最终答案。对于支配组成你我以及我们的日常环境的粒子和作用力的物理学定律，我们可以很有把握地说已经充分了解了其中很大部分原因也在于此：这些定律都采用了有效场论的形式。还有很大空间去发现新的粒子和作用力，但这些新现象要么质量一定非常高（高能量）以至于到现在都还没在实验中产生过，要么跟我们的相互作用微弱到无法想象，以至于完全没有可能对桌子椅子猫子狗子等我们低能世界的任何部件产生影响。

坏消息是，虽然对于能量高、距离短的实际情形我们非常想了解更多，但有效场论的法力让这一切变得极为困难。无论高能条件下会发生什么，我们都能精确描述低能状态下的物理学规律；这诚然是件好事，但这个成就同样让人气馁，因为这似乎意味着如果不以某种方式直接探测，我们就无法推断高能条件下究竟会发生什么。这也是为什么粒子物理学家那么热衷于建造越来越大、能级越来越高的粒子加速器，因为要想知道宇宙在非常短的距离内如何运行，我们知道的也许还算可靠的道路只有这一条。 321

致谢

任何著作都是通力合作的产物，本书尤甚。关于量子力学可以说得很多，而且肯定有一种诱惑让人想全都说出来。那样一本书写起来肯定会很有意思，但读起来恐怕就会变成懒婆娘的裹脚布了。是在诸多不吝赐教的读者帮助下，本书手稿才得以成为可以理解的样子，希望也还能算得上有些趣味。我需要特别提到尼克·艾维斯（Nick Aceves）、迪安·布诺马诺（Dean Buonomano）、约瑟夫·克拉克（Joseph Clark）、唐·霍华德（Don Howard）、延斯·雅各（Jens Jäger）、吉娅·莫拉（Gia Mora）、贾森·波拉克（Jason Pollack）、丹尼尔·拉纳德（Daniel Ranard）、罗布·里德（Rob Reid）、格兰特·雷门（Grant Remmen）、亚历克斯·罗森堡（Alex Rosenberg）、兰登·罗斯（Landon Ross）、奇普·西本斯（Chip Sebens）、马特·斯特拉斯勒（Matt Strassler）和戴维·华莱士，他们的评论让我受益匪浅。这些慷慨的读者对我的帮助，小到聊天中随口提及而最终被我写进书里的一些内容，大到通读所有章节并提出有益见解，把我从写作一本原本乏善可陈的书的境地中拯救了出来。

我想特别感谢斯科特·阿伦森（Scott Aaronson），他是物理学家和作家能遇到的最佳试读者，不但通读了所有文本，而且在内容和风格方面提出的反馈也一直对我大有帮助。我还想再提一下吉娅·莫拉，因为不知怎么的她被《大图景》的致谢给漏掉了，我感到非常抱歉。

自不必说，多年来我从很多绝顶聪明的人那里学到了诸多关于量 323
子力学和时空的知识，他们的影响贯穿了全书，虽然我并没有具体谈到写在这里的这些话。非常感谢戴维·艾伯特、包宁、杰夫·巴雷特（Jeff Barrett）、查尔斯·贝内特（Charles Bennett）、亚当·贝克尔（Adam Becker）、金·博迪（Kim Boddy）、曹春骏、艾丹·查特温-戴维斯（Aidan Chatwin-Davies）、悉尼·科尔曼、爱德华·法希（Edward Farhi）、艾伦·古思（Alan Guth）、詹姆斯·哈特尔（James Hartle）、耶南·伊斯梅尔（Jenann Ismael）、马修·莱弗（Matthew Leifer）、塞思·劳埃德（Seth Lloyd）、弗兰克·马洛尼（Frank Maloney）、蒂姆·莫德琳（Tim Maudlin）、斯皮罗斯·马卡拉基斯（Spiros Michalakis）、阿莉莎·奈伊（Alyssa Ney）、唐·佩奇、阿兰·普雷斯（Alain Phares）、约翰·普雷斯基尔（John Preskill）、杰斯·赖德尔（Jess Reidel）、阿什米特·辛格（Ashmeet Singh）、伦纳德·萨斯坎德、列夫·威德曼、罗伯特·沃尔德（Robert Wald）和尼古拉斯·沃纳（Nicholas Warner），以及我无法在此一一提及的无数师友。

和往常一样，我要感谢我的学生和合作伙伴，在我努力完成本书时，他们不得不容忍我偶尔缺席。同样也要感谢125 C班，即加州理工大学面向大三学生的量子力学课程第三学期的学生（全学年分为四个学期），他们容忍了我教给他们退相干和量子纠缠，而不是一遍又一遍例行公事地去解薛定谔方程。

万分感谢达顿出版社（Dutton）的编辑斯蒂芬·莫罗（Stephen Morrow），本书尤其需要他的耐心和真知灼见。他甚至让我加进去了整整一章对话，虽说只不过有可能会把他累垮。一个作家肯定想不出来还有哪位编辑能比他更关心最终作品的质量，而本书的质量很大程度上要归功于他。同样感谢我的版权经理卡丁卡·马特森（Katinka Matson）和约翰·布罗克曼（John Brockman），他们总是能让一个原本会让人抓狂的过程变得还算可以忍受，甚至能让人乐在其中。

最需要感谢的是珍妮弗·韦勒特（Jennifer Ouellette），无论是在写作上还是在生活中，她都是最完美的伴侣。这一路上她不仅以无数方式支持我，还从自己极为繁重的写作中抽出时间，细心检查了本书每一页，提出了宝贵见解。其爱之深，正如其责之切。我删减的篇幅
324 并没有她建议的那么大，可能本书也因此减分不少，但是请相信我，
已经比她读到之前的样子好多了。

还需要感谢珍妮弗把阿里尔和卡利班带进了我们的生活，它们是一个作家能遇到的最好的伴读猫。大家放心，在本书写作过程中，没
325 有任何一只真正的猫受到过思想实验的影响。

延伸阅读

关于量子力学的书可谓汗牛充栋，这里列出了几本与本书主题相关的著作：

Albert, D. Z. (1994). Quantum Mechanics and Experience. Harvard University Press. 从哲学角度简短介绍了量子力学及测量问题。

Becker, A. (2018). What Is Real? The Unfinished Quest for the Meaning of Quantum Physics. Basic Books. 量子力学基础的历史概述，包括多世界理论的替代观点，以及很多物理学家在思考这些问题时需要面对的障碍。

Deutsch, D. (1997). The Fabric of Reality. Penguin. 介绍了多世界理论，但也还有很多其他内容，包括计算、演化和时间旅行。

Saunders, S., J. Barrett, A. Kent, and D. Wallace. (2010). Many Worlds? Everett, Quantum Theory, and Reality. 赞成和反对多世界理论的文集。

Susskind, L., and A. Friedman. (2015). Quantum Mechanics: The Theoretical Minimum. Basic Books. 量子力学的严肃介绍，一流大学物理系学生量子力学入门课程的水平。

Wallace, D. (2012). The Emergent Multiverse: Quantum Theory According to the Everett Interpretation. Oxford University Press. 有点偏
327 专业，但是是现在关于多世界理论的标准参考书。

参考资料

前言 不要害怕

“我想我敢打包票”：见 R. P. Feynman (1965), The Character of Physical Law, MIT Press, 123.

第 2 章 胆大包天的构想

“闭嘴去算”：见 N. D. Mermin (2004), “ Could Feynman Have Said This? ”Physics Today, 57, 5, 10.

第 3 章 为什么会有人这么想？

“六件不可能的事”：L. Carroll (1872), Through the Looking Glass and What Alice Found There, Dover, 47.

第 4 章 纯属子虚乌有，本就无法得知

“甜是人云亦云”：引自 H. C. Von Baeyer (2003), Information: The New Language of Science, Weidenfeld & Nicolson, 12.

“敢教日月换新天”：引自 R. P. Crease and A. S. Goldhaber (2014), The Quantum Moment: How Planck, Bohr, Einstein, and Heisenberg Taught Us to Love Uncertainty, W. W. Norton & Company, 38.

“在我看来，你的假说有重大问题”：引自 H. Kragh (2012), “ Rutherford, Radioactivity, and the Atomic Nucleus, ”https://arxiv.org/abs/1202.0954.

“写了篇荒唐的论文”：引自 A. Pais (1991), Niels Bohr ’ s Times, in Physics, Philosophy, and Polity, Clarendon Press, 278.

“十足的神巫算法”：引自 J. Bernstein (2011), “ A Quantum Story, ” The Institute Letter, Institute for Advanced Study, Princeton.

“我不喜欢这个理论”：引自 J. Gribbin (1984), In Search of Schrödinger ’ s Cat: Quantum Physics and Reality, Bantam Books, v.

关于双缝实验，更多内容可参阅 A. Ananthaswamy (2018), Through Two Doors at Once: The Elegant Experiment That

Captures the Enigma of Our Quantum Reality, Dutton.

第 5 章 纠缠到天际

A. Einstein, B. Podolsky, and N. Rosen (1935), " Can Quantum-Mechanical Description of Reality Be Considered Complete? " Physical Review 47, 777.

对贝尔定理及其与"爱波罗"佯谬和玻姆力学的关系，一般意见可参阅 T. Maudlin (2014), " What Bell Did, " Journal of Physics A 47, 424010.

"世俗媒体"：引自 W. Isaacson (2007), Einstein: His Life and Universe, Simon & Schuster, 450.

D. Rauch et al. (2018), " Cosmic Bell Test Using Random Measurement Settings from High-Redshift Quasars, " Physical Review Letters 121, 080403.

第 6 章 撕裂宇宙

本章引文大部分出自休·埃弗里特的一部很出色的传记，P. Byrne (2010), The Many Worlds of Hugh Everett III: Multiple Universes, Mutual Assured Destruction, and the Meltdown of a Nuclear Family, Oxford University Press，A. Becker (2018), What Is Real?, Basic Books.

埃弗里特的原始论文（加长版和缩减版）及各种评论均可见于 B. S. DeWitt and N. Graham (1973), The Many Worlds Interpretation of Quantum Mechanics, Princeton University Press.

"没有什么比……更能让我相信"：引自 A. Becker (2018), What Is Real?, Basic Books, 127.

H. D. Zeh (1970), " On the Interpretation of Measurements in Quantum Theory, " Foundations of Physics 1, 69.

"哥本哈根诠释极不完整"：引自 P. Byrne (2010), 141.

"撕裂？换个好点儿的词"：引自 P. Byrne (2010), 139.

"我来火上浇油一把"：引自 P. Byrne (2010), 171.

“从一开始就注定是场灾难”：引自 A. Becker (2018), 136.
“我忍不住要问”：引自 P. Byrne (2010), 176.
“我认识到我父亲的生活方式也有其价值”：M. O. Everett (2007), Things the Grandchildren Should Know, Little, Brown, 235.

第 7 章 有序与随机

“为什么人们会说”：引自 G.E.M. Anscombe (1959), An Introduction to Wittgenstein’s Tractatus, Hutchinson University Library, 151.
“肥胖测度”：D. Z. Albert (2015), After Physics, Harvard University Press, 169.
W. H. Zurek (2005), “Probabilities from Entanglement, Born’s Rule from Envariance,” Physical Review A 71, 052105.
C. T. Sebens and S. M. Carroll (2016), “Self-Locating Uncertainty and the Origin of Probability in Everettian Quantum Mechanics,” British Journal for the Philosophy of Science 69, 25.
D. Deutsch (1999), “Quantum Theory of Probability and Decisions,” Proceedings of the Royal Society of London A 455, 3129.
玻恩定则的决定论方法的全面概述，可参阅 D. Wallace (2012), The Emergent Multiverse.

第 8 章 本体论承诺会让我看起来很胖吗？

“错误乃至凶险的学说”：K. Popper (1967), “Quantum Mechanics Without the Observer,” in M. Bunge (ed.), Quantum Theory and Reality. Studies in the Foundations Methodology and Philosophy of Science, Vol. 2, Springer, 12.
“对量子力学完全客观的论述”：K. Popper (1982), Quantum Theory and the Schism in Physics, Routledge, 89.
关于熵和时间之箭的更多细节，可参阅 S. M. Carroll (2010), From Eternity to Here: The Quest for the Ultimate Theory of Time, Dutton.（该书中文版：《从此刻到永恒：追寻时间的终极奥秘》已由湖南科技出版社出版。——译注）

“问有多少个世界”: D. Wallace (2012), The Emergent Multiverse, 102.
“尽管量子理论在经验上取得的成功无与伦比”: D. Deutsch (1996), “Comment on Lock-wood,” British Journal for the Philosophy of Science 47, 222.

第 9 章 其他思路

“显然是因为他们认为……”: 引自 A. Becker (2018), What Is Real?, Basic Books, 213.
“如果我们没法证明玻姆是错的”: 引自 A. Becker (2018), 90.
“该文没有任何意义”: 引自 A. Becker (2018), 199.
“埃弗里特电话”: J. Polchinski (1991), “Weinberg's Nonlinear Quantum Mechanics and the Einstein-Podolsky-Rosen Paradox,” Physical Review Letters 66, 397.
关于隐变量模型和客观坍缩模型的更多细节，可参阅 T. Maudlin (2019), Philosophy of Physics: Quantum Theory, Princeton.
R. Penrose (1989), The Emperor's New Mind: Concerning Computers, Minds, and the Laws of Physics, Oxford.
“以爱因斯坦恐怕会最不喜欢的方式解决了爱波罗佯谬”: J. S. Bell (1966), “On the Problem of Hidden-Variables in Quantum Mechanics,” Reviews of Modern Physics 38, 447.
“多余的意识形态上层建筑”及“人造形而上学”: 引自 W. Myrvold (2003), “On Some Early Objections to Bohm's Theory,” International Studies in the Philosophy of Science 17, 7.
H. C. Von Baeyer (2016), QBism: The Future of Quantum Physics, Harvard.
“在很多各不相同的个人的外部世界之外”及“量子贝叶斯理论认为”: N. D. Mermin (2018), “Making Better Sense of Quantum Mechanics,” Reports on Progress in Physics 82, 012002.
C. A. Fuchs (2017), “On Participatory Realism,” in I. Durham and D. Rickles, eds., Information and Interaction, Springer.
“埃弗里特诠释（就其哲学上可以接受的范围而言）”: D. Wallace (2018), “On the Plurality of Quantum Theories: Quantum Theory as

a Framework, and Its Implications for the Quantum Measurement Problem, "in S. French and J. Saatsi, eds., Scientific Realism and the Quantum, Oxford.

第 10 章 人这一面

M. Tegmark (1998), " The Interpretation of Quantum Mechanics: Many Worlds or Many Words? "Fortschrift Physik 46, 855.
R. Nozick (1974), Anarchy, State, and Utopia, Basic Books, 41.
"量子力学据称能够提供的": E. P. Wigner (1961), " Remarks on the Mind-Body Problem, " in I. J. Good, The Scientist Speculates, Heinemann.

第 11 章 为什么会有空间？

关于涌现以及核心理论，在S. M. Carroll (2016), The Big Picture: On the Origins of Life, Meaning, and the Universe Itself, Dutton 中，我有更多讨论。（该书中文版《大图景》已由湖南科技出版社出版。—— 译注）
"我觉得我爸就是不喜欢猫": James Hartle (2016), 个人交流。

第 12 章 充满震颤的世界

"无法想象，没有生命、没有理性的物质": I. Newton (2004), Newton: Philosophical Writings, ed. A. Janiak, Cambridge, 136.
P.C.W. Davies (1984), " Particles Do Not Exist, " in B. S. DeWitt, ed., Quantum Theory of Gravity: Essays in Honor of the 60th Birthday of Bryce DeWitt, Adam Hilger.

第 13 章 在空白空间里呼吸

关于定域性的影响和局限，更多内容可参阅 G. Musser (2015), Spooky Action at a Distance: The Phenomenon That Reimagines

Space and Time — and What It Means for Black Holes, the Big Bang and Theories of Everything, Farrar, Straus and Giroux.
“我在量子理论上费的脑细胞”: A. Einstein, 由 Otto Stern (1962) 引用自 T. S. Kuhn 的采访, Niels Bohr Library & Archives, American Institute of Physics, https://www.aip.org/history-programs/niels-bohr-library/oral-histories/4904.
“也许海森伯方法的成功”: A. Einstein (1936), “Physics and Reality,” reprinted in A. Einstein (1956), Out of My Later Years, Citadel Press.
T. Jacobson (1995), “Thermodynamics of Space-Time: The Einstein Equation of State,” Physical Review Letters 75, 1260.
T. Padmanabhan (2010), “Thermodynamical Aspects of Gravity: New Insights,” Reports on Progress in Physics 73, 046901.
E. P. Verlinde (2011), “On the Origin of Gravity and the Laws of Newton,” Journal of High Energy Physics 1104, 29.
J. S. Cotler, G. R. Penington, and D. H. Ranard (2019), “Locality from the Spectrum,” Communications in Mathematical Physics, https://doi.org/10.1007/s00220-019-03376-w.
J. Maldacena and L. Susskind (2013), “Cool Horizons for Entangled Black Holes,” Fortschritte der Physik 61, 781.
C. Cao, S. M. Carroll, and S. Michalakis (2017), “Space from Hilbert Space: Recovering Geometry from Bulk Entanglement,” Physical Review D 95, 024031.
C. Cao and S. M. Carroll (2018), “Bulk Entanglement Gravity Without a Boundary: Towards Finding Einstein’s Equation in Hilbert Space,” Physical Review D 97, 086003.
T. Banks and W. Fischler (2001), “An Holographic Cosmology,” https://arxiv.org/abs/hep-th/0111142.
S. B. Giddings (2018), “Quantum-First Gravity,” Foundations of Physics 49, 177.
D. N. Page and W. K. Wootters (1983). “Evolution Without Evolution: Dynamics Described by Stationary Observables,” Physical Review D 27, 2885.

第 14 章 超越空间和时间

关于全息原理、互补性和黑洞信息的讨论，均可参阅 L. Susskind (2008), The Black Hole War: My Battle with Stephen Hawking to Make the World Safe for Quantum Mechanics, Back Bay Books.（该书中文版《黑洞战争》已由湖南科技出版社出版。——译注）

A. Almheiri, D. Marolf, J. Polchinski, and J. Sully (2013), " Black Holes: Complementarity or Firewalls? " Journal of High Energy Physics 1302, 062.

J. Maldacena (1997), " The Large-N Limit of Superconformal Field Theories and Supergravity, " International Journal of Theoretical Physics 38, 1113.

S. Ryu and T. Takayanagi (2006), " Holographic Derivation of Entanglement Entropy from AdS/CFT, " Physical Review Letters 96, 181602.

B. Swingle (2009), " Entanglement Renormalization and Holography, " Physical Review D 86, 065007.

M. Van Raamsdonk (2010), " Building Up Spacetime with Quantum Entanglement, " General Relativity and Gravitation 42, 2323.

后记 万物皆量子

"我才四五岁的时候就经历过这样的奇迹": A. Einstein (1949), Autobiographical Notes, Open Court Publishing, 9.

附录 虚粒子的故事

关于费曼图，更多内容可参阅 R. P. Feynman (1985), QED: The Strange Theory of Light and Matter, Princeton University Press.

索引

acceleration, 14–15, 48, 71, 257, 300 加速，加速膨胀
action at a distance. See spooky action at a distance 超距作用，见“瘆人的超距作用”
AdS/CFT correspondence, 303–304 AdS/CFT对偶
Aesop’s fables, 4–5 伊索寓言
Aharonov, Yakir, 177 雅基尔·阿哈罗诺夫
Albert, David, 141, 177 戴维·艾伯特
amoeba dividing analogy, 123–124 变形虫分裂的类比
amplitudes 振幅
  description of, 19–20 对振幅的描述
  probabilities and, 86–87, 130–131, 142–146 振幅与概率
  probability distribution and, 187 振幅与概率分布
  unequal, 147–148 振幅不等
  wave functions and, 33 波函数与振幅
angular momentum, 55 角动量
Anscombe, Elizabeth, 129 伊丽莎白·安斯科姆
anti-de Sitter space, 303, 304 反德西特空间
area, 279, 284, 285 面积
Aristotle, 13, 15 亚里士多德
arrow of time, 158–159 时间之箭
atoms 原子
  austere quantum mechanics and, 34 原子与朴素量子力学
  blackbody radiation and, 49–50 原子与黑体辐射
  branching and, 138–139 原子与分叉
  compatibilism and, 218 原子与相容论
  Dalton on, 45 道尔顿论原子

description of, 18 对原子的描述
electrons and, 45–46 原子与电子
as empty space, 34, 73 作为空白空间的原子
entropy and, 158, 160, 276, 297–298 原子与熵
GRW theory and, 184 GRW理论与原子
history of, 45 原子的历史
matter and, 48 原子与物质
obeying quantum mechanics rules, 36 原子遵循量子力学规则
radioactive decay of, 120 原子的放射性衰变
Rutherford's model, 45–46, 52–55 卢瑟福原子模型
statistical mechanics theory, 29 原子的统计力学理论
austere quantum mechanics (AQM), 32–36, 104, 245. See also Everett formulation of quantum mechanics; Many-Worlds theory 朴素量子力学（AQM），参见量子力学的埃弗里特诠释；多世界理论

B

Banks, Tom, 285 汤姆·班克斯
Bauer, Edmond, 222 埃德蒙·鲍尔
Bayes, Thomas, 136 托马斯·贝叶斯
Bayesian inference, 198 贝叶斯推断
Bayesianism, 136 贝叶斯概率
Bekenstein, Jacob, 297, 300 雅各布·贝肯斯坦
Bekenstein-Hawking entropy, 297–299 贝肯斯坦-霍金熵
Bell, John, 30–31, 178, 190 约翰·贝尔
Bell states, 102–103 贝尔态
Bell's theorem on entanglement, 102–106, 190, 233 关于量子纠缠的贝尔定理
Big Bang, 93–94, 113, 287 大爆炸
black hole information puzzle, 294 黑洞信息佯谬
black holes 黑洞
complementarity, 304–306 黑洞互补性
degrees of freedom inside, 298–299 黑洞内部的自由度

description of, 291–292 对黑洞的描述
dynamical nonlocality and, 296 黑洞与动力学非定域性
emitting radiation, 293–296 黑洞发出的辐射
entropy and, 297–299 黑洞与熵
evaporation, 295 黑洞蒸发
event horizon and, 293 黑洞与事件视界
in general relativity, 293, 301–302 广义相对论中的黑洞
general relativity and, 270, 297, 305 广义相对论与黑洞
holography for, 302–303 黑洞的全息原理
maximum-entropy nature of, 300–301 黑洞熵最大性质
membrane paradigm, 305 膜范式
no-cloning theorem and, 296 黑洞与不可克隆原理
particles and, 291, 293–294 黑洞与粒子
as region of spacetime, 293, 299 作为时空区域的黑洞
representing highest-entropy states, 299–300 黑洞代表着熵最高的状态
temperature of, 293 黑洞的温度
blackbody radiation, 49–50 黑体辐射
blackbody spectrum, 50 黑体光谱
Bohm, David, 30, 103, 178, 189–190 戴维·玻姆
Bohmian mechanics 玻姆力学
as alternative formulation of quantum mechanics, 192–193 作为量子力学诠释之一的玻姆力学
Einstein on, 194 爱因斯坦论玻姆力学
haphazard construction of, 202 玻姆力学有些随意的构建方式
Heisenberg on, 194 海森伯论玻姆力学
nonlocality and, 191 玻姆力学与非定域性
Oppenheimer on, 194 奥本海默论玻姆力学
particle observation and, 41, 190–194 玻姆力学与粒子观测
particles momenta, 195 粒子动量
Pauli on, 194 泡利论玻姆力学
problems in, 194–195 玻姆力学的问题
uncertainty principle in, 195–196 玻姆力学中的不确定性原理
wave functions in, 193 玻姆力学中的波函数
Bohr, Niels, 28, 31, 35, 54–58, 66–67, 74–75, 109 尼尔斯·玻尔
Boltzmann, Ludwig, 158–163, 276 路德维希·玻尔兹曼

Born, Max, 20, 33, 58–59, 65–66, 67　马克斯 · 玻恩
Born rule　玻恩定则
description of, 19–20　对玻恩定则的描述
in Many-Worlds theory, 146–148　多世界理论中的玻恩定则
particle locations and, 191–193　玻恩定则与粒子位置
probabilities and, 130–131, 145, 167–168　玻恩定则与概率
as Pythagoras' s theorem, 87, 142　作为勾股定理的玻恩定则
self-locating uncertainty, 171　自身位置不确定性
Bousso, Raphael, 300　拉斐尔 · 布索
brains, as coherent physical systems, 220　大脑，作为相干物理系统
branch counting, 142–144　分支计数
branching　波函数分叉
atoms and, 138–139　原子与分叉
cause of, 213–214　分叉的起因
decision making and, 213–216　决策与分叉
decoherence and, 119–120, 122–123, 137–138, 183, 186　退相干与分叉
description of, 157–161　对分叉的描述
as emergent worlds, 239　将分支视为涌现出来的世界
with four consecutive spin measurements, 134　连续四次测量电子自旋产生的分支
in Many-Worlds theory, 169–172　多世界理论中的分叉
Many-Worlds theory and, 138–140　多世界理论与分叉
as nonlocal process, 171–172　作为非定域性过程的分叉
quantum systems and, 216　量子系统与分叉
Schrödinger' s equation and, 116　薛定谔方程与分叉
Bunn, Ted, 117　特德 · 邦恩

Cao, ChunJun (Charles), 285　曹春骏
categorical imperative (Kant), 210　绝对命令（康德）
Caves, Carlton, 198　卡尔顿 · 凯夫斯
CFT (conformal field theory), 303　CFT（共形场论）

choice-making. See free will　决策，见自由意志
classical electromagnetism, 250, 269　经典电磁学
classical mechanics　经典力学
　atoms (See atoms)　经典力学中的原子（见原子）
　fields (See fields)　经典力学中的场（见场）
　Hamiltonian, 64, 196, 239–240, 281–282　哈密顿量
　momentum in, 16, 70–71, 239　经典力学中的动量
　Newton and, 14–15　牛顿与经典力学
　particles (See particles)　经典力学中的粒子
　position in, 16, 70–71, 239　经典力学中的位置
　rules of, 21–22　经典力学的法则
closed universe, 287–288　封闭宇宙
cloud of probability, 19, 37　概率云
Coleman, Sidney, 129　悉尼·科尔曼
collapse theory, 212　坍缩理论
compatibilism, 218　相容论
complementarity, 74–79, 304–306　互补性
composite particles, 46–47　复合粒子
conformal field theory (CFT), 303　共形场论（CFT）
consciousness, 122–123, 219–224　意识
consequentialism, 210　结果论
Copenhagen interpretation of quantum mechanics, 23, 57, 110, 116, 221　量子力学的哥本哈根诠释
Core Theory, 230, 249, 252　核心理论
cosmological constant, 256–257　宇宙学常数
cosmological constant problem, 258–259　宇宙学常数问题
credences, 136–137, 141–142, 211　置信度
curved spacetime. See general relativity　弯曲时空，见广义相对论

Dalton, John, 45　约翰·道尔顿

Davies, Paul, 256 保罗 · 戴维斯
de Broglie, Louis, 28, 30, 60, 62–65, 188 路易 · 德布罗意
de Broglie-Bohm theory, 41. See also Bohmian mechanics 德布罗意-玻姆理论，参见玻姆力学
decision making, as classical events, 213–216 作为经典事件的决策过程
decision theory, 148–149, 212 决策理论
decoherence 退相干
branching and, 119–120, 122–123, 137–138, 183, 186 分叉与退相干
description of, 117–120 对退相干的描述
linking austere quantum mechanics to the world, 245 退相干将朴素量子力学与世界联系起来
multiple worlds and, 233–234 多个世界与退相干
Penrose and, 186 彭罗斯与退相干
as rapid process, 140 快速发生的退相干过程
reversal of, 160 退相干反向
Schrödinger's cat thought experiment, 241–243 思想实验：薛定谔的猫
worlds interference with one another, 157 互相干涉的世界
Zeh and, 178–179 泽与退相干
degrees of freedom, 71, 262–263, 283–284, 298–299 自由度
Democritus, 44 德谟克利特
demon thought experiment (Laplace), 16, 57, 63, 162–163, 235 思想实验：拉普拉斯妖
Dennett, Daniel, 238–239 丹尼尔 · 丹尼特
deontology, 210 道义论
determinism, 216–218 决定论
Deutsch, David, 126, 148, 174, 194 戴维 · 多伊奇
DeWitt, Bryce, 126, 288 布赖斯 · 德威特
Dirac, Paul, 65 保罗 · 狄拉克
disappearing worlds theory, 117 “世界消失了”的理论
distribution of probabilities. See probability distributions 概率分布，见概率分布
double-slit experiment, 75–79, 120–123, 191 双缝实验
dualism, 223 二元论
dynamical locality, 233, 281–282 动力学定域性
dynamical nonlocality, 296 动力学非定域性
dynamical-collapse models, 181–186 客观坍缩模型

E

effective field theory, 320–321 有效场论
Einstein, Albert 阿尔伯特·爱因斯坦
Bohm and, 189–190 爱因斯坦与玻姆
on Bohmian mechanics, 194 爱因斯坦论玻姆力学
Bohr debate with, 28–29, 31, 109 爱因斯坦与玻姆的论战
compass story, 310 指南针的故事
on cosmological constant, 256–257 爱因斯坦论宇宙学常数
death of, 309 爱因斯坦去世
general relativity work, 110, 112, 185, 230–231, 279–280. See also general relativity 广义相对论的成就，参见广义相对论
on Heisenberg's approach to quantum theory, 271 爱因斯坦论海森伯的量子力学方法
at Institute for Advanced Study, 110 爱因斯坦在高等研究院
labeling quantum mechanics as spooky, 11 爱因斯坦称量子力学"瘆人"
light quantum proposal, 51–52, 60, 66 光量子假说
on matrix mechanics, 59 爱因斯坦论矩阵力学
physical theory, 102 物理理论
Podolsky and, 101 爱因斯坦与波多尔斯基
quantum entanglement and, 31 爱因斯坦与量子纠缠
on quantum mechanics, 96, 102, 268 爱因斯坦论量子力学
as relativity pioneer, 31 作为相对论先驱的爱因斯坦
on spacetime, 269–270 爱因斯坦论时空
special relativity theory, 99, 233 狭义相对论
on uncertainty principle, 91, 109 爱因斯坦论不确定性原理
Einstein-Podolsky-Rosen (EPR) thought experiment, 96–102, 109, 191, 233, 285 爱因斯坦-波多尔斯基-罗森思想实验（"爱波罗"）
electric charge, 48n 电荷，48页脚注
electric fields, 47–48 电场
electricity, 46 电流
electromagnetic field 电磁场
Feynman diagrams and, 315 电磁场与费曼图

gravitons and, 274 电磁场与引力子
leading to particle-like photons, 255 电磁场产生类似粒子的光子
Maxwell on, 47–48 麦克斯韦论电磁场
electromagnetic radiation, 49–50, 66. See also light 电磁辐射，参见光
electromagnetic waves, 60, 249–250 电磁波
electromagnetism, classical, 250, 269 经典电磁学
electrons 电子
atoms and, 45–46 原子与电子
Bohr's quantized orbits, 55–58, 66–67 玻尔的量子化轨道
cloud of probability, 19 概率云
definition of, 18 对电子的描述
discovery of, 45 电子的发现
double-slit experiment, 75–79 双缝实验
entanglement and, 92, 120–122 电子与量子纠缠
Feynman diagrams and, 315 电子与费曼图
interference bands, 121 干涉条带
interference pattern of, 77–78 干涉图样
in natural habitat, 18 自然生境中的电子
orbiting, 46 在轨道上运行的电子
particles vs. waves, 49, 75 波粒二象性
spin outcomes, 80–83, 97–99 自旋的测量结果
in superposition, 34 电子的叠加态
elementary particles, 46–47 基本粒子
elements of reality, 100 现实元素
emergence, 234–239 涌现
empirical theories, 155–156 以经验为基础的理论
empty space 空白空间
atoms and, 34, 73 原子与空白空间
energy of, 256–257 空白空间与能量
entropy and, 278 空白空间与熵
no particles in, 260–261 空白空间里没有粒子
quantum vacuum in, 256–257, 259–261 空白空间中的真空状态
quantum version of, 302 量子版本的空白空间
as stationary, 260 静态空白空间

energy, 173, 184, 253, 256–257, 281–282, 291. See also vacuum energy 能量，参见真空能
entangled superposition, 114–116 纠缠的叠加态
entanglement. See also Bell's theorem on entanglement 量子纠缠，参见贝尔定理与纠缠
in action, 94–95 纠缠在起作用
to define distances, 276–277 用纠缠定义距离
degrees of freedom in, 263, 283–284 纠缠状态下的自由度
description of, 37–38, 91 对纠缠的描述
in different regions of space, 261–265 空间不同区域的纠缠
Einstein and, 31 爱因斯坦与纠缠
electrons and, 92, 120–122 电子与纠缠
entropy and, 160 纠缠与熵
with environment, 118–119 与环境之间的纠缠
EPR paper on, 96–102, 109 “爱波罗”论文论纠缠
examples of, 91–92 纠缠的例子
in GRW theory, 182–183 GRW 理论中的纠缠
momentum and, 92 动量与纠缠
nonlocal nature of, 178 纠缠的非定域性
no-signaling theorem, 97–99 无信号定理
in quantum field theory, 249 量子场论中的纠缠
quantum states and, 118, 261–262 量子态与纠缠
quantum systems and, 159–160 量子系统于纠缠
Schrödinger's equation and, 38 薛定谔方程与纠缠
two-qubit system, 95–96 双量子比特系统
vacuum energy and, 262–265 纠缠与真空能
entanglement entropy, 160, 277, 283 纠缠熵
entropic arrow of time, 158–159 熵时间之箭
entropy 熵
area and, 285 面积与熵
arrow of time, 158–159 时间之箭
atoms and, 158, 160, 276, 297–298 熵与原子
Bekenstein-Hawking, 297–299 贝肯斯坦-霍金熵
of black holes, 297–299 黑洞的熵
Boltzmann formula for, 158–163 熵的玻尔兹曼阐述
in closed systems, 158 封闭系统的熵

cutoffs, 278　截止值
of empty space, 278　空白空间的熵
entanglement, 160　纠缠熵
event horizon as similar to, 297　事件视界与熵类似
limits on, 300　熵的局限
low, 159　低熵
from objective to subjective feature, 161–162　从客观特性变成宏观特性
quantum mechanics and, 276–278　量子力学与熵
of quantum subsystems, 277　量子系统的熵
within thermodynamics, 279　热力学中的熵
in vacuum state, 279　真空状态中的熵
epistemic probabilities, 135–140　认识论概率
epistemology, 30, 197–201　认识论
equal probability, 144–146　等概率
equal-amplitudes-imply-equal-probabilities rule, 144–146　“振幅相同意味着概率相同”的原则
ER=EPR conjecture, 285 n　ER=EPR猜想
ERP.[1] See Einstein-Podolsky-Rosen (EPR) thought experiment　“爱波罗”，见爱因斯坦-波多尔斯基-罗森思想实验
event horizon, 293, 296–297, 301–305　事件视界
Everett, Hugh　休·埃弗里特
death of, 127　埃弗里特去世
DeWitt and, 126　埃弗里特与德威特
leaving academia, 178　埃弗里特离开学术界
lifestyle choices, 127　埃弗里特选择的生活方式
Many-Worlds formulation and, 39　埃弗里特与多世界诠释
Petersen and, 125　埃弗里特与彼得森
on quantum gravity, 111–114, 122–125, 272　埃弗里特论量子引力
on quantum immortality, 207　埃弗里特论量子永生
on quantum measurements, 164–165　埃弗里特论量子测量
at Weapons Systems Evaluation Group, 125–126　国防部武器系统评估小组

1. 此处似乎应该是EPR。—— 译注，此条编校人员查看后可删

Everett, Mark, 127 马克·埃弗里特
Everett formulation of quantum mechanics 量子力学的埃弗里特诠释
as assault on Bohr's picture, 123–124 埃弗里特诠释对玻尔图景的攻击
implications of, 41 埃弗里特诠释的直接后果
ingredients for, 40–41 埃弗里特诠释的要素
measurements and, 104–105, 114–117, 123–125 埃弗里特诠释与测量问题
overview of, 38–40 埃弗里特诠释概述
as simple and elegant, 202 埃弗里特诠释的简单、简洁之处
Everett phone, 180 埃弗里特电话

fatness measure, 141 肥胖测度
Feynman, Richard, 2, 27 n, 111, 314 理查德·费曼
Feynman diagrams 费曼图
description of, 314–316 费曼图描述
electromagnetic field and, 315 电磁场与费曼图
explicit cutoff, 320 明确的截止值
infinities in, 319 费曼图中的无穷大
internal closed loop, 317–318 内部闭环
particle physicists' use of, 315–317 粒子物理学家对费曼图的应用
particles and, 314–316 粒子与费曼图
renormalization, 318–319 重整化
virtual particles in, 316 费曼图中的虚粒子
field metric, 273 度规场
fields 场
defining feature of, 47 场的定义性特征
definition of, 44 场的定义
in GRW theory, 185 GRW理论中的场
in quantum field theory, 250–252 量子场论中的场
Fifth International Solvay Conference, 27–28 第五次索尔维国际会议

firewall proposal, 296–297 n 火墙假说，296 页脚注
Fischler, Willy, 285 威利·菲施勒
forces, examples of, 16 作用力的例子
formalism of quantum mechanics, 30, 152–153 量子力学的阐释形式
foundations of quantum mechanics 量子力学基础
Albert and, 177 艾伯特与量子力学基础
Bell's theorem on entanglement, 102, 105 关于量子纠缠的贝尔定理
Bohr-Einstein debates on, 109 玻尔与爱因斯坦的论战
consensus on, 178 关于量子力学基础的共识
Everett's proposal, 111, 123 埃弗里特的假说
measurement problems and, 17 量子力学基础与测量问题
Nobel prize awarded for, 59 为量子力学基础颁发的诺贝尔奖
physicists response to, 196–197, 272, 311 物理学家对量子力学基础的反响
Popper and, 157 波普与量子力学基础
spacetime and, 6 时空与量子力学基础
Franklin, Benjamin, 48 n 本杰明·富兰克林
free will, 216–218 自由意志
frequency, measuring, 50–51 测量频率
frequentism, 133–135. See also Bayesianism 频率概率，参见贝叶斯概率
Fuchs, Christopher, 198, 200 克里斯托弗·富克斯

Geiger counters as quantum systems, 221–222 作为量子系统的盖格计数器
general relativity. See also quantum gravity; special relativity 广义相对论，参见量子引力；狭义相对论
behavior of spacetime in, 280 时空在广义相对论中的表现
Big Bang and, 287 广义相对论与大爆炸
black holes and, 270, 293, 297, 301–302, 305 广义相对论与黑洞
Einstein's work on, 110, 112, 185, 230–231, 269–270 爱因斯坦在广义相对论方面的工作
expansion of the universe and, 270 广义相对论与宇宙膨胀
as field theory, 230, 250 作为场论的广义相对论

gravitons and, 273–274 广义相对论与引力子
loop quantum gravity and, 275 广义相对论与圈量子引力
metric field, 273 度规场
Penrose's work on, 185–186 彭罗斯在广义相对论方面的工作
predictions in, 156 广义相对论的预言
quantizing, 230–231, 270–271 广义相对论的量子化
replacing Laplace's theory, 248 广义相对论取代拉普拉斯的理论
universe's zero energy and, 287–288 宇宙的零能量与广义相对论
Wheeler's work on, 110 惠勒在广义相对论方面的工作
generic quantum state, 282 一般的量子态
geometry, 270–271, 306 几何结构
Gerlach, Walter, 80 瓦尔特·格拉赫
Ghirardi, Giancarlo, 181 吉安卡洛·吉拉尔迪
"ghost world" scenario, 120 "鬼世界"情景
Giddings, Steve, 285 史蒂夫·吉丁斯
gluons, 46 胶子
Gospel of Matthew, 27n 马太福音，27页脚注
Goudsmit, Samuel, 178 塞缪尔·古德斯米特
gravitational fields, 48, 248, 273–274 引力场
gravitational waves, 53–54 引力波
gravitons, 273–274 引力子
gravity, 6–7, 165, 185–186, 230, 267, 270–273. See also general relativity; quantum gravity; relativity theory 万有引力，参见广义相对论；量子引力；相对论
Green, Michael, 274 迈克尔·格林
GRW theory, 181–186, 196–197, 202–203 GRW理论

Habicht, Conrad, 52 康拉德·哈比希特
Hamilton, William Rowan, 64 威廉·罗恩·哈密顿
Hamiltonian formulation of classical mechanics, 64, 196, 239–240, 281–282 经典力学的哈密顿形式

Hammeroff, Stuart, 219 斯图尔特·哈默洛夫
Hawking, Stephen, 113, 291–293 斯蒂芬·霍金
h-bar version, 56 “*h* 拔”版本
Heisenberg, Werner, 28, 35, 57–59, 63, 67, 194 维尔纳·海森伯
Heisenberg cut, 35 海森伯割线
Heisenberg method, 271 海森伯方法
hidden variables, 187–190 隐变量
hidden-variable theories, 188–189, 19 0, 260 隐变量理论
Hilbert space, 85, 154, 164–166, 263, 306 希尔伯特空间
Hobbes, Thomas, 218 托马斯·霍布斯
holographic principle, 302–304 全息原理
Hooft, Gerard ' t, 302 杰拉德·特·胡夫特
horizontal spin, 81–83 水平自旋
House Un-American Activities Committee, 189 众议院非美活动调查委员会
human choice-making. See free will 人类决策，见自由意志
human consciousness, 219–224 人类意识
Hume, David, 177 大卫·休谟

I

idealism, 223–225 理想主义
imposing a cutoff, 258 强行截止
indeterminism, 216–218 非决定论
infinities, in Feynman diagram calculations, 317–319 费曼图计算中的无穷大
Institute for Advanced Study, Princeton, New Jersey, 110 新泽西州普林斯顿大学高等研究院
interference, 76–78, 120–122 干涉
interpretation of quantum mechanics. See Copenhagen interpretation of quantum mechanics 量子力学诠释，见量子力学的哥本哈根诠释

J

Jacobson, Ted, 279 特德·雅各布森
Jordan, Pascual, 58, 67 帕斯夸尔·约尔丹
***Jumpers* (play), 129** 跳跃者(剧作)

K

Kant, Immanuel, 210, 223 伊曼纽尔·康德

L

Laplace, Pierre-Simon, 16, 48, 235, 248 皮埃尔-西蒙·拉普拉斯
Lewis, David, 175 戴维·刘易斯
light, 49–50 光
light quanta (Einstein), 51–52, 60, 66 光量子(爱因斯坦)
LIGO gravitational-wave observatory, 53 激光干涉引力波天文台
locality principle, 99, 171–172, 232–233, 240, 292 定域性原则
London, Fritz, 222 弗里茨·伦敦
loop quantum gravity, 275 圈量子引力
low-probability worlds, 168 低概率世界

M

magnetic fields, 47 磁场
"making a decision," 213–216 "做决定"

Maldacena, Juan, 285 n, 303　胡安・马尔达西那
Manhattan Project, 189　曼哈顿计划
Many-Worlds theory. See also austere quantum mechanics (AQM); Everett formulation of quantum mechanics　多世界理论，参见朴素量子理论（AQM）；量子理论的埃弗里特诠释
attaching probabilities to, 132　多世界理论中的概率
Born rule in, 146–148　多世界理论中的玻恩定则
branching and, 138–140, 169–170　多世界理论与分叉
Everett and, 39　埃弗里特与多世界理论
formula simplicity, 179　多世界理论形式上的简单之处
frequentism and, 133–135　多世界理论与频率概率
life-span of a person and, 139–140　多世界理论与个人寿命
as local theory, 171–172　定域性的多世界理论
low-probability worlds, 168　低概率世界
measurement and, 122, 169, 179　多世界理论与测量
as morally relevant, 212–213　道德意义上的多世界理论
as nonlocal process, 233　作为非定域性过程的多世界理论
overview of, 38–40　多世界理论概述
quantum-first perspective of, 231–232　多世界理论的量子优先视角
seeds of, 113　多世界理论的萌芽
as simple and elegant, 203–204　简单、简洁的多世界理论
wave function in, 234　多世界理论中的波函数
matrix mechanics, 57–59, 63, 65, 67　矩阵力学
matter waves, 60, 62, 65　物质波
Matthew Effect, 27 n　马太效应，27页脚注
Maxwell, James Clerk, 47–48, 269　詹姆斯・克拉克・麦克斯韦
measurement locality, 233　测量定域性
measurement problem of quantum mechanics　量子力学的测量问题
altering Schrödinger equation for, 180–181　为测量问题修改薛定谔方程
austere quantum mechanics and, 36　朴素量子力学与测量问题
collapsing wave systems, 22–24, 112　系统波函数的坍缩
consciousness and, 224　意识与测量问题
consensus on, 17　对测量问题的共识
definite vs. indefinite outcomes, 104–105　明确结果与模糊结果
Everett's theory on, 104–105, 114–117, 123–125　埃弗里特关于测量问题的理论

GRW theory and, 184　GRW理论与测量问题
Hume on, 177　休谟论测量问题
Many-Worlds theory of branching and, 179　多世界的分叉理论与测量问题
Oppenheimer on, 178　奥本海默论测量问题
textbook approach to, 242　测量问题的教科书式理解方式
membrane paradigm, 305　膜范式
Mermin, N. David, 27, 198, 200, 201　纳撒尼尔·戴维·默明
Merton, Robert, 27 n　罗伯特·默顿，27页脚注
metric, field, 273　度规场
Michalakis, Spyridon, 285　斯皮里宗·米哈拉基斯
microtubules, 219–220　微管
Milky Way galaxy, 298–299　银河系
Misner, Charles, 113　查尔斯·米斯纳
mode of the field, 253–254　场的模
modes of the string, 60–61　弦的模
momentum　动量
in classical mechanics, 16, 70–71, 239　经典力学中的动量
entanglements and, 92　纠缠与动量
position and, 69　位置与动量
in wave functions, 71–72　波函数中的动量
momentum space, 240　动量空间
morality, 210–213　道德伦理
multiple worlds, 6, 39, 119, 180, 184, 233–234　多个世界

N

nature　大自然
quantum field theory and, 229–230　大自然与量子场论
quantum mechanics describing, 174–175　大自然的量子力学描述
neuroscience, 224　神经科学
neutrons, 46　中子
new quantum theory, 57. See also quantum mechanics　新量子论，参见量子力学

Newton, Isaac, 14–15, 24, 48, 239, 247–248 艾萨克·牛顿

Newtonian gravity, 247–248 牛顿的万有引力理论

Newtonian mechanics, 14–15 牛顿力学

Newton's laws of motion, 21, 195, 238 牛顿运动定律

no-cloning theorem, 296 不可克隆原理

nonlocal process, 171–172, 178, 191, 233 非定域性过程

no-nonsense utilitarianism, 211 看重实效的功利主义

no-signaling theorem, 97–99 无信号定理

nuclear fission, 110 核裂变

observable universe, 94, 164–166, 182, 299, 301 可观测宇宙

observer, 122–123 观测者

Occam's razor, 152 奥卡姆剃刀

old quantum theory, 52–56 旧量子论

ontological commitments, 152 本体论承诺

Oppenheimer, Robert, 178, 189–190, 194 罗伯特·奥本海默

Padmanabhan, Thanu, 280 塔努·帕德马纳班

Page, Don, 288 唐·佩奇

Parfit, Derek, 139 德里克·帕菲特

participatory realism, 200 参与式现实主义

particles 粒子

  behaving like gravitons, 274 表现像引力子的粒子

  black holes and, 291, 293–294 黑洞与粒子

  Bohmian mechanics and, 41, 190–194 玻姆力学与粒子

  composite, 46–47 复合粒子

defining feature of, 47 粒子的定义性特征
definition of, 44 粒子的定义
double-slit experiment, 75–79 双缝实验
of Earth, 236 地球的粒子
elementary, 46–47 基本粒子
Feynman diagrams and, 314–316 费曼图与粒子
in quantum field theory, 250 量子场论中的粒子
virtual, 316 虚粒子
waves vs., 49, 75 波和粒子
Pauli, Wolfgang, 28, 57, 63, 188, 194 沃夫冈 · 泡利
Penrose, Roger, 185–186, 219 罗杰 · 彭罗斯
personal identity through time, 137–140 时间中的个人身份
Petersen, Aage, 113, 124–125 奥格 · 彼得森
physical reality, 100–102 物理现实
physicalism, 223–224 物理主义
physics, 13–15 物理学
pilot wave, 187–188 导航波
pilot-wave theories, 194 导航波理论
Planck, Max, 50, 66 马克斯 · 普朗克
Planck's constant, 50–51, 56 普朗克常数
Podolsky, Boris, 96, 101 鲍里斯 · 波多尔斯基
pointer states, 244–245, 255 指针状态
Polchinski, Joseph, 180 约瑟夫 · 波尔钦斯基
Popper, Karl, 154–157 卡尔 · 波普
position 位置
in classical physics, 16, 70–71, 239 经典物理学中的位置
momentum and, 69 动量与位置
in quantum mechanics, 70–71 量子力学中的位置
positrons, Feynman diagrams and, 314–315, 317 费曼图与正电子
post-decoherence wave function, 234 退相干之后的波函数
preferred-basis problem, 241–245 优先基问题
Principia Mathematica (Newton), 14 自然哲学的数学原理（牛顿）
probabilities 概率
amplitudes and, 86–87, 130–131, 142–146 振幅与概率

Born rule and, 130–131, 145, 167–168 玻恩定则与概率
credences and, 136–137 置信度与概率
decision-theoretical approach to, 212 概率的决策论方法
epistemic, 135–140 认识概率
equal probability, 144–146 等概率
frequentism and, 133–135 频率主义与概率
given by amplitudes squared, 131, 145, 147 由振幅平方给出的概率
self-locating uncertainty and, 140–142, 149 自身位置不确定性
probability distributions, 29–30, 187, 198 概率分布
probability rule, 59 概率法则
protons, 46 质子
Pythagoras's theorem, 86–87, 142, 146–147, 273 勾股定理（毕达哥拉斯定理）

quantum arrow of time, 158–159 量子时间之箭
Quantum Bayesianism (QBism), 41, 198–201 量子贝叶斯理论
quantum entanglement. See entanglement 量子纠缠，见纠缠
quantum field theory 量子场论
entanglement in, 249 量子场论中的纠缠
fields in, 250–252 量子场论中的场
lowest-energy state of, 253 量子场论熵最低的状态
mode of the field, 253–254 场的模
nature and, 229–230 大自然与量子场论
particles in, 250 量子场论中的粒子
pointer states of, 255 量子场论中的指针状态
transitions between states, 255 状态之间的变换
vacuum state in, 254, 256–257 量子场论中的真空状态
wave functions in, 250–252, 254 量子场论中的波函数
quantum fluctuations, 259–260 量子涨落
quantum gravity. See also gravity 量子引力，参见引力

conceptual issues, 272–273 概念问题
constructing theory of, 292 量子引力的构建理论
Everett on, 111–114, 122–125, 272 埃弗里特论量子引力
location in space, 196 空间中的位置
loop quantum gravity, 275 圈量子引力
number of quantum states and, 165 量子态数目与量子引力
problem of time in, 288 量子引力中的时间问题
spacetime and, 271–272 量子引力与时空
string theory and, 274–275 量子引力与弦论
technical challenges of, 113 量子引力的技术难题
quantum immortality, 207–209 量子永生
quantum logic, 74 量子逻辑
quantum measurement process, consciousness and, 164–165, 222–224 意识与量子测量过程
quantum mechanics 量子力学
alternative formulation of (See Bohmian mechanics; GRW theory) 量子力学的替代形式，见玻姆力学；GRW 理论
atoms and, 36 原子与量子力学
discarding classical physics' framework, 16–17 抛弃经典物理学框架
Einstein on, 96, 102, 268 爱因斯坦论量子力学
Einstein-Bohr debate, 28–29, 31 爱因斯坦-玻尔论战
electromagnetic waves, 249–250 电磁波
entropy and, 276–278 量子力学与熵
lack of understanding of, 24–25 对量子力学缺乏理解
as one specific physical system, 229 作为特定物理系统的量子力学
position in, 70–71 量子力学中的位置
presentations of, 13 量子力学的陈述
rules of, 22–23 量子力学法则
spacetime and, 271–272 量子力学与时空
special relativity and, 269 量子力学与狭义相对论
spookiness of, 11–12 量子力学的瘆人之处
understanding of, 1–4 对量子力学的了解
violating logic, 73–74 违背逻辑
quantum random number generator, 205–206 量子随机数生成器

quantum states. See also Bell states 量子态，参见贝尔态
disappearing worlds theory and, 117 量子态与“世界消失了”理论
entanglement and, 118, 261–262 量子态与纠缠
evolving under Schrödinger equation, 232, 243, 287–288 根据薛定谔方程演化
as fundamental, 241 作为基本要素的量子态
Hilbert space and, 85, 165 量子态与希尔伯特空间
uncertainty principle and, 73–74, 89 量子态与不确定性原理
quantum subsystems, 277 量子亚系统
quantum suicide, 208 量子自杀
quantum systems 量子系统
branching and, 216 量子系统与分叉
classical divide with, 18, 35–36 经典系统与量子系统的分野
entangled, 159–160 纠缠中的量子系统
Geiger counters as, 221–222 作为量子系统的盖格计数器
GRW theory and, 182 量子系统与GRW理论
mathematical description of, 3 量子系统的数学描述
measuring, 117–118 测量
wave functions describing, 21 描述量子系统的波函数
quantum utility maximizing device (QUMaD), 211 量子效用最大化装置
quantum vacuum, 254, 256–257, 259–261 量子真空
quantum/classical divide, 35–36 量子世界与经典世界的分野
quarks, 46 夸克
qubits, 83–87, 164, 277 量子比特

R

---

radiation, black holes emitting, 293–296 黑洞发出的辐射
radioactive decay, 120 放射性衰变
radioactive emissions, 242 放射源发射粒子
randomness, 294–295 随机
random-number generator, 134 随机数生成器
Reeh-Schlieder theorem, 264 雷-施利德定理

region of space, 65, 156, 261–265, 280–284, 299–300 空间区域
relativity theory, 30–31, 97–99, 112, 268–269. See also general relativity; spacetime; special relativity 相对论，参见广义相对论；时空；狭义相对论
renormalization, 318–319 重整化
Rimini, Alberto, 181 阿尔伯特 · 里米尼
Rosen, Nathan, 96 内森 · 罗森
Rutherford, Ernest, 45, 57 欧内斯特 · 卢瑟福
Rutherford atom, 45–46, 52–55 卢瑟福原子
Ryu, Shinsei, 303–304 新生龙

S

Sagittarius A*, 299 人马座 A*
Schack, Rüdiger, 198 吕迪格 · 沙克
Schrödinger, Erwin, 28, 59, 62 埃尔温 · 薛定谔
Schrödinger's Cat thought experiment, 241–245 薛定谔的猫思想实验
Schrödinger's equation 薛定谔方程
  altering, 180 修改薛定谔方程
  beam splitter, 206 分束器
  branching and, 116 薛定谔方程与分叉
  description of, 21 对薛定谔方程的描述
  entanglement and, 38 薛定谔方程与量子纠缠
  formula for, 63–64 薛定谔方程的形式
  Geiger counters and, 221 薛定谔方程与盖格计数器
  measurement problems and, 180–181 薛定谔方程与测量问题
  quantum states evolving under, 232, 243, 287–288 薛定谔方程下量子态的演化
  space and time treatment by, 286–287 薛定谔方程对时间和空间的不同态度
  time defined in, 281 薛定谔方程中定义的时间
  wave functions and, 21–22, 32, 64, 86, 94 薛定谔方程与波函数
Schwartz, John, 274 约翰 · 施瓦茨
scientific theories, characteristics of, 155–156 科学理论的特点
second law of thermodynamics, 158, 297 热力学第二定律

the self, 137–139　我们“自己”
self-locating uncertainty, 140–142, 149, 171, 211　自身位置不确定性
“Shut up and calculate!”, 27　“闭嘴去算”
sine wave, 72, 253　正弦波
Solvay Conference, 27–31, 67, 96, 109, 188　索尔维会议
space and time　时间与空间
　degrees of freedom in, 263　时间与空间中的自由度
　locality and, 240　时间与空间及定域性
　measurement outcomes of, 85–86　时间与空间的测量结果
　in superposition state, 288–289　处于叠加态的时间与空间
　treatment of, 286–287　对待时间与空间的态度
spacetime　时空
　applying quantum mechanics to, 271–272　将量子力学应用于时空
　black holes as regions of, 293, 299　黑洞作为时空区域
　curvature of (See general relativity)　时空弯曲（见广义相对论）
　degrees of freedom, 298　时空自由度
　Einstein on, 269–270　爱因斯坦论时空
　foundations of quantum mechanics and, 6　时空与量子力学基础
　geometry of, 270–271, 306　时空的几何结构
　maximum entropy in, 300　时空的最大熵
　metric in, 273　时空中的度规
　quantum gravity and, 271–272　时空与量子引力
　unified, 269　统一的时空
　warping of, 305　时空弯曲
　wormholes in, 285 n　时空中的虫洞，285 页脚注
special relativity, 99, 170, 233, 269–270, 273. See also general relativity　狭义相对论，参见广义相对论
speed of light restrictions, 97–99　光速限制
spin, 79–83　电子自旋
spin outcomes, 80–83, 87–89, 97–99, 101　自旋测量结果
spin+apparatus system, 114–116　“电子+仪器”组合系统
spin-measuring apparatus, 118　自旋测量仪器
spontaneous collapse of wave functions, 181, 184–185, 192　波函数的自发坍缩
spooky action at a distance, 98–99, 105, 247–248, 309　瘆人的超距作用

Standard Model of particle physics, 31, 180–181 粒子物理标准模型
statistical mechanics theory, 29–30 统计力学理论
Stern, Otto, 80 奥托·施特恩
Stern-Gerlach experiment, 133 施特恩-格拉赫实验
Stoppard, Tom, 129 汤姆·斯托帕德
string theory, 274–275 弦论
superdeterminism, 104 超决定论
superpositions 叠加（态）
  description of, 34–38 对叠加的描述
  of macroscopic objects, 116 宏观对象的叠加态
  Schrödinger's Cat thought experiment, 243 薛定谔的猫思想实验
  as separate worlds, 117 作为独立世界的叠加态
  space and time in, 288–289 叠加态中的时间和空间
  time in, 288–289 叠加态中的时间
Susskind, Leonard, 285 n, 302, 304–305 伦纳德·萨斯坎德
Swingle, Brian, 303–304 布赖恩·斯温格尔
symmetries, 222 对称性

T

Taj Mahal theorem, 264 泰姬陵定理
Takayanagi, Tadashi, 303–304 高柳匡
Tegmark, Max, 207 马克斯·泰格马克
thermodynamics, 158, 279, 297 热力学
Thomson, J. J., 45 汤姆森
Thorn, Charles, 302 查尔斯·索恩
Thorne, Kip, 111 基普·索恩
thought experiment 思想实验
Einstein-Podolsky-Rosen (EPR), 96–102, 109, 191, 233, 285 爱因斯坦-波多尔斯基-罗森（“爱波罗”）
  ideal world of, 260–261 思想实验的理想世界
Schrödinger's Cat, 241–245 薛定谔的猫

time. See space and time 时间，见时间与空间
tin oxide, 44–45 氧化锡
two-qubit system, 95–96 双量子比特系统

U

ultraviolet catastrophe, 50 紫外灾难
uncertainty principle (Heisenberg) 不确定性原理（海森伯）
Bohmian mechanics and, 195–196 玻姆力学与不确定性原理
description of, 70–73, 83 对不确定性原理的描述
Einstein on, 91, 109 爱因斯坦论不确定性原理
empty space and, 260 空白空间与不确定性原理
locality and, 240 定域性与不确定性原理
quantum states and, 73–74, 89 量子态与不确定性原理
spin outcomes and, 87–89, 101 自旋测量结果与不确定性原理
unified" you," 138–139 统一的"你"
universal wave function, 113–114, 118–119 通用波函数
Universe Splitter, 205–206 宇宙撕裂者
utilitarianism, no-nonsense, 211 看重实效的功利主义
utility, 210–212 效用

V

vacuum energy 真空能
cosmic acceleration and, 257 真空能与宇宙加速膨胀
cosmological constant problem, 258–259 宇宙学常数问题
of empty space, 256–257 空白空间的真空能
entanglement and, 262–265 量子纠缠与真空能
gravitational influence of, 256–257 真空能的引力影响
measuring, 50–51, 256 测量真空能

negative, 304 负真空能
positive, 304 正真空能
size of, 257–258 真空能大小
in quantum field theory, 254, 256–257, 260, 264 量子场论中的真空能
vacuum state 真空状态
area and, 284 真空状态与面积
empty space in, 278 处于真空状态的空白空间
entropy in, 279 真空状态的熵
entropy proportional to boundary area, 299–300 熵正比于边界面积
Vaidman, Lev, 140 列夫 · 威德曼
Van Raamsdonk, Mark, 303–304 马克 · 凡 · 拉姆斯东克
vector fields 矢量场
electric field as, 47–48 作为矢量场的电场
magnetic field as, 47 作为矢量场的磁场
vectors, 84, 86–88, 131 矢量
velocity 速度
in classical physics, 16–17, 239 经典力学中的速度
measuring, 18–19 测量速度
probability of measuring, 71 测量中得到任何特定速度的概率
Verlinde, Erik, 280 埃里克 · 弗尔林德
vertical spin, 81–83 竖直自旋
Virgo gravitational-wave observatory, 53 室女座引力波天文台
virtual particles, 316 虚粒子
volition, attributing, 218 赋予意志
von Neumann, John, 74, 159–160, 188–189, 276–278 约翰 · 冯 · 诺依曼

Wallace, David, 129, 163, 202, 239 戴维 · 华莱士
wave functions 波函数
as abstract, 79 抽象的波函数
amplitudes and, 33 波函数与振幅

assigning an amplitude, 33 分配振幅
Bohmian mechanics and, 193 波函数与玻姆力学
Born on, 65–66 玻恩论波函数
branching of, 137–138, 213–214 波函数分叉
changing with time, 62–63 波函数随时间变化
collapse of, 22–24, 33, 112, 219–220, 222 波函数的坍缩
consciousness and, 222 波函数与意识
de Broglie's view, 65 德布罗意的观点
description of, 19–21 对波函数的描述
distinct persons on branches of, 208–209 位于波函数不同分支上的不同的人
double-slit experiment, 120–123 双缝实验
Hamiltonian, 64 哈密顿量
influencing itself, 120 波函数对自身的影响
in Many-Worlds theory, 234 多世界理论中的波函数
measurement outcomes of, 30–31 波函数的测量结果
momentum and, 71–72 波函数与动量
for one particle, 94 一个粒子的波函数
pilot wave role, 187–188 导航波作用
in quantum field theory, 250–252, 254 量子场论中的波函数
quantum systems and, 21 波函数与量子系统
of a qubit, 84 一个量子比特的波函数
representing density of mass in space, 65 代表质量在空间中的密度
Schrödinger's equation and, 21–22, 32, 64, 86, 94 波函数与薛定谔方程
for single particles, 71 单个粒子的波函数
space within, 276 波函数中的空间
spontaneous collapse of, 181, 184–185, 192 波函数的自发坍缩
for two particles, 91–93 两个粒子的波函数
unifying particles and fields into, 44 将粒子和场统一为波函数
as vectors, 86–88 作为矢量的波函数
wave mechanics, 59–62, 65, 67 波动力学
wave-function-is-everything view, 33–34 “波函数就是一切”的观点
waves 波
double-slit experiment, 75–79 双缝实验
particles vs., 49, 75 粒子与波

Weapons Systems Evaluation Group, 125–126 国防部武器系统评估小组

Weber, Tullio, 181 图利奥·韦伯

Weinberg, Steven, 180–181 史蒂文·温伯格

Wheeler, John Archibald, 110–111, 123–126, 270–272, 281, 288 约翰·阿奇博尔德·惠勒

Wheeler-DeWitt equation, 288 惠勒-德威特方程

Wilson, Kenneth, 319–320 肯尼思·威尔逊

The Wire (television show), 5 火线（剧集）

Wittgenstein, Ludwig, 129 路德维希·维特根斯坦

Wootters, William, 288 威廉·伍特斯

wormholes, 285 n 虫洞，**285**页脚注

Z

Zeh, Hans Dieter, 117, 178–179 汉斯·迪特尔·泽

zero energy, 256, 287–288 零能量

图书在版编目（CIP）数据

隐藏的宇宙 /（美）肖恩・卡罗尔著；舍其译．— 长沙：湖南科学技术出版社，2021.7
ISBN 978-7-5710-0976-2

Ⅰ．①隐… Ⅱ．①肖… ②舍… Ⅲ．①宇宙学—普及读物 Ⅳ．① P159-49
中国版本图书馆 CIP 数据核字（2021）第 099111 号

YINCANG DE YUZHOU
隐藏的宇宙

著者
[美] 肖恩・卡罗尔
译者
舍其
策划编辑
吴炜
责任编辑
杨波
营销编辑
吴诗
出版发行
湖南科学技术出版社
社址
长沙市湘雅路 276 号
http://www.hnstp.com
湖南科学技术出版社
天猫旗舰店网址
http://hnkjcbs.tmall.com

印刷
长沙鸿发印务实业有限公司
厂址
长沙县黄花镇工业园3号
邮编
410137
版次
2021 年 7 月第 1 版
印次
2021 年 7 月第 1 次印刷
开本
880mm × 1230mm 1/32
印张
11.75
字数
249 千字
书号
ISBN 978-7-5710-0976-2
定价
79.00 元